网页设计与制作

主　编　李　琳　曾维佳　翟　悦
副主编　陶晓霞　魏　丹

大连海事大学出版社

图书在版编目(CIP)数据

网页设计与制作 / 李琳，曾维佳，翟悦主编 . —大连 : 大连海事大学出版社，2020. 8
ISBN 978-7-5632-3994-8

Ⅰ. ①网…　Ⅱ. ①李… ②曾… ③翟…　Ⅲ. ①网页制作工具　Ⅳ. ①TP393. 092. 2

中国版本图书馆 CIP 数据核字(2020)第 130995 号

大连海事大学出版社出版

地址:大连市凌海路1号　邮编:116026　电话:0411-84728394　传真:0411-84727996
http://press. dlmu. edu. cn　E-mail:dmupress@ dlmu. edu. cn

大连永盛印业有限公司印装　大连海事大学出版社发行

2020 年 8 月第 1 版　2020 年 8 月第 1 次印刷
幅面尺寸:184 mm×260 mm　印张:19. 25
字数:471 千　印数:1~2500 册

出版人:余锡荣

责任编辑:沈荣欣　责任校对:李继凯
封面设计:解瑶瑶　版式设计:张爱妮

ISBN 978-7-5632-3994-8　定价:49. 90 元

前　　言

近年来，前端技术的发展日新月异，除了开发网站前端界面之外，在App、微信小程序、移动端H5小游戏、VR虚拟现实、大数据可视化等领域，也都随处可见前端技术的身影。前端技术的知识体系十分复杂繁多，要想成为一名出色的前端开发工程师绝非一日之功，但“千里之行，始于足下”，前端技术的学习离不开HTML与CSS，它们是制作网页的核心和基础，也是本书的主要内容。

本书立足于大连科技学院“应用型本科院校”的办学定位以及基于成果导向（OBE）的教学理念，主要面向高等院校软件工程、电子商务、计算机科学与技术、信息管理与信息系统、网络工程等相关专业的大一新生，旨在为学生初识网页、了解网页设计基础知识、掌握编写网页的语言、熟练运用网页布局方法提供全面系统的知识讲解和丰富实用的演示案例。

本书不仅涵盖了网页设计与制作过程中的全部理论知识，而且每个知识点提供了一个演示案例，让学生可以边学边练，随时看到自己的进步与收获，勤实践、重应用，以成果促教育，不仅能够提升学生的学习效果，使学生迅速掌握这门课程的相关知识，还有助于提高学生的主观能动性，让学生“反客为主”，实现自主学习。

作为技术入门类的书籍，最重要也是最难的事情就是如何将晦涩难懂的知识深入浅出地讲授给学生，让他们可以轻松掌握、熟练运用。于是，编者在章节的设计、内容的编排与案例的选择上，进行了反复探讨与斟酌，最终将全书分为13个章节，各章节的知识点及联系如下表所示。

各章节的知识点及联系表

网页基础知识	第1章 网页概述	网站与网页基础知识、网页相关概念、网站制作流程及网页开发工具的使用
	第2章 网页设计基础	网页设计原则、网页配色基础、网页设计流程
HTML结构	第3章 HTML语言基础	HTML标记、HTML文档基本格式、HTML文档头部相关标记、HTML文本控制标记
	第4章 图像	常见的图像格式、<img>标记及其常用属性、相对路径和绝对路径
	第5章 超链接	超链接标记及其属性、超链接的种类、锚点链接
	第6章 列表	无序列表、有序列表、定义列表、列表的嵌套
	第7章 表格	表格的基本标记及属性、表格的结构与嵌套、如何使用表格布局网页
	第8章 表单	什么是表单、创建表单、表单控件
CSS样式	第9章 CSS基础	CSS核心基础、CSS基础选择器、CSS文本相关样式及CSS应用

CSS+DIV 布局	第 10 章 盒子模型	盒子模型概念及相关属性、元素的类型与转换、块级元素垂直外边距的合并、元素溢出与剪切、元素的显示与隐藏
	第 11 章 浮动与定位	元素浮动、清除浮动、元素定位
	第 12 章 网页布局	版心和布局流程、单列布局、两列布局、三列布局、通栏布局
案例	第 13 章 综合案例	制作企业网站

本书分为五大部分:第一部分介绍网页相关的基础知识;第二部分介绍如何使用 HTML 语言搭建网页的结构;第三部分介绍如何使用 CSS 样式美化网页;第四部分介绍如何使用 DIV+CSS 进行网页布局;第五部分将前面所学知识进行串联,以真实的网站为例,详述网站的建站过程。这五部分由浅入深、从易到难、环环相扣、层层递进,是学习网页设计与制作的最佳路径。

"网页设计与制作"是一门实践性很强的课程,本书也是从实际操作出发,立足于学以致用,请各位读者在学习时务必养成勤动手、多操作的好习惯,即使遇到一些暂时解决不了的疑惑和困难,相信只要自己多实践一下,很多问题就会迎刃而解了,这样不仅可以提高自己分析问题、解决问题的能力,还可以在一次次的自我突破中找到下一次成功的原动力。

本书由大连科技学院李琳、曾维佳、翟悦担任主编,大连科技学院陶晓霞、魏丹担任副主编,共同完成了本书章节的设计及编写。其中,第 1~3 章由李琳完成,第 4~6 章由陶晓霞完成,第 7~9 章由曾维佳完成,第 10~12 章由翟悦完成,第 13 章由魏丹完成。

尽管我们已倾尽全力,但由于时间仓促、水平有限,书中难免存在疏漏和不足,恳请各位专家和广大读者批评指正,并提出宝贵意见,我们将不胜感激。您在阅读本书时,如发现任何问题或有不认同之处,可以通过电子邮件与我们联系:dlkjlilin@163.com。

编 者

2020 年 7 月 1 日

目　　录

第1章 网页概述

学习目标

通过对本章的学习，学生应了解网页相关的基本概念；理解网页标准化相关技术；熟悉 Dreamweaver CS6 工具的基本操作；掌握网站与网页的基本概念，如网站与网页的定义、分类，构成网页的基本元素，网页的板块结构。

核心要点

- 网站与网页的基本概念
- 与网页相关的基本概念
- 网页标准化技术
- Dreamweaver 工具的使用

一、单元概述

本章的主要内容是介绍与网页相关的基础知识，让学生对网页的基本概念有一个宏观了解，并且能够理解网页的结构与组成，掌握常用的网页制作工具——Dreamweaver 的基本操作。

近年来，网站开发技术正经历着一场变革，前端、后台的开发正在逐渐剥离。在这场变革中，软件开发人员的任务重新分配，搭建网站的方式不断地创新深化，对每一位 IT 从业人员产生了深远的影响。为了能够更好地参与行业竞争，在人才济济的互联网行业中占有一席之地，我们应当紧跟时代的步伐，了解前端开发技术的发展现状及未来趋势，从学好网页设计与制作开始，为今后的职业发展奠定坚实的基础。

本章通过理论教学、案例教学等方法，循序渐进地向学生介绍网页的定义及其分类等基本知识，介绍 HTML 和 CSS 语言的特点及发展历史，并通过案例演示 Dreamweaver 基本操作方法。

二、教学重点与难点

重点：

理解网页相关概念，掌握网页的结构与组成。

难点：

掌握网页制作软件 Dreamweaver 的基本操作。

解决方案：

在课程讲授时要注意多采用案例教学法进行相关案例的演示，带领学生进行第一个 HTML 页面的编写，让学生养成勤思考、勤动手的好习惯。

【本章知识】

随着 IT 技术的不断发展，网络已成为现代人工作、生活中必不可少的一部分，人们通过浏览网站（Website）获取各类信息，而构成这些网站的，就是我们要学习的网页（Web Page），可以说，几乎所有的网络活动都与网页有关。近年来，以网页制作为基础的前端开发技术已成为最热门的计算机技术之一，并且在互联网行业中扮演着越来越重要的角色。同时，很多企业在招聘时都设置了与前端开发相关的岗位，这也导致了越来越多的人开始学习网页设计与制作技术。

网页是一种数字化的媒体，相对于传统媒体而言，网页媒体继承了平面媒体的信息量大、内容丰富且具有可保存性的特点，同时又可承载更多类型的媒体内容，例如文本、图像、动画、音频和视频等。

网页设计是一项从艺术设计到页面制作再到后台开发的系统工程，需要应用多种技术，使用各种相关的软件才能完成。在学习网页设计时，需要首先了解网页的相关概念，理解网页的结构与组成。除此之外，还要学会使用便捷的网页制作工具，来帮助初学者快速、高效地制作网页。

本章将讲解网页制作的基础知识，为以后各章的学习打下基础。

1.1 网站与网页

1.1.1 网站与网页的定义

网站(Web Site)是指建立在因特网上,以计算机、网络和通信技术为依托,根据一定的规则,使用 HTML 等工具制作的、用于展示特定内容的相关网页的集合。我们平时所说的访问某某网站,实际上是访问存放这些网页集合的计算机。浏览者可以通过访问网站获取各类信息和资讯,也可以通过网站与相隔千里之外的人进行沟通和交流,还可以通过网站进行在线购物与交易。可以说,网站已经渗透到现代人生活、工作和学习的各个方面,给人们带来了无限便利。

网页(Web Page)是网站中的一个页面,它是一个纯文本文件,用于承载信息,主要由文字、图像和超链接等元素构成,除了这些基本元素外,网页中还可以包含音频、视频以及 Flash 动画等元素,让网页内容变得更加丰富。如果说网站是一本包含特定内容的书籍,那么网页就是这本书中的一页。从开发者的角度出发,网站就是存储在服务器端的一个文件夹,而网页是文件夹中的. html 文件,如图 1-1 所示。

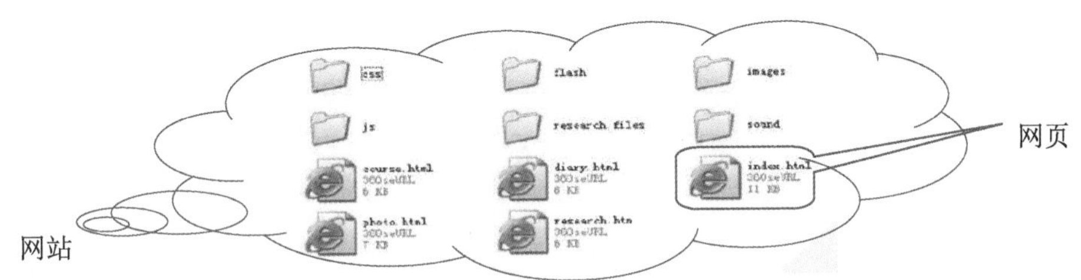

图 1-1 网站与网页的关系

网页文件本身是由一些特殊的符号和文本组成的,并没有图片、视频等信息,而我们看到的网页内容却是绚丽多彩的。那网页到底是如何形成的呢?我们先用特定的语言编写好一个网页文件,然后再经过浏览器对文件中的代码进行渲染,就形成了我们日常所见的网页,整个过程如图 1-2 所示。

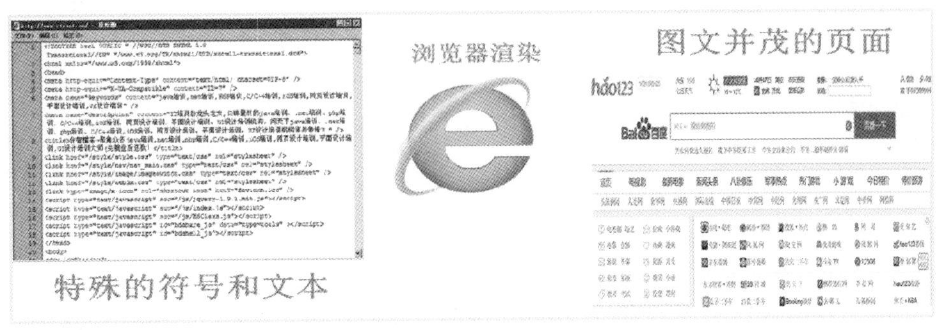

图 1-2 网页的形成

我们可以查看日常所浏览到的大部分网页，都可以查看其代码源文件。只需要在所浏览页面的空白处单击鼠标右键，弹出如图 1-3 中左侧所示的菜单栏，然后点击【查看网页源代码】选项，就会出现如图 1-3 中右侧所示的网页源代码。

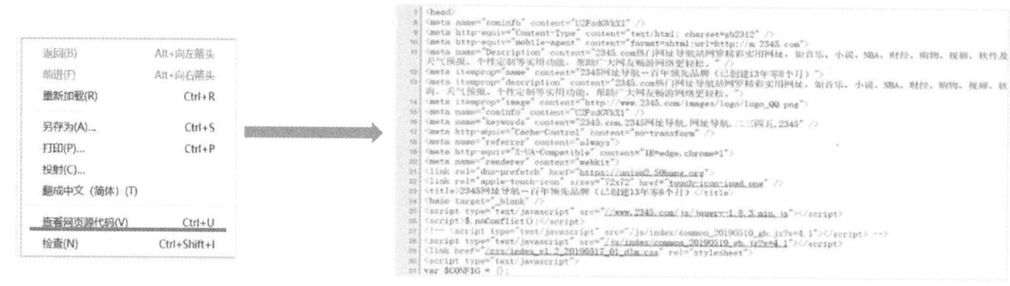

图 1-3　查看网页源代码

1.1.2　网站与网页的分类

(1)网站的分类

网站根据它所提供的内容、功能不同，可以分成不同的类型，常见的有：综合信息门户网站、企业品牌类网站、交易类网站、办公及政府机构网站、社区网站、互动游戏网站、有偿资讯类网站和功能性网站等。下面，我们一起来深入了解。

①综合信息门户网站

综合信息门户类网站以提供多种多样的信息资讯和有关信息服务为主要目的，是目前最普通的网站形式之一。门户类网站普遍具有栏目多、信息量大和访问群体广的特点，其基本功能通常包含提供新闻、检索、影音资讯、论坛、网络游戏等，也有一些提供电子商务服务。目前，国内比较典型的综合信息门户网站有新浪、搜狐、新华网等。如图 1-4 所示为搜狐网首页。

图 1-4　搜狐网首页

②企业品牌类网站

企业品牌类网站要求展示企业综合实力，体现企业的品牌理念。这类网站特别强调创意，对于美工设计要求较高，精美的 Flash 动画是常用的表现形式。另外，在网站内容组织策划、产品展示体验方面也有较高要求。企业品牌类网站利用多媒体交互技术和动态网页技术，针对目标客户进行内容建设，以达到品牌营销、传播的目的。图 1-5 所示为海尔官网首页。

图 1-5 海尔官网首页

③交易类网站

交易类网站以实现交易为目的，以订单为中心。交易的对象可以是企业(B2B)，也可以是消费者(B2C)。该类网站一般需要有产品管理、订购管理、订单管理、产品推荐、支付管理、收费管理、收发货管理、会员管理等基本系统功能。部分企业品牌类网站也有交易功能。图 1-6 所示为影响了当代人购物习惯的交易类网站淘宝网首页。

图 1-6 淘宝网首页

④办公及政府机构网站

办公及政府机构网站主要分为企业办公事务类网站和政府办公类网站两大类。

企业办公事务类网站主要包括企业办公事务管理系统、人力资源管理系统、办公成本管理系统和网站管理系统；政府办公类网站利用外部政务网与内部局域办公网络运行，图 1-7 所示为大连市人民政府行政服务中心网站网页。网站面向社会公众提供资讯，也可提供网上业务与查询等。

⑤社区网站

社区网站和 BBS 差不多，主要用于具有相同兴趣爱好的网友进行交流，如猫扑、天涯(图

图 1-7　大连市人民政府行政服务中心网站网页

1-8)等。此外,部分门户网站也有自己的论坛。

图 1-8　天涯虚拟社区网站首页

⑥互动游戏网站

互动游戏网站(图 1-9)是近年来国内逐渐风靡起来的一类网站。这类网站的投入根据所承载游戏的复杂程度而定,其发展趋势是向超巨型方向发展。

图 1-9　网易游戏网站首页

⑦有偿资讯类网站

有偿资讯类网站与资讯类网站相似,也是以提供资讯为主,不同之处在于其提供的资讯要求直接有偿回报，如图 1-10 所示的中国知网网站首页。这类网站的业务模型一般要求访问者按次、按时间或按量付费。

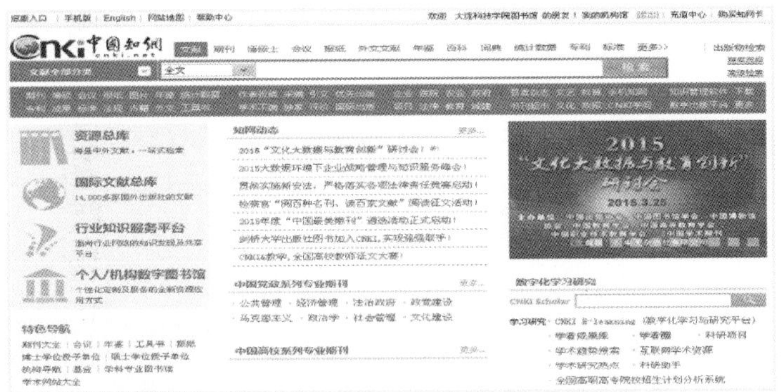

图 1-10　中国知网网站首页

⑧功能性网站

功能性网站是指具有某种特殊功能的网站，如 Google 网站是专业的搜索网站，其主要功能就是提供搜索服务；8684 公交查询网站（图 1-11）主要提供公交信息查询等。

图 1-11　8684 公交查询网站

（2）网页的分类

网页按照不同的方式进行分类，可以分成不同的类别。我们可以按照网页在网站中所处的位置进行分类，也可以按照网页的表现形式进行分类，下面详细介绍一下：

提示　网站的类型不是单一的，有时它可以同时兼顾多种类型。比如，海尔官方网站既属于企业品牌类网站，又属于交易类网站。

①按位置分类

按照位置进行分类，我们可以把网页分为主页和内页。

主页（Home Page）：指网站的主要导航页面，一般是进入网站时打开的第一个页面，因此也被称为首页。但需要注意的是，一些网站的首页并非主页，其作用只是欢迎访问者或者引导访问者进入主页，一般称为导入页，所以首页并不一定就是主页。

主页是一个单独的网页，和普通网页一样，可以存放图片和文字等信息，同时它又是一个特殊的网页，是整个网站的起点，将所有信息进行归类形成目录，是人们浏览、访问网站的重要索引。主页作为体现网站形象的主要窗口，是网页制作人员设计和实现的重中之重。因此，在设计、制作主页时，一定要主次分明，分类、定位准确，而且要便于用户操作，让浏览者在看到主页后渴望进一步深入了解网站的其他内容。

内页：指与主页相链接的页面，即点击网站主页某处超链接后跳转到的内部页面。内页一般是详情页，是对网站首页超链接的详细介绍，是网站内容的具体呈现。在内页上，往往按照不同的类别存放着相应的图片、文字、视频、音频等信息，内容更丰富、生动。

②按表现形式分类

按照网页的表现形式，网页可以分为静态网页和动态网页。

静态网页：网页内容只能由开发人员修改源代码后重新上传才会发生变化，浏览者只能被动接收页面展示的相关信息，不能实现动态更新和人机交互，信息的流向是单向的。

动态网页：浏览者可以在浏览器端与服务器端的数据库进行实时的数据交流，而不仅仅是加上了动画等效果的动感网页。在动态网页中，信息的流向是双向的，不仅可以从网站页面流向用户，也可以获取用户的相应信息。

1.1.3 构成网页的基本元素

网页的类别虽然多种多样，但不同网页的基本构成元素却是大同小异。常见的构成一个网页的基本元素主要包括：文本、图形图像、超链接、音频和视频、动画、表格、交互式表单、导航栏和其他元素等，如图 1-12 所示。网页设计的过程就是将这些元素重塑、融合的过程，既要有效地表达信息，也要呈现出美观与和谐。下面对各种常见元素进行详细介绍。

图 1-12　网页的基本元素

(1)文本

一个网页中最常见的就是承载各种信息的载体——文本。作为向用户传达信息最普遍、数量最多、占比最大的基本元素，文字虽然不如图像那么直观，但具有包含信息量大、表述清晰、占用空间小的优点，所以应用最为广泛。在对网页进行设计规划时，要注意结合文字元素的特点，合理进行布局，与其他元素配合使用，更好地向浏览者传递信息。

(2)图像

图像元素在网页中具有提供信息直观、色彩丰富、易吸引人等特点,因此十分受网页开发人员的青睐,是网页设计中最常用的元素之一。目前,网页中大量使用的图像有 GIF、JPEG 和 PNG 三种格式。GIF 用于画面简单、线条粗放的图像,占用空间小;JPEG 格式支持真彩色和灰度的图形,用于复杂、精细的图像;PNG 用于有透明背景的图像。

(3)超链接

超链接是从一个网页指向另一个目标对象的链接,超链接的目标对象可以是网页,也可以是图片、电子邮件地址、文件和程序等。当网页访问者单击页面中某个链接时,将根据目标对象的类型以不同的方式打开目标对象。超链接是网页与其他网络资源联系的纽带,它让 WWW 变得更加丰富多彩,是网页区别于传统媒体的重要特点。

(4)动画

动画的使用让网页变得更加活泼生动,能够有效地吸引访问者更多的注意。常用的动画格式有:GIF 动画,它是由几张 GIF 图像合成的简单动画,只有 256 种颜色,主要用于制作简单动画和图标;Flash 动画,采用矢量绘图技术和专业的软件进行绘制,能够生成带有声音效果及交互功能的复杂动画。除此之外还有现在最热门的 HTML5 和 JavaScript 动画,HTML5 的 canvas 元素可以实现画布功能,该元素通过自带的 API 结合使用 JavaScript 脚本语言在网页上绘制和处理图形,而且使用 JavaScript 可以控制其每一个像素。HTML5 的 canvas 元素使得浏览器无须 Flash 或 Silverlight 等插件就能直接显示图形或动画图像。

(5)音频和视频

音频和视频的使用可以让网页效果更加精彩且富有动感,是多媒体网页的重要组成部分之一。音频和视频文件在加入网页之前,需要对其进行分析和处理,包括用途、格式、文件大小、声音品质和图像品质等。目前,常用的音频格式有 WAV、MP3、MIDI、AIF,常用的视频格式有 FLV、RM、MPEG、AVI 和 DivX 等。此外,不同的浏览器对音频和视频文件的处理方法也不尽相同,在使用时要注意浏览器对音频和视频文件格式的兼容性。

注意 尽量避免使用音频文件作为网页的背景音乐,否则会影响网页的下载速度。如果需要为网页添加音乐,可以添加超链接来控制音乐的播放。

(6)表格

表格在网页中可以起到控制页面信息结构布局的作用,主要体现在两方面:一是使用行/列的形式在网页上布局文字、图形图像和其他列表化数据,如列车运行时刻表、个人简历、学生名单等;二是使用表格进行网页布局来精确定位网页元素在页面中出现的位置,使网页结构整齐美观。但是近年来,DIV+CSS 布局方式的兴起,让表格的布局作用逐渐被弱化,多数情况下只用于显示表格式数据。

(7)交互式表单

表单在网页中通常用来接收用户提供的数据,然后提交给服务器端程序进行处理。表单是提供网页交互功能的基本元素,问卷调查、信息查询、用户注册及网上订购等都需要通过表单进行信息的收集工作。

(8)其他元素

网页中除了以上几种最基本的元素之外,还有其他元素,如悬停按钮、Java 和 ActiveX 等各种特效,这些元素都可以让网页更加生动。

1.1.4 网页的版块结构

网页的版块结构设计是整个页面设计的重要组成部分,设计人员将页面内容进行分类和整合,然后按照不同的需求将页面划分成不同的版块,每个版块有一个主题,来显示不同页面信息。一般网页的界面都包括网站 Logo、Banner、导航栏、网页内容和版尾五大部分,但这不是必需的,可以根据网页的功能进行增减。

(1)Logo

Logo 是整个网站对外的唯一标志,由文字、符号、图案等元素按照一定的理念设计而成,是网站商标和品牌的图形表现,如图 1-13 所示。在一些企业网站中,通常用企业标识作为网站的 Logo,起到宣传、推广企业品牌的作用。Logo 通常位于网页左上角的醒目位置,让浏览者一打开网页就能看到。一个好的 Logo 可以突出网站的特色,树立良好的网站或企业形象,进而表达网站内容精粹和企业文化内涵。

图 1-13 网站 Logo

(2)Banner

Banner,原意为旗帜或网幅,是一种可以由文本、图像和动画相结合而成的网页版块,用来突出网站的创意和形象,表达某些特定信息。通常在商业网站中,Banner 的主要作用是广告展示,由于其一般位于页面顶部与导航栏相邻,而且尺寸比一般的图片大,就像旗帜一样醒目,能够吸引浏览者的目光。因此,Banner 的设计对于网站来说是非常重要的。如图 1-14 所示为中国教育考试网的 Banner 图。

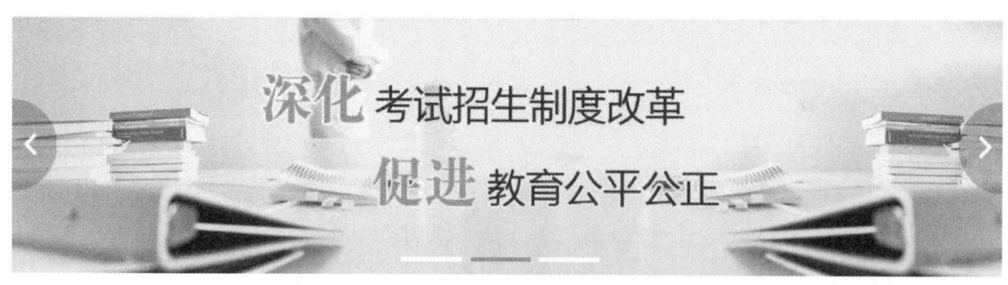

图 1-14 中国考试教育网的 Banner 图

(3)导航栏

导航栏相当于网站里的"路标",有了它,浏览者就不会在浏览网站时"迷路"。导航由一组超链接组成,是网站设计中最重要的版块结构之一。它既可以表现网站的结构和内容分类,又可以起到引导用户快速浏览网站的作用。在设计网页时,要将导航栏放置在页面中的醒目位置,比如页面顶部或左侧,让用户很容易看到,并通过点击链接迅速去到想要访问的页面。在一些大型网站中,为了方便用户浏览,会设置多个导航栏,在设计时要注意链接路径,不要有遗漏，也不要重复交叉指向。图 1-15 所示为去哪儿网的导航栏。

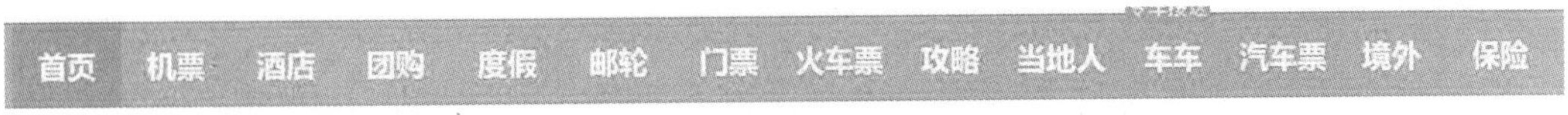

首页　机票　酒店　团购　度假　邮轮　门票　火车票　攻略　当地人　车车　汽车票　境外　保险

图 1-15　去哪儿网的导航栏

导航栏按照放置的位置可分为横排导航栏和竖排导航栏两种，按照表现形式则可以分为图像导航栏、文本导航栏和框架导航栏。导航栏的制作应该注意以下几点：

- 最好不要用图像导航栏，如必须使用，应减小图片大小；
- 内容丰富的网站可以使用框架导航栏，这样可以快速地在网站内的各栏目之间跳转，且只需下载一次导航页面；
- 在栏目不多的情况下，通常使用一排，如一般的个人网站或企业网站；如果导航栏目太多，可分两排或多排进行排列，如图 1-16 所示。

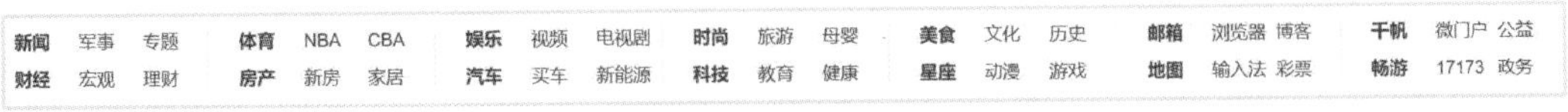

新闻 军事 专题	体育 NBA CBA	娱乐 视频 电视剧	时尚 旅游 母婴	美食 文化 历史	邮箱 浏览器 博客	千帆 微门户 公益
财经 宏观 理财	房产 新房 家居	汽车 买车 新能源	科技 教育 健康	星座 动漫 游戏	地图 输入法 彩票	畅游 17173 政务

图 1-16　双排导航栏

（4）内容

网页的内容版块是整个页面的核心组成部分，承载着网页的全部信息和服务项目，通常可以由一个或多个子版块组成。在进行内容版块设计时，可以根据页面的栏目信息来设计不同的子版块，然后再将这些子版块通过网页布局拼接在一起，每个子版块显示不同信息，便于网站信息管理和分类，也让用户在浏览网页的过程中有更好的阅读体验。如图 1-17 所示为中国教育考试网的内容版块。

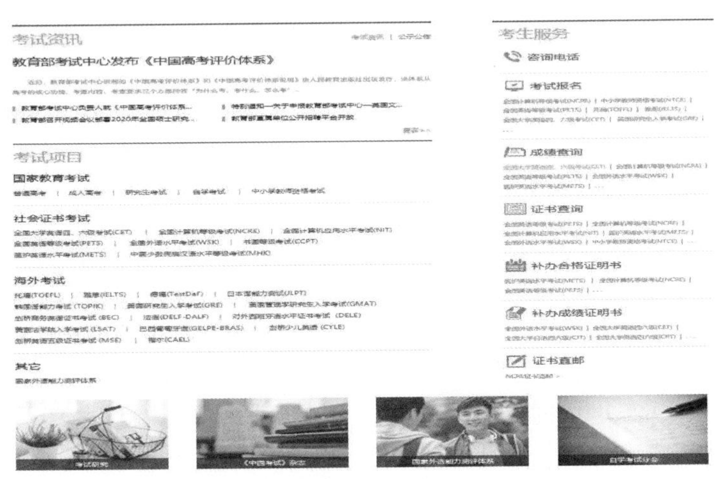

图 1-17　中国教育考试网站内容版块

（5）版尾

版尾是整个页面收尾的部分，位于网页的最底端，在这个版块中，通常放置网页的版权信息、网页所有者/设计者的联系方式、法律依据以及为用户提供各种提示信息等。此外，在版尾部分还经常放置一些友情链接以及一些附属的导航条，如图 1-18 所示。

图 1-18　网站的版尾

1.2　与网页相关的基本概念

1.2.1　Internet 与 Intranet

Internet,翻译成中文叫作因特网,也叫作国际互联网,是指按照一定的通信协议互相通信的计算机所连接而成的全球网络。Internet 的起源可以追溯到美国国防部高级研究计划局(ARPA)建立的 ARPANET,该网于 1969 年投入使用。1983 年,ARPANET 分为 ARPANET 和军用 MILNET(Military network),两个网络之间可以进行通信和资源共享。由于这两个网络都是由许多网络互连而成的,因此它们都被称为 Internet,ARPANET 就是 Internet 的前身。1986 年,NSF(美国国家科学基金会,National Science Foundation)建立了自己的计算机通信网络 NSFNET。NSFNET 使美国各地的科研人员连接到分布在美国不同地区的超级计算机中心,并将按地区划分的计算机广域网与超级计算机中心相连。今天的 Internet 已不再是计算机人员和军事部门进行科研的领域,而是变成了一个开发和使用信息资源的覆盖全球的信息海洋。

Intranet 又称为内联网,是 Internet 技术在企业内部的应用。它采用 Internet 技术建立企业内部的互联网络,其核心技术是基于 Web 的计算。Intranet 的基本思想是,在企业内部的网络上,采用 TCP/IP 协议进行通信,利用 Internet 的 Web 模型作为标准信息平台,同时建立防火墙把内部网和 Internet 分开,仅限于在企业内部使用,可以大大提高企业信息的安全性,防止重要信息外泄。

1.2.2　IP 地址与 DNS

IP(Internet Protocol,Internet 协议)是为计算机网络相互连接进行通信而设计的协议,任何在网络上进行通信的计算机都应该遵循 IP 协议。Internet 中的计算机都有一个唯一的“标识号”,这个唯一的标识号便是计算机在 Internet 上的地址。有了 IP 地址,计算机就可以连接到 Internet 上,与其他计算机进行通信。目前,被广泛使用的 TCP/IP 协议是 IPv4,它规定 IP 地址用二进制数来表示,每个 IP 地址长 32 位(bit),即 4 个字节(Byte)。由于二进制的书写比较麻烦,在实际使用中,常常用十进制数来表示 IP 地址。将 IP 地址划分为 4 段,每段 8 位,用十进制数表示的范围为 0~255,用句点进行间隔,例如:192. 168. 0. 1 就是一个用十进制数表示的 IP 地址。

近年来,随着网络用户数量的迅速增长,IPv4 地址的数量明显满足不了人们的需求,于是出现了IPv4的升级版本——IPv6。IPv6具有更大的地址空间,其IP地址的长度为128位,即它可以提供2^{128}个IP地址,大大扩展了IP地址空间。而且IPv6在安全性上也较IPv4有很大提升,其关键特性是身份认证和隐私权的保护。

由于IP地址是一串抽象的数字,使用起来十分不便。为了解决这个问题,Internet引入了域名解析系统(Domain Name System,DNS),将由数字组成的IP地址转换成具有一定含义并方便记忆的字符,来表示网络上的计算机。DNS是Internet的一项核心服务,它作为可以将域名和IP地址相互映射的一个分布式数据库,让人们能够更便捷地访问Internet,省去了记忆数字IP地址的麻烦。DNS运行原理如图1-19所示。

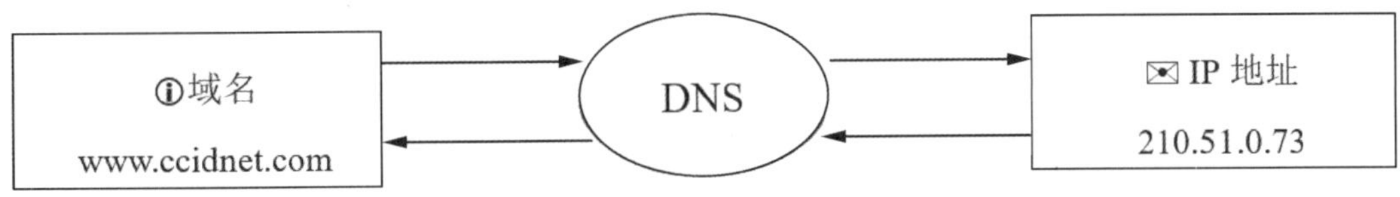

图1-19 DNS运行原理

1.2.3 WWW和FTP

WWW(英文World Wide Web的缩写)中文译为“万维网”,它不是网络,而是一个基于Internet的超级文本信息查询工具,能够提供统一的接口来访问各种不同类型的信息资源。其中,每一个信息资源由一个统一资源定位符(URL)标识,这些资源通过超文本传输协议(HTTP)传送给用户。WWW主要的作用是提供一种网页浏览服务,而且是Internet上最主要的服务,它可以和Internet上的其他服务做到无缝链接。人们上网时通过浏览器阅读网页信息就是在使用WWW服务。

FTP(英文File Transfer Protocol的缩写)中文译为“文件传输协议”,它也是Internet提供的一种服务,用来在Internet上双向传送文件。我们可能会思考这样一个问题:网页在本地计算机上调试完毕,是如何上传到远程的Web服务器端的呢?这就需要用到FTP。用户可以通过它把自己的计算机与世界各地所有运行FTP协议的服务器相连,以访问服务器上的大量信息。通过FTP可以查看服务器上的文件,把所需要的文件从服务器上下载到本地计算机中,也可以把本地计算机上的文件上传到服务器上。

1.2.4 HTTP

HTTP(英文Hypertext Transfer Protocol的缩写)中文译为“超文本传输协议”,是一种详细规定了浏览器和万维网服务器之间互相通信的规则。我们通常在浏览网页时会看到浏览器地址栏中输入的URL前面都是以http://开始的,这个HTTP就是超文本传输协议,它定义了Web客户端如何从Web服务器请求Web页面,以及服务器如何把Web页面传送给客户端。如图1-20所示,HTTP协议采用了请求/响应模型。客户端向服务器发送一个请求报文,请求报文包含请求的方法、URL、协议版本、请求头部和请求数据,服务器以一个状态行作为响应,响应的内容包括协议的版本、成功或者错误代码、服务器信息、响应头部和响应数据。

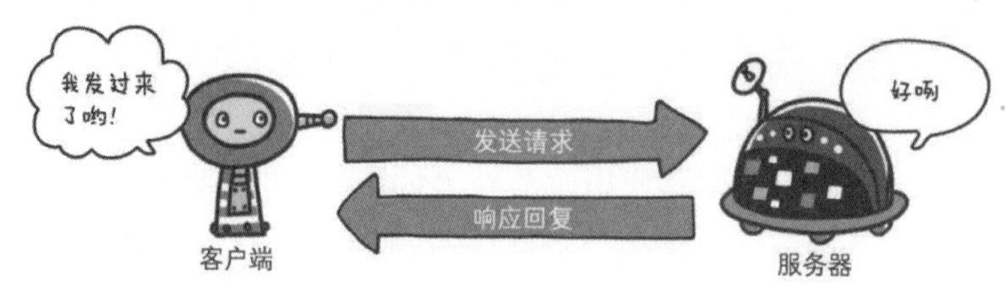

图 1-20 HTTP 请求/响应模型

1.2.5 URL

URL(英文 Uniform/Universal Resource Locator 的缩写)中文译为“统一资源定位符”,其实就是网页的地址,俗称“网址”,是 Internet 上标准的信息资源地址。Internet 上的所有文件包括 HTML 文件、CSS 文件、图片、音乐和视频等都有唯一的 URL,我们可以通过这些资源的 URL 来对其进行访问。

URL 由 4 部分组成:协议、主机名、端口和路径,其一般的语法格式为(带方括号[ ]的为可选项):

协议(protocol)://主机名(hostname)[:端口(port)]/路径(path)/[;参数(parameters)][? 查询(query)]#片段(fragment)。例如:http://www.dlust.edu.cn/campus.html。

1.2.6 浏览器与 Web 服务器

我们可以在 Internet 上浏览网页,都是通过浏览器实现的。浏览器(Browser)是一个与 WWW 建立连接并进行通信的软件,它可以在 WWW 中根据信息资源的 URL 标识确定其位置并将其获取,然后对 HTML 格式的信息资源进行解释,将文字、图片、动画、音频和视频等信息还原出来。如图 1-21 所示,目前比较常见的浏览器有 IE(Internet Explorer)、谷歌(Chrome)、火狐(Firefox)、360、欧朋(Opera)、QQ 等。

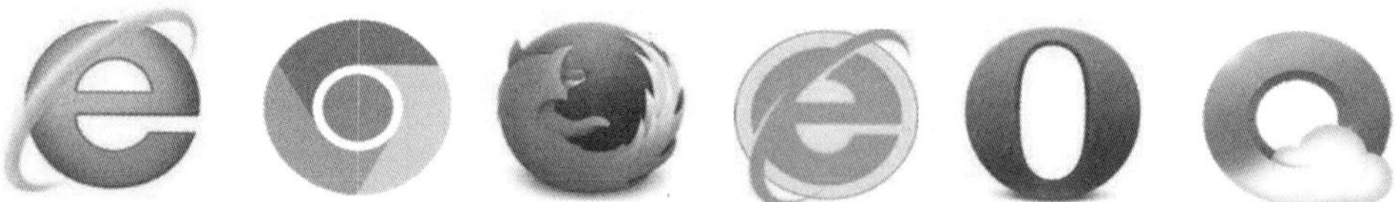

图 1-21 常见浏览器

Web 服务器(Server)一般指网站服务器,是指驻留于因特网上某种类型计算机的程序,网站中的所有文件都是通过 Web 服务器来提供访问和下载的。此外,Web 服务器不仅能够存储信息,还能在用户通过 Web 浏览器提供的信息的基础上运行脚本和程序。目前主流 Web 服务器是 Apache Tomcat、Resin、JBoss、WebSphere 和 WebLogic。

1.3 网页标准化技术

1.3.1 Web标准简介

由于不同的浏览器对同一个网页文件的解析效果可能不一致，为了让用户无论使用哪一个浏览器打开网页的效果都是一样的，需要一个让所有的浏览器开发商和站点开发商共同遵守的标准，为此W3C(World Wide Web Consortium，万维网联盟)与其他标准化组织起草和发布了一系列的Web标准。需要注意的是，Web标准不是某一个标准，而是一系列标准的集合。

从技术角度出发，网页主要由三部分组成：结构(Structure)、表现(Presentation)和行为(Behavior)。对应的Web标准也分三个部分：结构标准、表现标准和行为标准。

(1)结构标准

结构标准主要用于对网页元素进行整理和分类，主要包括两个部分：XML和XHTML。

- XML(eXtensible Markup Language)中文译为“可扩展标记语言”，标准通用标记语言的子集，是一种用于标记电子文件使其具有结构性的标记语言。“标记”是指计算机所能理解的信息符号，通过此种标记，计算机之间可以处理各种信息。XML可以用来标记数据、定义数据类型，是一种允许用户对自己的标记语言进行定义的源语言。它非常适合万维网传输，提供统一的方法来描述和交换独立于应用程序或供应商的结构化数据，是Internet环境中跨平台的、依赖于内容的技术，也是当今处理分布式结构信息的有效工具。
- XHTML(eXtensible HyperText Markup Language)中文译为“可扩展超文本标记语言”，是基于XML的标记语言，表现方式与超文本标记语言(HTML)类似，不过语法上更加严格。我们可以把XHTML想象成一个扮演着类似HTML的角色的XML，所以，本质上说，XHTML是一个过渡技术，结合了部分XML的强大功能及大多数HTML的简单特性。从继承关系上讲，HTML是一种基于标准通用标记语言(SGML)的应用，XHTML基于XML，而XML是SGML的一个子集。

(2)表现标准

表现标准用于设置网页元素的版式、颜色、大小等外观样式，主要指的是CSS，由W3C制定和发布的用于描述网页元素格式的一组规则，其作用是设置HTML语言编写的结构化文档外观，从而实现对网页元素高效和精准的排版和美化。

在网站开发过程中，我们通常将样式剥离出来放在单独的“.css”文件中，从而实现网页表现(样式)与结构的分离。这样做的好处是可以分别处理网页内容和网页样式，也方便对样式的重复利用，简化代码的编写。而且如果我们给网站内所有网页设置成统一的样式，再对CSS样式表进行修改，就可以做到一改全改，使网站样式的修改和维护更加便利。

(3)行为标准

行为标准在网页中主要对网页信息的结构和显示进行逻辑控制，实现网页的智能交互。行为标准语言主要包括W3C DOM和ECMAScript等。

- DOM(Document Object Model)，中文译为“文档对象模型”，根据W3C DOM规范，DOM

是一种与浏览器、平台和语言的接口，它允许程序和脚本动态地访问以及更新文档的内容、结构和样式。

- ECMAScript 是 ECMA(European Computer Manufacturers Association，欧洲计算机制造联合会)以 JavaScript 为基础制定的脚本在语法和语义上的标准。JavaScript 是由 ECMAScript，DOM 和 BOM 三者组成的，是一种基于对象和事件驱动，并具有相对安全性的客户端脚本语言，广泛用于 Web 开发，常用来给 HTML 网页添加动态功能，如响应用户的各种操作等。

综上所述，Web 结构标准使网页内容更清晰，更有逻辑性；表现标准主要用于修饰网页内容的样式；行为标准主要用于控制网页内容的交互及操作效果。

提示　如果把 Web 标准看作一栋房子，结构标准就相当于房子的框架；表现标准就相当于房子的装修，让房子看起来更美观；行为标准相当于房间内部的设备，让房子具有功能性。

1.3.2　HTML 简介

HTML(HyperText Markup Language)中文译为“超文本标记语言”，是构成网页文档的主要语言。超文本(Hypertext)指的是用超链接的方法，将各种不同位置的文字信息组织在一起的网状文档，通常以电子文档的形式存在。超级文本的格式有很多，最常用的就是 HTML，它也是网络上应用最为广泛的语言之一。目前，最新的 HTML 版本是 HTML5。

网页文件本身是一种文本文件，一个网页对应于一个扩展名为“.htm”或“.html”文件。HTML 通过在文本文件中添加特殊的标记符号，对网页中的文本、图像、音频、视频等内容进行描述，告诉浏览器如何显示这些内容，然后再通过超链接将各个网页以及各种网页元素链接起来，构成丰富多彩的 Web 页面。HTML 的结构包括头部(Head)和主体(Body)两大部分，其中头部用来描述浏览器所需的相关信息，主体部分则包含所有要显示在浏览器窗口中的具体内容。

关于 HTML 语言的详细内容，在本书第 3 章中会做详细介绍。

1.3.3　CSS 简介

CSS(Cascading Style Sheets)中文译为“层叠样式表”，是由 W3C 制定和发布的用于描述网页元素格式的一组规则，其作用是设置 HTML 语言编写的结构化文档外观，从而实现对网页元素高效和精准的排版和美化。此外，CSS 不仅可以静态地修饰网页，还可以配合各种脚本语言动态地对网页各元素进行布局和格式化。

CSS 样式表可以嵌入 HTML 文件头部，也可以作为一个独立的“.css”文件，放在 HTML 文件之外；但通常情况下，CSS 样式存放在 HTML 文档之外，这样有助于实现结构与表现的分离，让 CSS 样式可以被同一个网站中不同页面重复使用，保证网站内所有网页的外观风格整齐、统一，而且便于维护和修改。目前，最新的 CSS 版本是 CSS3，与 HTML5 配合使用，可以制作出更加丰富的动画效果。

关于 CSS 的详细内容，在本书第九章节中会做详细介绍。

1.3.4 JavaScript 简介

JavaScript 是一种基于对象和事件驱动的客户端脚本语言。所谓脚本语言，是指介于 HTML 和 C、C++、Java 等编程语言之间的特殊语言。它由一系列运行在服务器端或客户端浏览器上的命令组成。脚本语言接近高级语言，但与高级语言相比，命令简单、语法相对宽松。脚本语言是一种解释性语言，无须编译，可以直接使用，由浏览器负责解释执行。

JavaScript 由 Netscape 公司的 LiveScript 发展而来，是一种动态、弱类型、基于原型的语言，内置支持类，广泛应用于客户端 Web 开发，常用来给 HTML 网页添加动态功能，从而为客户提供流畅的浏览效果。JavaScript 也可以用于其他场合，如服务器端编程。JavaScript 可以直接嵌入在 HTML 文档的头部进行使用，也可以独立存放在“. js”文件中，再通过<script></script>标记的 src 属性链入到 HTML 文档中。

1.4　网页设计与制作工具

工欲善其事，必先利其器。在设计与制作网页时，我们首先要选择合适的工具软件。网页设计与制作全过程涉及图像处理、动画制作、网页制作和程序代码等多种操作，它们在网页开发的不同阶段发挥着不同的作用，我们可以根据其业务特点选用各种专业软件，实现网页的专业化设计，提高网页设计与制作的效率和质量。

通常，我们会采用 Photoshop 软件来进行图像处理，采用 Flash 软件进行动画制作，采用 Dreamweaver 进行网页制作和程序代码的编写。Dreamweaver、Photoshop 和 Flash 都是由 Adobe 公司开发的软件，具有良好的集成性。最重要的是，Photoshop 和 Flash 的设计结果可以直接作为网页元素导入到 Dreamweaver 中，使用起来十分便利。下面，我们一起详细了解一下这 3 种软件的功能及特点。

1.4.1 图形、图像制作工具——Photoshop

图形、图像是网页中的重要元素，可以让网页更加生动形象，提升网页视觉上的美感。而且在网页设计阶段，往往需要先将网页的整体效果图画出来，然后再由开发人员编码实现，在这个过程中，也需要进行图像绘制。Photoshop（简称 PS），是一款集图像扫描、图像制作、编辑修改、创意设计和图像输入与输出于一体的图形图像处理软件，目前已被广泛应用于平面设计、网页设计、照片处理和图形图像制作等领域，在网页开发中占有很重要的位置。

Photoshop 具有强大的图像修饰功能，可以快速修复照片，美化广告摄影图片。利用图像编辑功能，可以将原本毫不相干的图像元素组合在一起，实现丰富的影像创意。基于 Photoshop 的绘画与调色功能，可以采取先用铅笔绘制草图，再用 Photoshop 填充的方法来绘制图画。此外，还可以利用 Photoshop 对文字进行艺术化处理，增加图像创意和艺术效果。

在后期版本中，Photoshop 还增加了用于创建和编辑 3D 图形和制作动画的功能，突破了 Photoshop 作为平面设计软件的局限，在更广泛的领域获得应用。Photoshop 借助于在平面设计领域的出色功能，将 Web 设计融入软件系统中，提供了图像切片和优化 Web 图形的功能，可以导出 HTML 页面文档用于网页设计。

Photoshop CS6 软件包含全新的 Adobe Mercury 图形引擎，采用了全新的用户界面，重新开发了设计工具，完善了内容感应工具，可利用最新的内容识别技术更好地修复图片，为用户提供更多的选择工具，而且拥有超快的性能和现代化的 UI，编辑时几乎能获得即时结果。Photoshop CS6 可以有效增强用户的创造力，大幅提升用户的工作效率。

1.4.2 网页动画制作工具——Flash

Flash 是一款集交互式动画设计与应用程序开发于一体的软件，具有动画绘制、动作实现、程序编写和动画输出等功能，被大量应用于互联网网页的矢量动画设计。Flash 以流式控制技术和矢量技术为基础，可以将音乐、动画以及富有创意的界面融合在一起，给用户带来高品质的动态视听效果。Flash 还提供了应用程序开发环境，可以直接编写脚本代码。因此，Flash 的应用范围十分广泛。

在使用 Flash 创建应用程序时，可以通过编辑新内容或从其他 Adobe 应用程序（如 Photoshop 或 Illustrator）导入，来快速设计简单的动画，以及使用 Adobe ActionScript 3.0 开发高级的交互式项目。设计人员和开发人员可使用它来创建演示文稿、应用程序和其他允许用户交互的内容。通常，使用 Flash 创作的各个内容单元称为应用程序，即使它们可能只是很简单的动画，我们也可以通过添加图片、声音、视频和特殊效果，构建包含丰富媒体的 Flash 应用程序。

Flash 文件的后缀名为“.swf”，该类型文件必须有 Flash 播放器才能打开，且播放器的版本须不低于 Flash 程序自带播放器的版本。“.swf”文件是一个完整的影片档，无法被编辑，该文件在发布时可以选择保护功能，如果没有选择，很容易被别人输入到其他的原始档中使用。除了“.swf”外，Flash 还有“.fla”格式，它是 Flash 的原始档，只有用对应版本或更高版本的 Flash 才能打开编辑。

1.4.3 网页编辑工具

HTML 是文本文件，任何能进行文字编辑的软件都可以编写 HTML 文件，用来制作网页，例如 Windows 操作系统中的“记事本”软件、Microsoft 的 Word 等。但这些软件使用起来有一定难度，要求使用者对 HTML 语言有相当的了解，让很多爱好者或设计者望而生畏。为了快速、高效地进行网站的开发与网页的编辑，一些具有代码高亮显示、语法提示等便捷功能的文本编辑器就出现了，常见的有 Dreamweaver、Hbuilder、Notepad++、EditPlus、UltraEdit、Sublime 等。本书编者采用的是 Dreamweaver，关于它的使用方法，会在后面进行详细介绍。

（1）Dreamweaver

Dreamweaver，简称“DW”，中文译为“梦想编织者”，是美国 MACROMEDIA 公司开发的集网页制作和管理网站于一身的“所见即所得”的网页编辑器，2005 年被 Adobe 公司收购。DW 是第一套面向专业和非专业设计师的视觉化网页开发工具，利用它可以轻而易举地制作出跨平台、跨浏览器的网页。

Dreamweaver 支持代码、拆分、设计、实时视图等多种方式来创作、编写和修改网页（通常是标准通用标记语言下的一个应用 HTML），对于非专业人员，你可以像操作 Word 一样，无须编写任何代码就能快速创建 Web 页面,受到许多网页制作爱好者的喜爱。

Dreamweaver 成熟的代码编辑工具更适用于 Web 开发高级人员的创作,Dreamweaver CS6 版本使用了自适应网格版面创建页面,在发布前使用多屏幕预览审阅设计,可大大提高工作效率,改善 FTP 的性能,更高效地传输大型文件。“实时视图”和“多屏幕预览”面板可呈现 HTML5 代码,更能够检查自己的工作。

提示　“所见即所得”是一种网页编辑中常见的术语,采用该模式,用户在编辑网页时所见到的外观样式与最终生成的网页样式基本一致;而且对于非专业人员,可以通过拖拽图形生成相应的代码。

(2) Hbuilder

Hbuilder 是 DCloud(数字天堂)推出的一款支持 HTML5 的 Web 开发 IDE(Integrated Development Environment,集成开发环境)。快,是 Hbuilder 最大的优势,通过完整的语法提示和代码输入法、代码块等,可以大幅提升 HTML、CSS、JavaScript 的开发效率。Hbuilder 的编写用到了 Java、C、Web 和 Ruby。Hbuilder 本身主体是由 Java 编写,它基于 Eclipse,所以 HBuilder 顺其自然地兼容了 Eclipse 的插件。

(3) Notepad++

Notepad++体积小、资源占用少,支持众多程序语言,比如 C++、C#、Java 等主流编程语言,也支持 HTML、XML、ASP,Perl、Python、JavaScript 等网页/脚本语言。而且 Notepad++作为程序员们最喜爱的编辑器之一,像语法高亮、语法折叠、宏等编辑器常用功能一个都不少。如果你发现 Notepad++有不满意的地方,还可以通过安装扩展或自行开发扩展来定义一个更强大的 Notepad++。

1.5　网站的制作流程

一个网站从一个想法到成功发布,需要经过很多的环节,不仅包括前期的设计,还包括后期的建设。可以说,网站制作已经逐渐发展成为一个由静态页面搭建、动态模块开发、数据库连接以及后期的发布、维护和推广等一系列工作构成的系统工程。下面,我们将对网站制作的具体流程进行介绍。

1.5.1　准备工作

在制作网站之前,需要有专业人士对互联网市场进行详细的调研和分析,收集目标用户的相关信息和资料,为项目提供必要的数据支持,为项目决策提供事实依据。该阶段是网站建设的基础,也是网站是否能满足目标用户需求的关键阶段。

(1) 市场调研与分析

网站是否能够满足目标用户的需求并为其所接受是网站得以生存和发展的前提条件。因此,在建设网站之前,我们必须明确网站是为哪些用户提供服务,这些用户需要的服务是什么样的。在调研过程中,要充分挖掘用户表面和内在的那些具有可塑性的需求信息,明确用户获得信息的规模和方式。只有这样,网站才能够为用户提供最新、最有价值的信息。

通过网络、电视、杂志、报纸等媒体或其他渠道对竞争对手的相关信息进行调研和分析。要知道主要竞争对手企业是否已经搭建了网站,如果已经存在,要明确以下几个问题:其网站的定位如何?网站都提供了哪些信息和服务?这些网站有哪些优点和缺点?我们从中可以获得哪些启示?

在对市场进行深入调研后,要对调研结果进行多维度分析,为网站的后续工作的开展奠定基础。

(2)资料的收集与整理

前期收集的资料有很多,从内容形式上,包括文字资料、图片资料、视频资料和音频资料;从内容分类上,包括企业基本情况介绍、产品分类、产品信息、服务项目、服务流程、联系方式、企业新闻、行业新闻等。资料的收集应尽量全面完整,方便后期开发时使用。

收集和整理资料是一个贯穿网站建设始末的过程,不仅需要在建设网站之前进行,还应在整个项目进行的过程中不断补充完善资料,让网站尽善尽美。

1.5.2 前期规划

在对市场进行调研并收集资料之后,就需要对网站进行前期规划。无论开发静态网站还是动态网站,必须明确开发网站的软硬件环境、网站的内容栏目和布局、内容栏目之间的相互链接关系、页面创意风格和色彩,以及网站的交互性、用户友好性和功能性等目标。如果建设动态网站,还需要对数据库和 Web 应用技术,以及脚本语言的选择和使用做出规划。综上,网站前期规划的目的就是设定一个整体的战略规划和工作目标,前期规划得越详尽,项目实施就越规范。通常情况下,工作人员会根据网站的前期规划撰写网站开发时间进度表,来指导和协调后续的工作。

(1)确定网站目标

在制作网站初期,确定网站的目标是第一要义。设计者要根据市场调研的结果确定网站提供什么样的服务,以及网页中应该提供哪些内容等。要确定网站目标,应该从以下三个方面考虑。

①网站的整体定位

在市场调研和分析以及资料收集的基础之上,首先确定网站的定位,包括大致内容和结构、页面创意的基调,以及基本技术架构等;其次,要根据网站的性质和用途确定网站的类型,然后对网站进行一个全面的、客观的评估,既要考虑现阶段的需求,也要考虑未来的发展,从而方便对网站进行升级和更新;最后,在技术架构方面,需要明确的是制作动态网站还是静态网站,以及网站规规模大小等。采用何种技术架构将决定网站的制作和维护成本,是制作网站时必须关注的问题。

②网站的主要内容

网站的整体定位确定后,就要根据需求来确定网站的栏目和内容了。网站内容包括各种文本、图形图像和音频、视频信息,它们直接影响到网站的页面创意、布局以及技术架构等的确定,也直接影响到网站的受欢迎程度。我们可以根据不同类型网站的功能和受众群体等不同,从栏目的设置以及网站的风格等方面进行全面的考虑。例如综合性网站,新闻、邮件系统、电子商务和论坛等都要涉及,这样就要求网页内容丰富、结构紧凑;功能性网站,例如网上书店、在线游戏网站、音乐视频网站等，则要求网页美观大方，更新迅速。同时可以添加 Flash 动画等，使网页更具动感，充满活力，从而更有吸引力。

③网站的目标用户

网站主要通过不同的方式和手段吸引不同的用户群体。在网站规划阶段，要明确网站的目标用户群体，以及如何获得该群体用户的注意力。例如，儿童网站要考虑到儿童的特点和偏好，语言要浅显易懂、风趣幽默，页面要颜色鲜艳、引人注目；老年人网站要操作简洁、导航明确，文字要适当加大、简单明了；电子商务网站要注重交易安全、保护用户私隐等。

(2)规划网站结构

合理地规划网站结构，能够加快网站的设计，提高工作效率，节省工作时间。一般来说，网站内容是放在一个文件夹中，这个文件夹中包含图像、音频、视频、网页文件和各种普通文件。要创建一个大型网站，各种文档的数量非常巨大，如果不合理规划结构，管理起来就会变得很困难，因此合理地使用文件夹管理文档就显得尤为重要。

网站文件夹是指存放网站各种资源的文件夹，要根据网站的主题和内容来分类规划，就像商品类目一样，同一类商品划到同一个栏目下，不同栏目对应不同的文件夹，在各个栏目文件夹下也可以根据内容的不同对其划分不同的子文件夹。例如，在网站建设中，我们通常将网页图片放在"images"文件夹下，样式文件放在"css"文件夹下，有关新闻的文件放在"news"文件夹下，上传的文件则放在"uploadfiles"文件夹下等。同时，要注意文件夹的层次不宜太深，一般不要超过三层，过多的网站结构层次会给浏览用户造成操作上的困扰。另外，文件夹的命名要注意可读性，尽量使用能表达栏目基本信息的英文或拼音，方便日后的管理和维护。图 1-22 所示为某计算机教学资源网的网站结构层次图。

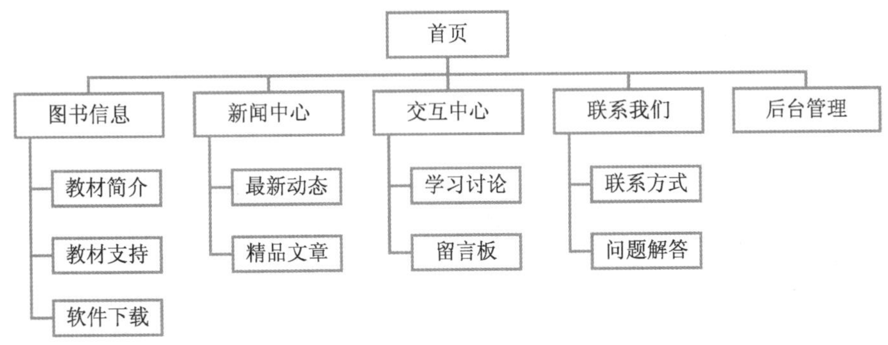

图 1-22 某计算机教学资源网的网站结构层次图

(3)确定网站风格

网站风格设计包括网站的整体色彩、网页的结构、文本的字体和大小、背景的使用等，设计者需要根据市场调研的结果、网站的受众群体、网站的功能与特点等因素进行决策。不同色彩搭配会产生不同的感观效果，让用户在浏览网站时产生不同的情绪。例如，企业网站会根据自己的企业文化和想要向用户传达的信息做出相应的风格定位，严肃型的网站风格要庄重、严谨，配色要简单、大方，不可用色过多，让人眼花缭乱；活泼型的网站风格要明丽、清新，配色要鲜明、有个性，让人眼前一亮、印象深刻。

1.5.3 项目实施

在项目实施阶段,要根据前期规划阶段确定的网站目标、网站层次结构和网站风格,开展项目的具体实施工作,完成网站制作的全部工作。

(1)页面设计

现在网站的制作越来越重视页面的创意和外观设计效果,尤其是一些个性化的网站、提供时尚类产品和服务的网站、具有美术和艺术背景的网站等,都非常关注页面布局和页面的艺术效果。独到的创意和优美的画面有助于提升企业的个性化形象,加深用户印象。通常,我们采用图形图像软件如 Photoshop 进行页面设计。对页面的布局、色彩、元素以及结构形成静态的设计效果,为后续页面的制作奠定基础。

(2)网站制作

如果网站用户交互要求较低,或者网站数据更新少,可以采用相对简单的静态网站。如果制作大中型网站,则除了需要使用静态网页技术之外,还要采用动态网页技术和数据库技术。小型动态网站可以使用 ASP 技术,大中型动态网站,一般采用 ASP. NET、JSP 或 PHP 技术,来获得更高的安全性和可靠性。数据库的选择要考虑数据规模、操作系统平台以及 Web 应用技术等因素。小型应用可采用 Access 数据库,大型应用多选择 SQL Server 数据库,或者 Oracle 这种更大型的数据库。

(3)整合网站

当设计、制作和编程工作结束后,需要将各部分按照整体规划进行集成和整合,形成完整的系统。在整合过程中,需要对各个部分以及整合后的系统进行测试,发现问题及时调整和修改。

1.5.4 后期工作

网站建成后,还要完成系列的网站测试、网站发布、网站推广和网站维护等工作。网站后期工作进展得是否顺利,完成得是否到位,直接影响到网站页面设计的实施功能的发挥和用户的满意程度,也会对网站未来的发展产生影响。

(1)网站测试

网站测试一般包括浏览器兼容性测试、超链接测试等内容。浏览器兼容性测试就是测试网站在不同操作系统或使用不同浏览器时网站的运行情况;超链接测试的目的是确保网站的内部链接和外部链接能够正常跳转。此外,在网站上传到服务器之后,还需要进行网络测试,如测试网页的打开速度、网站是否安全(服务器安全、脚本安全)等。

(2)网站发布

网站制作完成后,最终要发布到 Web 服务器上,网页才具备访问功能。在网页发布之前首先要申请域名和购买空间,有一些免费空间则无须购买。然后使用相应的工具发布即可,常用的上传网站工具有 FTP 软件(如 Flash FXP),也可以用 Dreamweaver 自带的站点管理上传、发布网站文件。

(3)网站推广

网站推广的目的是让更多用户浏览网站,了解网站的产品和服务,以提高网站的访问率和知名度。常用的网站推广方式包括:广告链接,注册搜索引擎,与其他网站友情链接,利用论坛、微博、电子邮件等方式推广等。

(4)网站维护

网站不是一成不变的,要随着时间的推移、市场的变化做出适当的变化和调整,给人以新鲜感。在日常维护中,应经常更新网站栏目内容、添加一些活动窗口等。当网站发布较长时间以后,需要对网站的风格和色彩、内容和栏目等进行较大规模的调整和重新设计,让用户体会到企业和网站积极进取的风貌。在网站改版时,既要让用户感觉到积极变化,又不能让用户产生陌生感。

1.6　Dreamweaver CS6 的基本操作

在网页制作过程中,Dreamweaver 工具依靠其可视化的“所见即所得”模式,极大地降低了网页制作与网站开发的难度,让不同水平的开发人员都能通过它搭建出美观的页面。为了让初学者对 Dreamweaver 工具有一个基本了解,本节主要以 Dreamweaver CS6 版本为例,介绍 Dreamweaver 工具的使用。

1.6.1　Dreamweaver CS6 工作区简介

成功安装软件后,双击运行桌面上的软件图标,即可弹出如图 1-23 所示的欢迎页面,页面中间部分分为三栏,“打开最近的项目”“新建”和“主要功能”。单击选择“新建”→“HTML”,即可创建一个 HTML 文档,如图 1-24 所示。

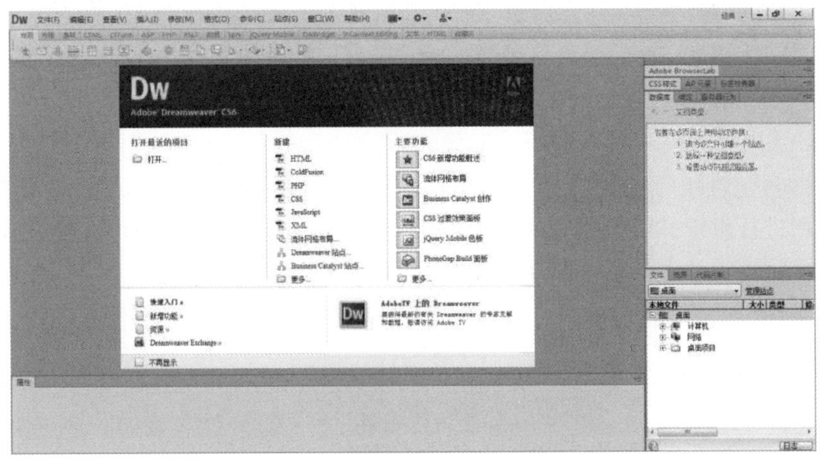

图 1-23　Dreamweaver CS6 欢迎页面

下面,我们分别讲解图 1-24 所示的工作页面各部分的名称及使用。

(1)应用程序栏

应用程序栏位于工作区的顶部,左侧包括程序图标和菜单栏,右侧包括工作区切换器、同步设置按钮和程序窗口控制按钮,如图 1-25 所示。

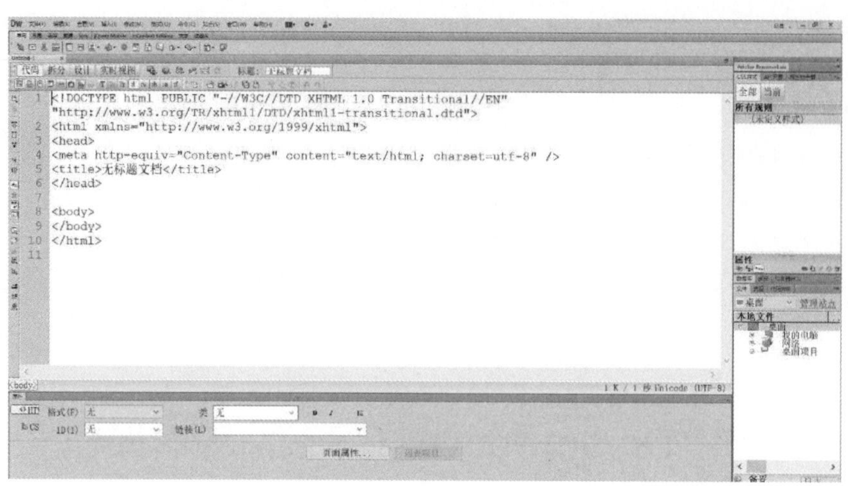

图 1-24　新建 HTML 工作页面

图 1-25　应用程序栏

菜单栏 文件(F) 编辑(E) 查看(V) 插入(I) 修改(M) 格式(O) 命令(C) 站点(S) 窗口(W) 帮助(H) 几乎包含了 Dreamweaver CS6 的全部操作命令，利用这些命令可以编辑网页、管理站点以及设置操作界面等。各类命令按照功能分门别类地放置在这些栏目里，就像饭店里的“菜单”一样，所以叫作菜单栏。当我们要执行某项命令时，要先单击选中菜单栏中包含它的主菜单名，打开其下拉菜单列表，然后用鼠标点击相应菜单项即可进行相应操作。

菜单栏右侧的 分别是“布局”“扩展 Dreamweaver”和“站点”按钮， 是快速切换工作区的按钮，图中显示当前工作区是“经典”布局的工作区。应用程序栏最右侧的 是窗口最小化、最大化和关闭按钮。

(2)插入栏

“插入”面板包含用于创建和插入对象(如表格、图像和链接)的按钮，这些按钮按如图 1-26 所示类别进行组织，默认显示“常用”类别，点击相应的类别按钮即可切换选项卡。例如，点击 按钮，可以在 HTML 插入一个超级链接，点击 按钮，可以插入一个表格，点击 按钮，可以插入图像等等。

图 1-26　插入栏

有一些按钮的右侧有一个 下拉按钮，表示该功能按钮项下还有其他扩展功能，点击该下拉按钮，可以从弹出的列表中进行选择。如点击插入图像按钮 右边的下拉按钮，可得到如图 1-27 所示的下拉列表。

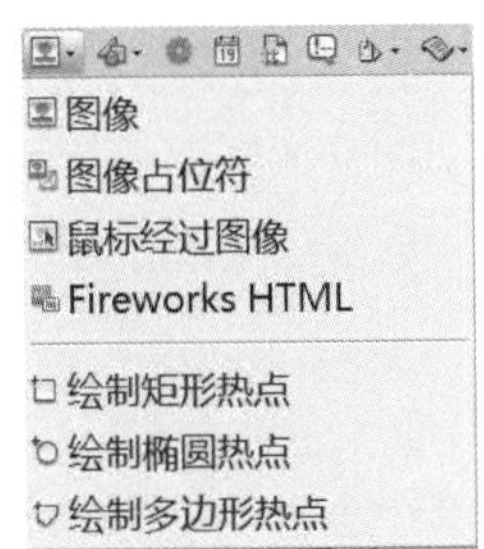

图 1-27　下拉按钮

(3)文档工具栏

文档工具栏如图 1-28 所示，在编写 HTML 页面时，利用文档工具栏中左侧的按钮可以在文档的不同视图之间快速切换，让 Dreamweaver 可以实现“所见即所得”。其中，“代码”按钮可以显示只有代码的视图，“拆分”按钮显示代码视图和设计视图，“设计”按钮显示设计视图，“实时视图”显示当前页面实时的预览效果，与“拆分”按钮配合使用，可以“看”到网页的运行效果。

工具栏中还包含一些与查看文档、在本地和远程站点间传输文档相关的常用命令和选项。例如，按钮表示“在浏览器中预览/调试”，即运行当前文档的代码，查看其在浏览器中的实际显示情况，以便对程序代码进行调试。

代码 拆分 设计 实时视图　标题: 无标题文档

图 1-28　文档工具栏

(4)属性面板

使用属性面板可以检查和编辑当前选定网页元素(如文本和插入的对象)的最常用属性。属性版面的内容会根据选定元素的变化而变化。例如，如果选择页面中的图像，则属性检查器将显示图像属性(如图像的文件路径、图像的宽度和高度、图像周围的边框等)，如图 1-29 所示。

图 1-29　属性面板

(5)文档窗口

文档窗口是整个 Dreamweaver 工作区中占篇幅最大的部分，用于编写 HTML 代码，我们编写的全部代码都显示在文档窗口中，如图 1-30 所示。文档窗口可以通过 代码 拆分 设计 实时视图 工具设置其显示方式。例如，我们点击“拆分”和“实时视图”两个按钮，即可以实现 Dreamweaver 的“所见即所得”，如图 1-31 所示，左边为代码编辑区域，右边为页面实时效果展示区域。

图 1-30　文档窗口

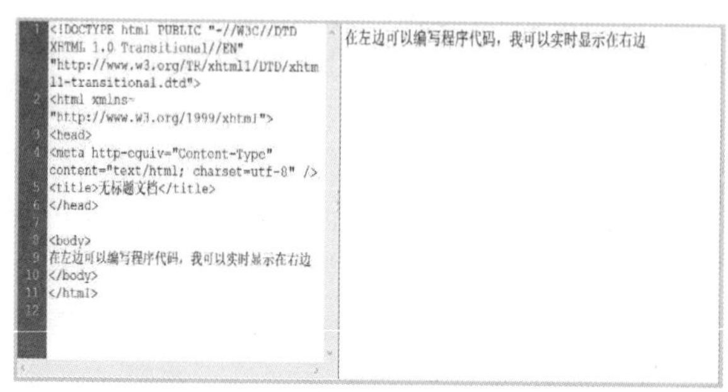

图 1-31　“拆分”视图的文档窗口

(6)状态栏

状态栏位于文档窗口底部,它提供了与当前文档相关的一些信息,如图 1-32 所示。是“选取工具”,是手形工具,是缩放工具,100%是用来设置缩放比例的,这三个按钮分别表示手机大小(480×800)、平板电脑大小(768×1024)、桌面电脑大小(1000 宽),886 x 626表示当前窗口大小,1 K / 1 秒表示文档大小与预计下载的时间,Unicode (UTF-8)是编码指示器,表示当前文档使用的编码方式是 UTF-8。

图 1-32　状态栏

1.6.2　Dreamweaver CS6 初始化及参数设置

通常,我们在第一次打开 Dreamweaver 软件时,可以根据个人的操作习惯和喜好来对软件的布局、参数等进行相应的调整,这个过程就叫初始化设置。Dreamweaver 工具的初始化设置通常包括设置工作区布局、添加必备面板、设置新建文档、设置代码提示等几个方面,下面进行详细介绍。

(1)设置工作区布局

打开 Dreamweaver 工具界面,选择菜单栏中“窗口”→“工作区布局”→“经典”命令,图 1-33 所示为经典视图。

图 1-33　经典视图选择

（2）添加必备面板

设置为“经典”模式后，需要把常用的 3 个面板调出来，可分别选择菜单栏“窗口”菜单下的“插入”“属性”“文件”等 3 个命令，如图 1-34 所示。

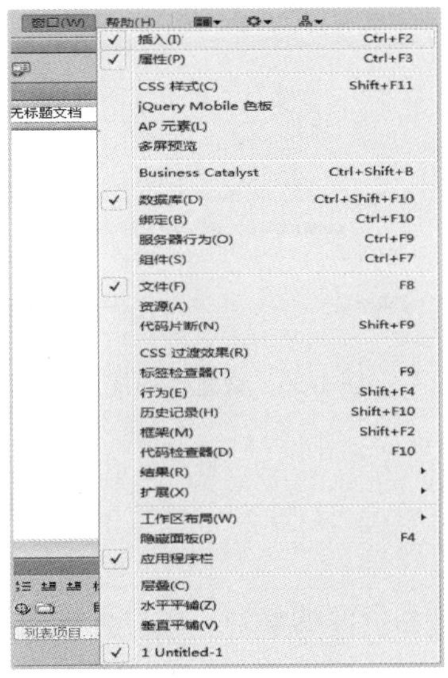

图 1-34　添加面板

（3）设置新建文档

选择菜单栏中的“编辑”→“首选参数”→命令，选中左侧“分类”中的“新建文档”选项，右边就会出现对应的设置，如图 1-35 所示，选择目前最常用的 HTML 文档类型和编码类型。

设置好新建文档的首选参数后，再新建 HTML 文档时，Dreamweaver CS6 就会按照默认设置直接生成所需要的代码。

（4）设置代码提示

Dreamweaver CS6 有强大的代码提示功能，可以提高书写代码的速度，在“编辑”→“首选参数”对话框中可以设置代码提示，选择“代码提示”选项，然后选择“结束标签”选项中的第二项，单击“确定”按钮即可，如图 1-36 所示。

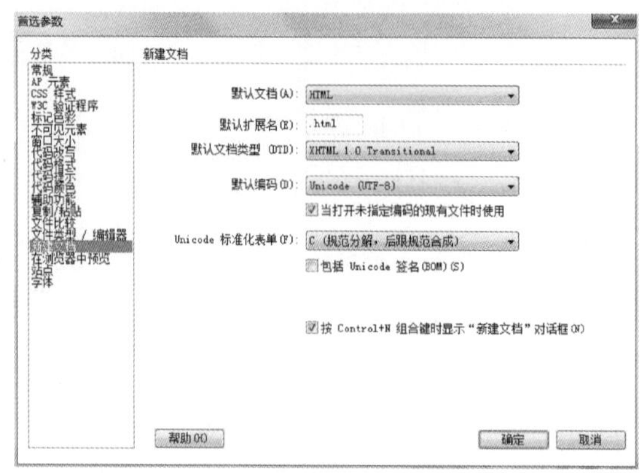

图 1-35　新建文档

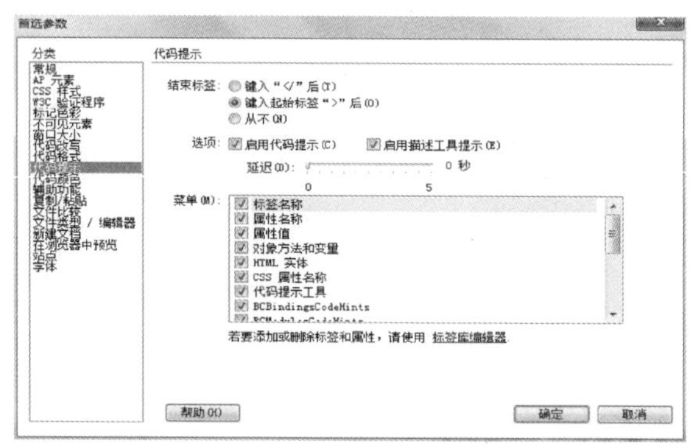

图 1-36　设置代码提示

1.6.3　站点的建立与管理

(1)站点

站点是一个网站中所有文件和资源的集合。用户可以使用 Dreamweaver 在计算机上创建站点和网页,然后将站点上传到 Web 服务器,还可以随时上传更新的文件对站点进行维护。使用 Dreamweaver 创建站点的方法很简单,下面我们便来学习在本机上创建静态站点的方法。

(2)建立站点

在使用 Dreamweaver 搭建站点前,需要在自己的电脑中创建一个以英文或数字命名的空文件夹,作为网站根文件夹,我们可以在本机 D 盘根目录下新建文件“My Web”。

在 Dreamweaver 中新建站点。选择菜单栏中的“站点”→“新建站点”菜单,如图 1-37 所示。

弹出“站点设置对象”对话框,在“站点名称”文本框中输入“My Web”作为该站点名称,在“本地站点文件夹”文本框中输入在之前创建的文件夹的物理地址,或单击右侧的“浏览文件夹”按钮,在打开的对话框中选择站点文件夹,如图 1-38 所示。

单击“保存”按钮后,Dreamweaver 中的“文件”面板中将显示新创建的站点,如图 1-39 所示。至此,我们便完成了该静态站点的创建。

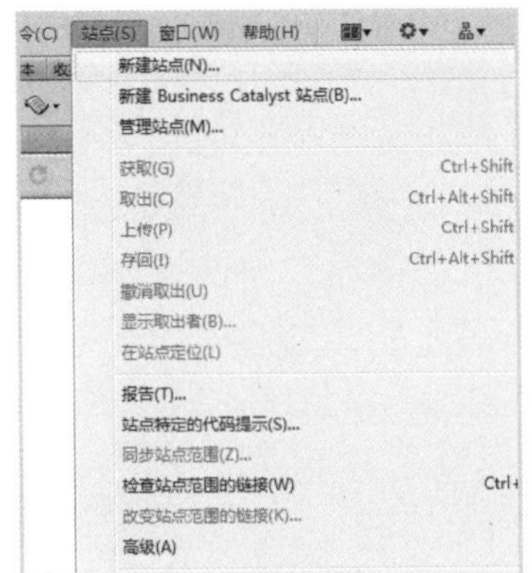

图 1-37　新建站点

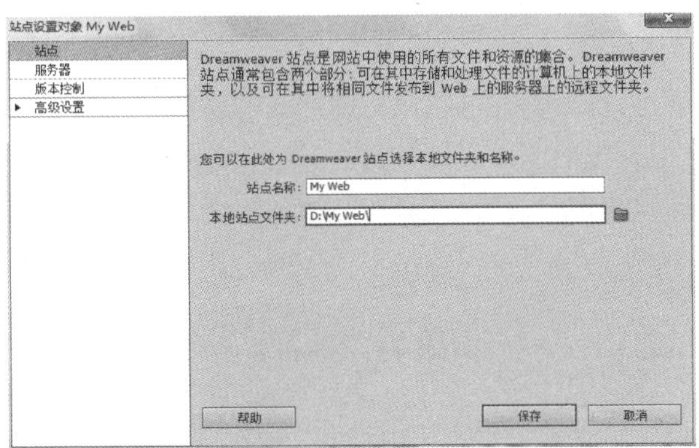

图 1-38　站点界面

图 1-39　“文件”面板中的站点

(3)管理站点

在制作网页的过程中，如果需要管理站点，如对站点进行编辑、复制、删除或导出等操作，可以选择菜单栏中的“站点”→“管理站点”菜单，打开如图 1-40 所示的“管理站点”对话框进行操作。主要的操作有：复制当前选定的站点、编辑当前选定的站点、删除当前选定的站点和导出当前选定的站点。

(4)站点的测试与推广

在将网站上传到服务器之前，需要对其进行测试及优化。测试包括兼容性测试、超链接测试等，优化是尽可能减小网页文件的体积及日后发生错误的概率。完成测试和优化后，就可以

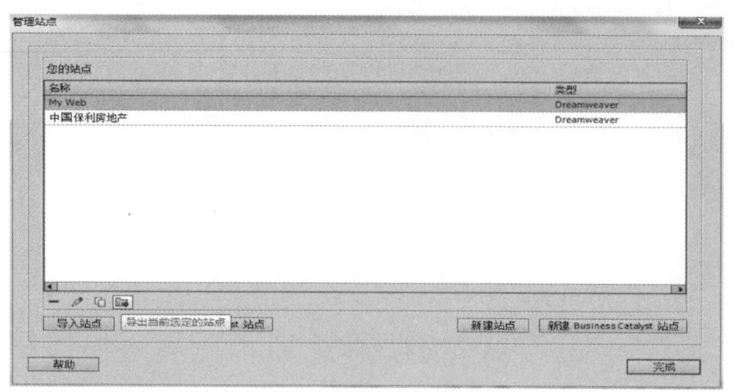

图 1-40　管理站点对话框

利用 FTP 工具将网站发布到所申请的空间服务器上。网站上传后,可继续通过浏览器进行实地测试。

网站上传之后,需要进行宣传和推广,以提高网站的访问量及知名度。推广网站的方法有很多,如搜索引擎推广、群发电子邮件、借助同类网站留言、加入友情链接、传统媒体宣传等。

制作好网站后,还需要经常对其进行维护和更新,才能更吸引浏览者。

单元小结

本章介绍了:(1)有关网页制作的基础知识,包括网站与网页的定义、分类,网页的基本构成元素,以及与网页相关的基本概念,如域名和 IP、静态网页和动态网页等;(2)网站的板块结构,包括 Logo、Banner、导航、内容和版尾以及网页标准化的相关技术;(3)一些常见的网页设计制作工具,以及编写网页时使用的软件——Dreamweaver CS6 的基本操作。通过学习本章知识,学生可了解网页的基础知识,为以后进一步深入学习网页设计提供了基础。

第 2 章 网页设计基础

学习目标

通过对本章的学习，学生应了解网页设计的基本原则、色彩基础知识；了解网页线框图和网页效果图的作用，并且能够根据前期工作进行绘制；了解网页元素命名规范，能够在编码中熟练运用；了解网页布局原则和页面尺寸规范、掌握常见的网页布局方式，能够合理布局网页；掌握网页配色方案，能够为页面合理搭配颜色；能够运用文字、图像和超链接等设计的相关知识，进行网页内容元素的设计。

核心要点

- 网页配色方案
- 网页布局设计
- 网页内容元素设计

一、单元概述

随着国内互联网开发理论的发展,越来越多的网站开始更加注重网页的界面设计,通过优化和美化界面来取得竞争的主动权,吸引更多用户。网页界面设计的作用在于为网页提供一个美观且易于与用户交互的图形化接口,帮助用户更方便地浏览网页内容,使用网页的各种功能。同时,优秀的界面设计可以为用户提供一种美的视觉享受。

在网页设计中,网页创意是非常重要的环节,好的创意可以更好地表达网站主题,突出优美的视觉效果。色彩、网页布局和网页设计元素是网页创意设计的三个重要组成部分。所以本章节的主要内容是介绍如何应用这三部分的基础知识来进行网页设计。通过本章的学习,学生将对网页设计有初步了解,并且在后续学习的过程中,不断实践和积累,以期可以设计出美观、有创意的网页。此外,网页设计要具有一定的独创性,要符合大多数目标用户的审美,满足有效表达内容和操作简洁的要求。

本章通过理论教学、案例教学等方法,循序渐进地向学生介绍网页设计原则、色彩基础知识、网页配色方案、网页布局设计、网页内容元素设计等基本知识,介绍网页线框图和网页效果图的作用,并通过大量实例帮助学生分析和学习,培养学生网页设计的基本素养。

二、教学重点与难点

重点:

掌握网页配色方案,掌握常见的网页布局方式,掌握网页内容元素的设计。

难点:

掌握网页配色方案,绘制网页线框图和网页效果图。

解决方案:

在课程讲授时要引导学生去搜集、整理图像素材,并分析图像中的色彩搭配与运用。在对色彩有了基本的了解之后,结合网页设计的相关内容,完成网页的配色方案设计。对于网页线框图和网页效果图的绘制,需要能够熟练使用相关软件,这绝非一日之功,需要勤加练习。

【本章知识】

网页最重要的功能和目的是传递信息,一个大量文字堆积的网页,虽然能够让浏览者获取到信息,但是十分枯燥、乏味,不利于长时间阅读。而且随着页面美观度的下降,浏览者对网页的关注程度也会大打折扣,不利于网站的发展和推广。一个优秀的网页,不仅内容要丰富充实,外观设计也要精美,只有这样,我们才能通过一个视觉效果突出、便于阅读的页面,带给用户完美的浏览体验。

那么网页设计该如何进行呢?设计一个网页需要经过哪些步骤呢?我们在设计网页的过程中,需要注意哪些问题呢?本章将从网页设计的原则、网页的配色方案、网页设计的流程、网页布局、网页的内容元素设计等几个方面介绍网页设计的相关知识,让大家熟悉网页整体设计所要考虑的元素,以及网站设计时应该注意的问题。

2.1　网页设计原则

网页是传播信息的载体。在进行网页设计时，网页设计师应遵循相应的设计原则，明确设计目标，准确、高效地完成设计任务。网页设计原则包括以用户为中心、视觉美观、主题明确、内容与形式统一四个方面，具体介绍如下：

(1)以用户为中心

以用户为中心的原则要求设计师站在用户的角度进行思考，主要体现在下面几点：

①用户优先

网页设计的目的是吸引用户浏览，用户需求什么，设计师就设计什么。抛开用户需求，即使网页设计得再具有美感，也不算是成功的设计。

②考虑用户带宽

网络正处于高度发达的时代，在网页中适当添加动画、音频、视频等多媒体元素，可以让网页的效果更加丰富。在设计网页时，需要考虑用户的实际带宽，尽量避免网页多媒体元素无法加载或打开网页过慢等情况出现。

(2)视觉美观

爱美之心，人皆有之，视觉美观是网页设计的基本原则。一个赏心悦目、富有创意的网页往往更能够吸引浏览者的注意，让浏览者停留在页面上的时间更长。设计师在设计网站页面时应该灵活运用对比与调和、对称与平衡、节奏与韵律以及留白等技巧，使空间、文字和图形之间建立联系，实现页面的协调美观。如图2-1所示的旅游网站，将两个古建筑置于页面的左右两端，恰到好处地维持了平衡。中间的黑色主题文字醒目但不突兀，成为整个页面的第一视觉焦点。页面中点缀的红色给人一种喜庆的感觉，又不会过于艳丽、喧宾夺主。

图2-1　旅游网站

(3)主题明确

鲜明的主题可以使网站轻松转化一些高质量并且有直接需求的用户，还可以增加搜索引擎的访问量。设计师在设计页面时，不仅要注意页面美观，还要注意主次分明、重点突出，在追求艺术性的同时，更要通过强烈的视觉冲击力突出主题。例如，图 2-2 所示为华为折叠手机广告 Banner 设计图，用三张手机图片展示手机强大的折叠性能，让用户一目了然。

图 2-2　华为折叠手机广告 Banner 设计图

（4）内容与形式统一

任何设计都有一定的内容和形式。设计的内容是指主题、内容元素等，形式是指结构、设计风格等表现方式等。一个优秀的网页是内容与形式统一的完美体现，在主题、形象、风格等方面都是统一的。例如，图 2-3 所示为传统文化网首页。页面中，网页整体设计采用中国风，配合古字体，以及极具中国特色的国粹京剧艺术，向浏览者敞开了中国传统文化的大门。页面背景颜色采用“中国红”，醒目但不失庄重，是中国传统文化中常见的喜庆色彩。整个页面的主题、形象和风格实现了高度统一。

图 2-3　传统文化网首页

2.2 网页配色基础

色彩是人的视觉最敏感的元素，不同的色彩会给人带来不同的感受。网页的色彩如果处理得当，就会锦上添花，达到事半功倍的效果；反之，如果网页色彩选择不当或者网页配色混乱，就会给用户带来糟糕的浏览体验。为了能够设计出富有创意、美观大方的页面，我们先介绍一下色彩的相关知识。

2.2.1 色彩基础知识

(1)色彩三属性

自然界中的颜色大致可以分为彩色和非彩色两大类。除黑、白、灰三种颜色为非彩色外，其他所有颜色都属于彩色。色彩的三属性是指任何一种色彩都具有色相、饱和度、明度三种性质。三属性是界定色彩感官识别的基础，灵活应用三属性变化是色彩设计的基础。

①色相

色相也称色泽，是色彩的名称，是一个色彩区别于其他色彩的主要因素。在不同波长的光的照射下，人眼会感觉到红色、橙色、黄色、绿色、紫色等色彩，我们把这种色彩的外在表现特征称之为色相。如红色和黄色属于不同的色相。

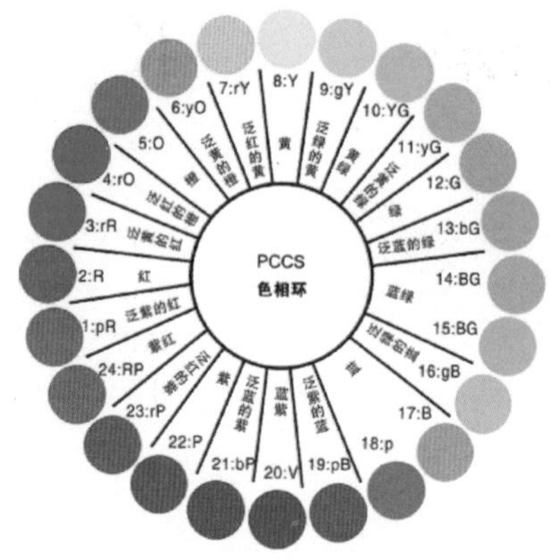

图 2-4 色彩色相

②饱和度

饱和度也称纯度，指颜色的鲜艳程度。饱和度越高，颜色越纯，色彩越鲜明。一旦与其他颜色混合，色彩的饱和度就会下降，随之变暗、变淡。当颜色饱和度降到最低时就会失去色相，变为无彩色(黑、白、灰)。如图 2-5 所示。

图 2-5 色彩饱和度

③明度

明度也称亮度，是指色彩的深浅程度。非彩色只有明度特征，没有色相和饱和度之间的区别。如图 2-6 所示,1、2、3 为低明度基调,给人厚重、沉稳、压抑的感觉;4、5、6 为中明度基调,给人柔和、含蓄、中庸的感觉;7、8、9 为高明度基调,给人明快、轻松、活泼的感觉。

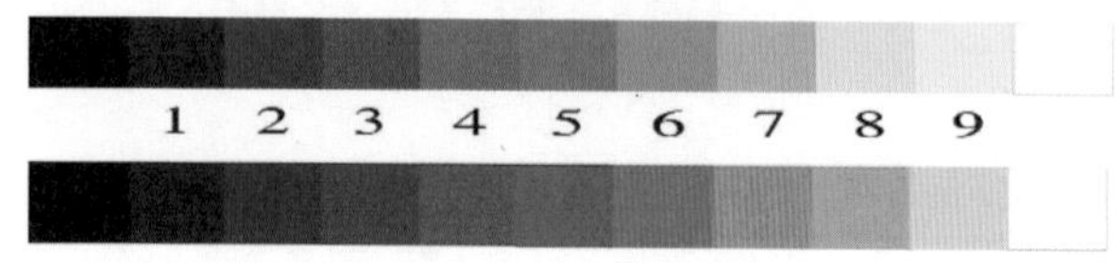

图 2-6　色彩明度

(2)色彩的三原色

三原色指色彩中不能再分解的三种基本颜色,三原色可以混合出所有的颜色。电脑屏幕的色彩是由红色(Red)、绿色(Green)和蓝色(Blue)三种色光所合成的,红、绿、蓝三种颜色叫作色光三原色,由色光三原色构成的颜色模式叫作 RGB。RGB 模式主要作用是在电子系统中检测、表示和显示图像,比如电视和电脑。RGB 是一种依赖于设备的颜色模式,不同设备对特定 RGB 值的检测和重现都不一样,甚至是同样的设备不同的时间也不同。网页上的设计是以 RGB 色彩系统为基础的。

提示　常用的 CMYK 色彩模式,由青色 Cyan、品红 Magenta、黄色 Yellow 和黑色 blacK 组成,被应用于印刷。我们看书时,阳光或灯光照射到书本上,然后再反射到我们的眼中,我们才可以看到内容,所以 CMYK 是一种依靠反光的色彩模式。

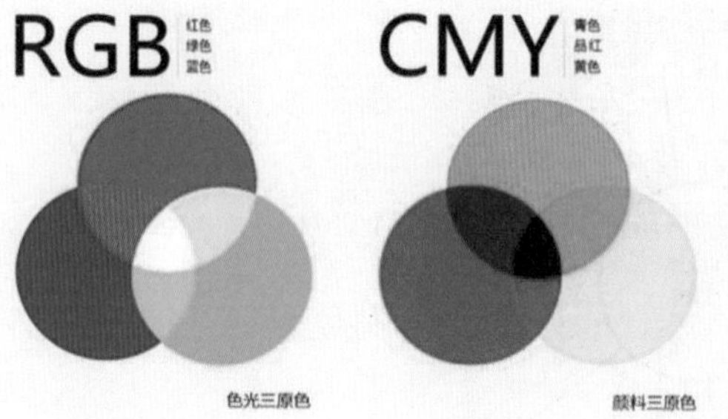

K　为什么要加入黑色?

青、品红、黄是美术三原色,三种颜色理论上可以混合出黑色,但是现实中由于生产技术的限制,混合出的黑色不够浓郁,就加上提纯的黑色进行混合。一幅图中的黑色部分,如果在没有黑色油墨的情况下可以由等量的 CMY 混合成黑色,如果有黑色则可以直接使用黑色减少油墨的使用量。

图 2-7　常用色彩模式

(3)色轮

白色光包含了所有的可见颜色,为了在使用颜色时更加实用,人们将它简化为 12 种基本色相,色轮就由这 12 种基本颜色组成。我们可以把这 12 种颜色分成三大类:三原色、三间色(又叫二次色)和第三色。三原色是红、黄、蓝三种基础色,它们组成了色轮上的所有其他颜色,且不能由其他颜色调配出来;三间色也叫作二次色,将三原色任意两种按 1∶1 混合,就可以得到三间色——橙色、绿色和紫色;第三色(又叫复合色)是由一个原色和一个间色混合而成,如黄绿色等。

在色轮上划直径,正好相对(即在一条水平线上)的两种色彩互为补色。由于互补色中的两个颜色是对立的,所以使用其中的一种为主色,另一种颜色则用来作为强调色,可以形成比较鲜明的对比。

色轮表上彼此相邻的颜色叫作邻近色,邻近色也是类似色关系,只是范围稍微缩小了。邻近色之间对比度低、颜色统一,可以形成视觉上的和谐美感,让人赏心悦目。

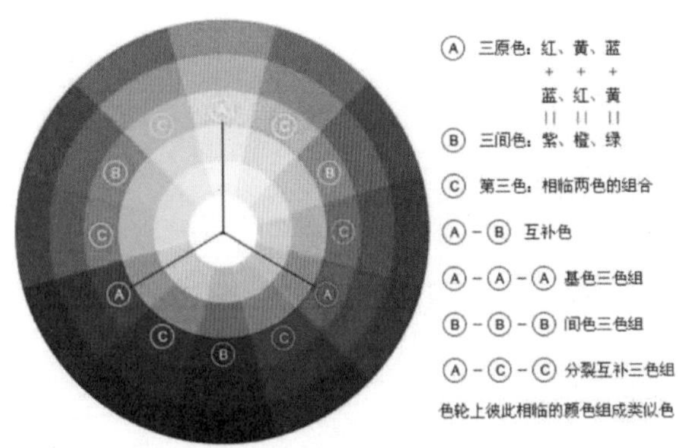

图 2-8　色轮

同类色是比邻近色更加接近的颜色，它主要是指在同一色相中不同的颜色变化。同类色会给人温柔、雅致、安宁的感觉，非常协调统一。

(4) 色彩的表现特征

在自然界中的每一种色彩不仅仅是一种颜色，它还包含着特殊的象征意义，不同的色彩会给人带来不同的心理感受。下面，介绍一下常用色彩的表现特征。

①红色

红色的波长是最长的，它是热情、奔放、强有力的色彩。它易使人联想起太阳、火焰、热血、花卉等，代表热情、活泼、热闹，容易引起人的注意，也容易使人兴奋、激动甚至冲动，所以有时红色也代表警告、危险、暴力等含义。此外，红色历来是我国传统的喜庆色彩，如图 2-9 所示为国美“黑伍福利惠”的宣传 Banner，用红色作为主色，凸显喜庆的效果，也更加吸引人，刺激人们的购买欲望。

图 2-9　红色

②橙色

橙色的波长仅次于红色，因此它也有长波长引起的特征：可以使人脉搏加速，并伴有温度升高的感觉。它是一种充满活力的色彩，是暖色系中最温暖和睦的色彩，使人联想起火焰、灯光、霞光和丰硕的果实，是一种象征富足的、快乐和幸福的色彩。但有时橙色也象征疑惑、嫉妒、伪诈等消极倾向。图 2-10 为万圣节的宣传海报,大量橙色的运用洋溢着幸福和温馨。

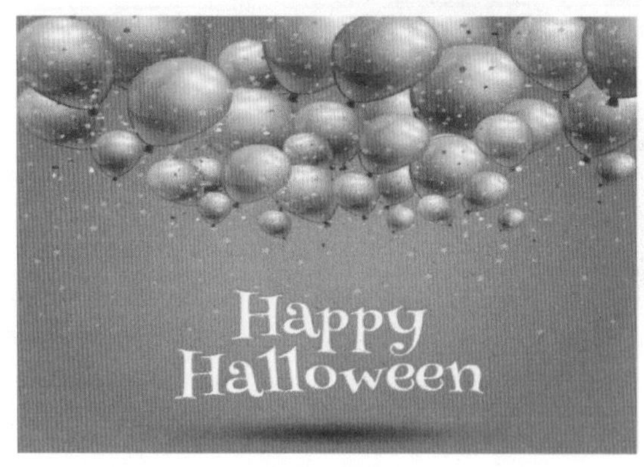

图 2-10　橙色

③黄色

黄色是所有色相中明度最高的色彩,象征着灿烂、光明和辉煌,有犹如太阳般的光辉,因此被誉为照亮黑暗的智慧之光。黄色有时还象征着财富和权力,它是高贵与骄傲的色彩。但黄色过于明亮而显得刺眼,并且与其他色混合极易失去原貌,因此也有轻薄、变化无常、冷淡等含义。此外,由于黄色容易使人想起许多水果的表皮,因此它能引起富有酸性的食欲感。此外,因为黄色极易被人发现,还被用作安全色,如室外作业的工作服。

图 2-11　黄色

④绿色

绿色是一种清新、充满朝气的颜色,它象征生命、青春、和平、新鲜、健康、环保等含义。绿色最有利人眼的注视,有消除眼部疲劳的视觉调节功能。绿色很宽容、大度,可以容纳很多色彩的搭配,黄绿带给人们春天的气息,颇受儿童及年轻人的欢迎。蓝绿、深绿色是海洋、森林的色彩,有着深远、稳重、沉着、睿智等含义。含灰的绿色,如土绿、橄榄绿、咸菜绿、墨绿等色彩,给人以成熟、老练、深沉的感觉,是军队、警察等纪律部队规定的服装颜色。图 2-12 所示为去哪儿网的旅游宣传图,绿色的清新中融入了些许黑色,透露出神秘的感觉,让人想去一探究竟。

⑤蓝色

蓝色是天空和海洋的颜色,给人一种广袤无垠的感觉,象征着永恒、纯净和理智。同时,蓝色也是一种安静的冷色,让人感到冷漠、刻板、悲哀和恐惧等。此外,随着人类对太空事业的不断开发,“太空蓝”又赋予了蓝色象征高科技的强烈现代感,在一些科技类网站中大量出现。

图 2-12 绿色

如图 2-13 为华为公司的官方网站。蓝色的应用十分广泛，浅蓝色系明朗而富有青春朝气，为年轻人所钟爱，但也给人一种不够成熟的感觉；深蓝色系沉着、稳定，为中年人所普遍喜爱；藏青色给人以大度、庄重的印象，在公务场合的出现率极高，是职业气质最强的色彩，也因此被经常使用在职业装上。

图 2-13 蓝色

⑥紫色

紫色是可见光中波长最短的，具有神秘、高贵、优雅、庄重、奢华的气质，我们一直用“紫气东来”作为吉祥的征兆。但是有时紫色会给人以压迫感，让人感到孤寂、消极。尤其是较暗或含深灰的紫，易给人以不祥、腐朽的印象；含浅灰的红紫或蓝紫色，却有着类似太空、宇宙色彩的幽雅、神秘之感，为现代生活所广泛采用。图 2-14 所示为天猫“品智生活节”的宣传图，紫色可以营造出奢华、神秘和高贵的气氛。

⑦黑色

黑色没有色相、没有纯度的概念，象征着权威、神秘、严肃、庄重、低调和含蓄。另外，黑色也会给人执着、冷漠、悲哀、恐怖、不祥、沉默、消亡、罪恶等负面印象。尽管如此，黑色的组合适应性却极强，是设计中使用最广泛的颜色之一。图 2-15 以黑色为背景，除了更好地突出了主题内容，更增添了神秘感和高贵感。

⑧白色

白色象征着洁净、神圣、纯真、善良、朴素、恬静等，也是设计中最广泛使用的颜色之一。在

图 2-14 紫色

图 2-15 黑色

白色背景的衬托下,其他色彩会显得更鲜丽、更明朗。此外,白色也代表着平淡无味的单调和空虚,甚至恐怖和死亡。在设计中,通常用白色作为主体色,配合大范围的留白,来彰显网站的格调。如图 2-16 所示,在白色背景的衬托下的手工壶,给人一种厚重感和高级感。

⑨光泽色

除了金、银等贵金属色以外,所有色彩带上光泽后,都有其华美的特色。金色富丽堂皇,象征荣华富贵,名誉忠诚;银色雅致高贵、象征纯洁、信仰,比金色温和。它们与其他色彩都能配合,小面积点缀,具有醒目、提神的作用,大面积使用则会让人感到过于眩目,显得浮华而失去稳重感。如若巧妙使用、装饰得当,不但能起到画龙点睛的作用,还能让读者强烈感受到现代高科技的美感。图 2-17 是一枚闪耀着光泽的金币,十分华丽。

图 2-16　白色

图 2-17　光泽色

(5)色彩视觉的冷、暖感觉

色彩本身并无冷、暖的温度差别，是视觉色彩引起人们对冷暖感觉的心理联想。

①暖色

人们见到红、红橙、橙、黄橙、红紫等色彩后，很容易联想到太阳、火焰、热血等物像，产生温暖、热烈、危险等感觉。暖色指的是红色、橙色、黄色、褐色等色彩的搭配。暖色的运用可使页面呈现温馨、和谐、热情的氛围，给人一种积极向上的情绪，可以用在希望带来幸福、温暖、快乐感觉的网站上。暖色系的饱和度越高，温暖特性越明显，高明度、高饱和度的色彩搭配会使页面鲜艳炫目，有更强烈刺激的视觉表现力。如图 2-18 所示，该网站是一个成都志愿者网站，其中 Banner 整体采用橙红色做背景，给人一种温暖、热情的感觉，在这种气氛的影响下，会有更多的人愿意加入志愿者的队伍中，带给其他人光明和幸福。

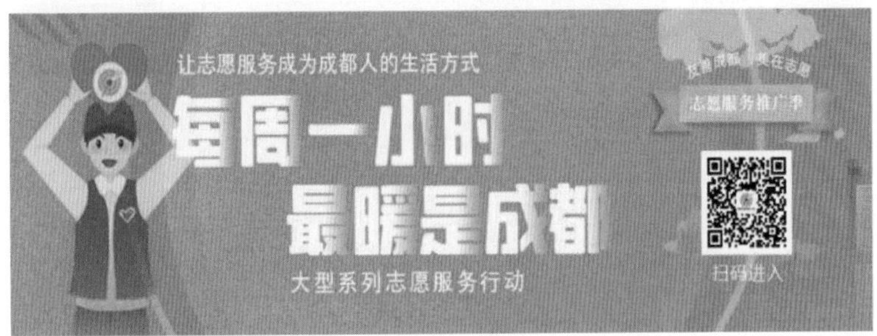

图 2-18　暖色

②冷色

人们见到蓝、蓝紫、蓝绿等色彩后，则很易联想到太空、冰雪、海洋等物像，产生寒冷、理智、平静、权威等感觉。冷色指的是青色、绿色、紫色等色彩的搭配，在设计中是比较常用的颜色。冷色是自然之色，它的运用可使页面呈现宁静、清凉、凄美、高雅的氛围。冷色用在想要表达出专业或整洁感觉的网站上是最好的，这可以给用户呈现出一个理智的企业形象。冷色系亮度越高，特性越明显。单纯冷色的运用比暖色更舒适，不易造成视觉疲劳，适合长时间浏览。冷色最好不要用在以乐观为主题的网站上，容易让用户产生错误的印象。如图 2-19 所示，冷色的运用让人在炎炎夏日中仿佛找到一丝清凉，十分惬意舒爽。

图 2-19　冷色

③中性色

绿色和紫色是中性色。黄绿、蓝、蓝绿等色彩容易使人联想到草、树等植物，产生青春、生命、和平等感觉。紫、蓝紫等色使人联想到花卉、水晶等稀贵物品，故易产生高贵、神秘的感觉。至于黄色，一般被认为是暖色，因为它使人联想起阳光、光明等，但也有人视它为中性色。当然，同属黄色相，柠檬黄显然偏冷，而中黄则感觉偏暖。如图 2-20 所示页面，中性色的运用给人一种沐浴在阳光下、微风拂面的清新感，充满活力和希望。

图 2-20　中性色

2.2.2　网页配色方案

配色方案是根据网页的主题和目的以及希望给人怎样的感受来决定使用什么颜色，不同的色彩传达的感情色彩是不一样的。网页配色要遵循相应的配色原则，避免盲目使用色彩造成网页配色过于杂乱。我们首先找到与网页主题契合的色彩，然后再根据网页的主题去选择其他的颜色。此外，在进行配色方案的选择时，还要考虑网页受众人群的喜好倾向，结合所有相关因素确定网页的配色方案。

（1）色彩在网页中的分类

色彩在网页中通常分为主题色、辅助色和点睛色三类，具体介绍如下：

①主题色

主题色是网页中最主要的颜色，是网页中面积较大、装饰图形颜色或者主要模块使用的颜色，它象征着网站的整体基调。在网页配色中，主题色是配色的中心色，主要是由页面中整体栏目或中心图像所形成的中等面积的色块为主。图2-21所示淘宝网的首页就选用了橙色作为主题色。

图2-21　橙色主题色页面

②辅助色

一个网页往往会有多种颜色，除了主题色之外，还有作为呼应主题色而产生的辅助色。辅助色的作用是让页面的颜色搭配更加丰富多彩。由于辅助色的视觉重要性和面积仅次于主题色，常常用于陪衬主题色，而使主题色更突出，所以，辅助色的选用也是尤为重要的。图2-22所示为选用灰色作为辅助色的网站。

③点睛色

点睛色通常用来打破单调的网页整体效果，营造生动的网页空间氛围。在网页设计中通常以对比强烈或较为鲜艳的颜色作为点睛色。通常在网页设计中，点睛色的应用面积越小，色彩越强，点睛色的效果越突出。图2-22所示为选用橙色作为点睛色的网站。

（2）网页安全色

不同操作系统、不同浏览器以及不同的硬件环境，调色板也各有不同。这就意味着对于同一幅图，显示在Mac上浏览器中的图像，与它在PC上相同浏览器中显示的效果可能差别很

图 2-22　灰色辅助色、橙色点睛色

大,或者使用不同的浏览器或不同品牌、型号的 PC 机,可能显示出来的图像差别也会很大。为了解决调色板的问题,让颜色在任何终端浏览用户显示设备上的实现效果都一样,人们规定了网页的安全颜色。

网页安全色使用了一种颜色模型,在该模型中,可以用相应的十六进制值 00、33、66、99、CC 和 FF 来表达 RGB 三原色中的每一种,只有含有这样值的组合才是网页安全色。这就意味着,我们潜在的输出结果包括 6 种红色调、6 种绿色调和 6 种蓝色调。6×6×6 的结果就给出了 216 种特定的颜色,这些颜色就可以安全地应用于所有的网页中,可以避免原有的颜色失真问题。

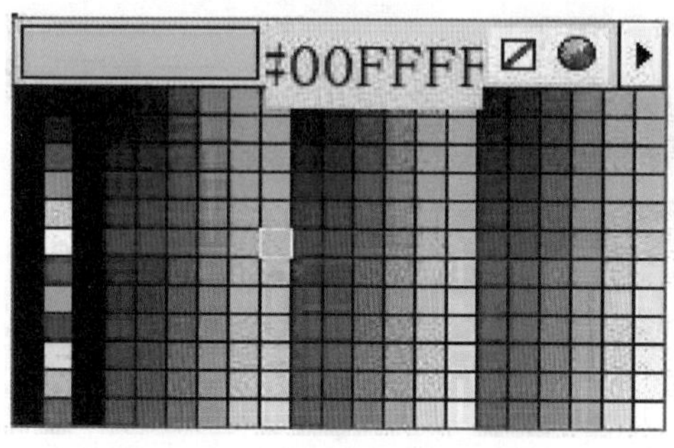

图 2-23　216 种网页安全色

网页安全色是根据当前计算机设备的情况通过无数次反复分析论证得到的结果,这对于一个网页设计师来说是必备的常识,且利用它可以设计出更为安全的网页配色方案。网页安全色用于显示徽标或者二维平面效果是足够的,但是在需要实现高精度的渐变效果或显示真彩图像或照片时会有一定的缺陷。因此,随着显示设备精度的提高,越来越多的网站不再受限于 216 种网页安全色,而是利用其他非网页安全色创作出具有鲜明独特设计风格的网页。

(3)网页设计应遵循的配色方案

在设计网页时,人们往往更加重视网页布局而忽略了色彩的搭配。其实网站的色彩搭配对用户的浏览体验有着十分重要的影响,有的网页制作得十分典雅、有品位,令人赏心悦目,但是页面结构简单、图像得当,主要就是因为色彩运用得恰到好处。网页配色有一定的规则和技巧,只有不断学习、运用直到可以熟练掌握,才能制作出一个美观优雅的网站。下面介绍几种常用的网页配色方案。

①使用同类色

同类色是指在同一色相中不同的颜色变化,即色相一致,但饱和度和明度不同的颜色。例如,红色中有粉红、紫红、深红、玫瑰红、大红、朱红、橘红等,黄色中有深黄、土黄、中黄、橘黄、淡黄、柠檬黄等。同类色彩视觉反差不大,形成协调的视觉韵律美,会给人温柔、雅致、安宁的感觉,因此,网页采用同类色系配色是十分谨慎稳妥的,但是也可能会产生单调感。在实际使用中要通过调整色彩的饱和度和明度来产生丰富的色彩变化,也可以添加少许相邻色或对比色,让页面更加灵动、有层次感,如图 2-24 所示。

图 2-24 使用同类色进行网站配色

②使用邻近色

邻近色指在色环上任意一种颜色与其相邻(在 12 色相环上相隔 30°左右)的颜色。邻近色的色相彼此近似、冷暖性质一致。如红色和黄色、绿色和蓝色互为邻近色。由于相邻色系之间的视觉反差不大,采用邻近色来进行网页配色可以使网页色彩和谐统一,给人一种安定、稳重且不失活力的感觉,是一种恰到好处的配色类型。如图 2-25 所示页面,采用绿色为主题色,其邻近色黄绿色、蓝绿色也被大量运用在网页中,让整个页面在视觉上有和谐美感。

图 2-25 使用邻近色进行网站配色

③使用对比色

对比色是指在 24 色相环上间隔 120°~180°的颜色,包含色相对比、明度对比和饱和度对比等。例如黑色与白色、某颜色的深色与浅色均为对比色。在网页配色中选用对比色可以突出重点、给用户强烈的视觉效果。通常在设计时以一种颜色为主题色,将其对比色作为点睛色或辅助色来使用,如红绿补色要实现最佳的视觉效果,通常将纯度稍低的绿色大面积使用作为背景,纯度和明度较高的小面积红色图形作为前景,不仅增强了对比效果,让视觉中心重点更加突出,也显得画面主次特别分明,如图 2-26 所示。

图 2-26　使用对比色进行网页配色

(4)网页元素之间色彩搭配

①网页色彩搭配的基本原理

- 色彩的鲜明性,网页色彩要尽量鲜明、醒目,以此来吸引浏览者的注意。
- 色彩的独特性,网页要采用与众不同的色彩,增加浏览者对网站的印象。
- 色彩的合适性,网页色彩要与网站所表达的主题内容相一致,不能背道而驰,如用粉色体现女性站点的柔性。
- 色彩的联想性,不同的色彩会让人产生不同的联想,如蓝色通常会联想到天空,黑色通常会联想到黑夜,红色多代表喜气洋洋,橙色则代表丰收的硕果等。选择色彩一定要和网站的内涵相关联。

②黑白灰色彩的应用

灰色是万能色,可以和任何色彩搭配;在一些颜色明度较高的网站,配以黑色可以适当地降低明度;白色是网站用得最普遍的颜色之一,很多网站甚至用大块的白色空间作为网站的一个组成部分,这就是留白艺术。留白,就是给人一个遐想的空间,让人可以充分发挥想象力,网页设计中恰当的留白对于协调页面的均衡也有相当大的作用。

(5)网页中颜色的表示

网页中颜色的表示方法有两种,一种是使用颜色值,另外一种是使用颜色的名称。

①颜色值

颜色值表示法规定:颜色由"#"和一组十六进制符号来定义,这组符号由三原色(红、绿、蓝)的值组成(RGB)。每种颜色的最小值是 0(十六进制数 00),最大值是 255(十六进制数 FF)。对于三原色分别给予两个十六进制位来定义,也就是每个原色可有 256 种彩度,因此,三原色可混合成 16777216 种颜色。RGB 颜色可以有 4 种表达形式,详见表 2-1。

每种颜色使用两位十六进制数,颜色表示为#rrggbb(如#00CC00)。

每种颜色使用一位十六进制数,颜色表示为#rgb(如#0C0)。

每种颜色使用十进制整数表示,颜色表示为#rgb(x,x,x),x是一个介于0~255之间的整数[如rgb(0,204,0)]。

每种颜色使用百分比表示,颜色表示为rgb(y%,y%,y%),y是一个介于0~100之间的整数[如rgb(0%,80%,0%)]。

表2-1 RGB颜色的表达形式

颜色	red	green	blue	color HEX	color RGB
白色	FF	FF	FF	#FFFFFF	rgb(255,255,255)
红色	FF	00	00	#FF0000	rgb(255,0,0)
绿色	00	FF	00	#00FF00	rgb(0,255,0)
蓝色	00	00	FF	#0000FF	rgb(0,0,255)
黑色	00	00	00	#000000	rgb(0,0,0)
黄色	FF	FF	00	#FFFF00	rgb(255,255,0)

②颜色名称

颜色名称表示法就是用颜色的英文单词表示颜色,如红色red,白色white等。大多数浏览器都支持颜色名称的集合。仅有16种颜色名称被W3C的HTML4.0标准所支持,这16种标准颜色如表2-2所示。

表2-2 16种标准颜色

色彩名称	十六进制值	色彩名称	十六进制值
black	#000000	green	#008000
silver	#C0C0C0	lime	#00FF00
gray	#808080	olive	#808000
white	#FFFFFF	yellow	#FFFF00
maroon	#800000	navy	#000080
red	#FF0000	blue	#0000FF
purple	#800080	teal	#008080
fuchsia	#FF00FF	aqua	#00FFFF

2.3 网页设计流程

为了确保网页设计工作有条不紊地进行,我们需要遵守一个既定的设计流程。首先要依据网站制作流程(章节1.5)中的准备工作和前期规划明确的网站目标和用户需求,来确定当前网页的主题;然后根据前期规划的网站结构和确定的网站风格,收集当前页面的文本和图像素材,并对网页进行布局设计;最后对网页的各部分内容元素进行细节设计。下面进行详细介绍。

提示 什么是像素？像素px是pixel的缩写，指显示器屏幕上显示数据的最基本的点。如果点很小，那画面就清晰，我们称它为“分辨率高”，反之，就是“分辨率低”。所以，“点”的大小是会“变”的，也称为“相对长度”。

除了px外，还可以使用pt和em作为网页布局的长度单位，但推荐使用像素。

2.3.1 确定网页主题

在明确了网站目标和用户需求之后，要根据当前页面在整个网站中的作用和位置来确定该网页的主题。网页的主题是网页的核心，在设计网页前一定要先确定网页要表达什么，才能有针对性地去搜集相关资料。在确定网页主题的过程中，需要结合前期对网站的调研和分析结果。

2.3.2 搜集相关素材

在确定了网页的主题之后，就可以收集网页设计需要的资料和素材。丰富的素材不仅能够让设计师们更轻松地完成网站的设计，还能极大地节约设计成本。在网页设计中，收集素材主要包括两种，文本素材和图片素材，具体介绍如下：

（1）文本素材

文字是网页中数量最多的元素，也是准确表达网页主题的重要元素。根据网页的主题我们可以确定网页要发布哪些内容，需要实现哪些目标，这些都可以通过文字来实现。在搜集相关素材的过程中，我们可以从书籍、网络等媒体搜集想要的文本，也可以由专业的编辑进行创作。

注意 在搜集相关的文本素材时，要去伪存真、去粗取精，加工成自己的素材，避免版权纠纷。同时还要注意网页发布的文字内容要符合相关法律法规的规定。

（2）图片素材

图片的使用可以让网页内容更加充实，更具有可读性，更能够吸引浏览者的注意，从而避免因大面积的文字堆积让读者感到枯燥乏味的情况。随着图片在提高网站访问量和点击率方面效果越来越显著，网页设计师们更加注重图片的选择、加工或制作。常用的搜索图片的网站有千图网、站酷网、百度图片网等，我们可以从这些网站中寻找一些图片素材，当然，在使用这些图片时也需要注意版权问题。而对于一些要求比较高的网站，往往需要重新拍摄甚至制作图片，以更好地契合网页主题。图2-27和图2-28所示千图网和站酷网的首页截图。

（3）其他素材

网页中除了文字和图片，还有音频、视频、Flash动画、HTML5动画等素材需要搜集、整理甚至制作。这些元素如果应用得当，会让网页充满动感和活力，能够给浏览者更加深刻的印象。但是，视频、动画等素材往往不会特别符合网页的主题，需要专业人员根据需要进行创作。

此外，值得一提的是，在收集素材时，为了将素材类别划分清楚，一般都会将其存放在相应的文件夹中。如文本素材通常存放在名称为text的文件夹中，图片素材通常存放在名称为im-

图 2-27　千图网首页

图 2-28　站酷网首页

ages 的文件夹中，音频文件通常存放在名称为 audio 的文件夹中，视频文件通常放在名称为 video 的文件夹中，如图 2-29 所示。

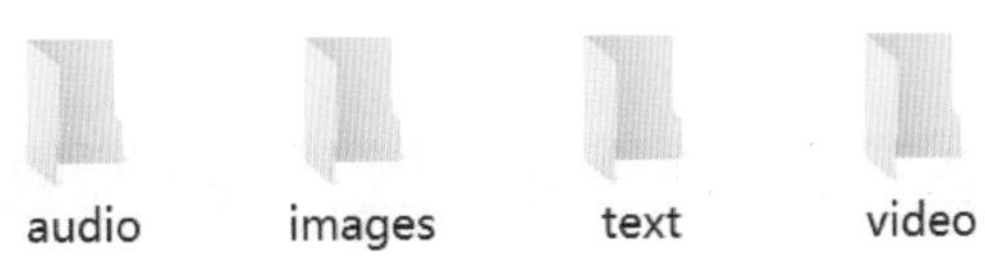

图 2-29　网页素材文件夹

2.3.3　网页布局设计

网页布局是影响网页界面设计美观与否的关键性因素。合理美观的布局不仅能够给用户留下深刻的印象，而且是提升网站浏览量的重要因素。因此，我们在进行网页设计时，要特别重视网页的布局设计。那么，什么是网页布局设计呢？网页布局就是按照一定的原则，将网页中的文字、图片等内容元素进行归纳和分类，放置到页面中的不同位置，以最适合浏览的方式，给用户最好的阅读体验。页面布局既要满足页面的结构布局需要，还要符合大众艺术审美。下面对网页布局设计的相关内容进行详细介绍。

(1)网页布局原则

网页布局是网页页面优化的重要环节。了解网页的布局原则,有助于设计出美观有序的页面。在网页设计中布局原则主要有整体性、对比性、均衡性、疏密度和比例等几个方面,具体介绍如下:

①整体性

整体性是指设计元素的整体与统一。整体统一的布局指页面上不同元素相互影响如同一个整体,页面中所有按钮等控件元素都应该保持一致。对于网页重复出现的形尺寸、色彩都是一个有机联系的整体。把页面元素组织起来形成组块,让页面更加整体有利于统一版面布局的风格。如图 2-30 所示,该页面采用了大量圆形元素,将页面中的圆形元素串联使得网页更具整体性。

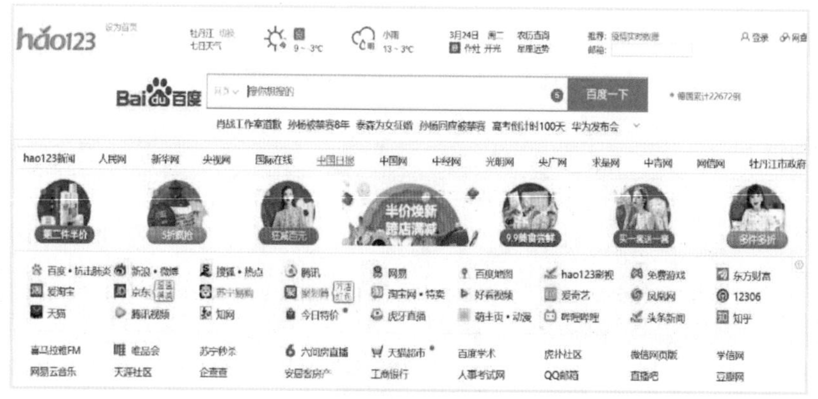

图 2-30　整体性

②对比性

网页是由很多元素构成的,这些元素的重要性各不相同。有些内容元素需要重点突出,此时就需要通过对比,创造出视觉趣味性,同时引导用户的注意力。对比包含色对比、字体字号对比、区块面积大小对比等。如图 2-31 所示,前景色与浅绿色背景形成强烈对比,当用户打开页面,会迅速被显示器图像所吸引。

图 2-31　对比性

③均衡性

网页中的均衡是指页面上文字、形状、色彩等因素在视觉上的平衡。视觉平衡分为对称平衡和不对称平衡。网页中各个元素是有重量的,如果达到对称平衡,页面则显得宁静稳重。为了在页面中添加趣味性，可以选择不对称平衡。如图 2-32 所示，百度页面是一种对称平衡，给人一种大气沉稳的感觉，而图 2-33 所示页面则是非对称平衡，显得更有活力。

图 2-32　对称均衡性

图 2-33　非对称均衡性

④疏密度

网页要做到疏密有度，根据网站内容和主题来决定整个页面的疏密程度。不要整个网页一种样式，要适当进行留白，巧妙运用空格，改变行间距、字间距等制造一些变化的效果，让整个页面看起来张弛有度，不会给人过于拘谨的感觉。图 2-34 所示为旅游网站的页面节选，从图中可以看出图片元素排列紧凑但不拥挤，整齐而有序。

图 2-34　疏密度

⑤比例

比例适当，这在布局当中非常重要，虽然不一定都要做到黄金分割，但比例一定要协调，例如如果页面头部区域占比过大，就会给人头重脚轻的感觉。所以页面的比例划分要协调，尽量遵守相应的尺寸规范。

(2)网页设计尺寸规范

网页设计尺寸是指在设计网页时界面的宽度和高度。在设计网页时要考虑计算机屏幕的分辨率，以及浏览器的有效可视区域。屏幕分辨率是指屏幕显示的分辨率，通常以水平和垂直像素(px)来衡量。当下比较流行的屏幕分辨率分为 1024×768 px、1366×768 px、1440×900 px 和 1920×1080 px 等。在设计网页时，页面的宽度尽量不要超过屏幕的分辨率，否则页面将不能完全显示(响应式布局页面除外，关于响应式布局会在后续章节中详细介绍)。

网页设计尺寸一般根据宽度 1920×1080 px 的分辨率进行设计，高度可根据内容调整设置(普通企业网站 3 个屏幕高度以内最好)。在确定页面宽度后，还要考虑版心尺寸。版心是指页面的有效使用面积，是主要元素以及内容所在的区域。在设计网页时，页面尺寸宽度一般为 1200~1920 px，但为了适配不同分辨率的显示器，一般设计版心宽度为 1000~1200 px。例如，屏幕分辨率为 1024×768 px 的浏览器，在浏览器内有效可视区域宽度为 1000 px，所以最好设置版心宽度为 1000 px。设计师在设计网站时尽量适配主流的屏幕分辨率。如图 2-35 所示，页面宽度为 1920 像素，版心宽度为 1000 像素。

虽然页面的表现形式千变万化，但大部分网页都包括引导栏、header(页面头部)、导航栏、Banner、内容区域、版权信息(版尾)等几个模块。下面进行详细介绍。

- 引导栏通常位于页面顶部，用来放置客服电话、帮助中心、注册和登录信息等，高度一般为 35~50 px；
- header 通常位于引导栏正下方，如果该网页没有引导栏，则位于页面顶部，主要放置企业 Logo 等内容信息，高度一般为 80~100 px。目前比较主流的结构设计是将 header 和导航合并放置在一起，高度设置为 85~130 px。
- 导航栏是网站子级页面入口的集合区域，相当于网站的菜单。导航栏的高度一般为内容字体的 2 倍或 2.5 倍，一般为 40~60 px。
- Banner 是网页中最主要的广告形式。Banner 将文字信息图片化，以直观的方式进行展示，从而提高页面的转化率，高度通常为 300~500 px。
- 内容区域和版权信息的高度可以根据网页主题和相关内容进行自主设计，没有硬性的规定。内容区可以通过单列布局、两列布局(后面会详细介绍)等布局方式将内容合理展示，版权信息主要放置一些公司信息或者制作者信息，有时也会放置友情链接等信息。

(3)常见的网页布局

在网页设计中，常见的布局方式有很多，有根据设计元素在网页中的位置分布特点划分的结构布局，主要包括“国”字形、拐角型、标题正文型、封面型、Flash 型、“T”字形、“三”/“川”字形、对称对比式和综合型布局等；也有从代码实现的角度进行划分的单列布局、两列布局、三列布局和通栏布局等。下面分别进行详细介绍。

①“国”字形布局

“国”字形布局也可以称为“同”字形布局，是一些大型网站所喜欢的类型，即最上面是网

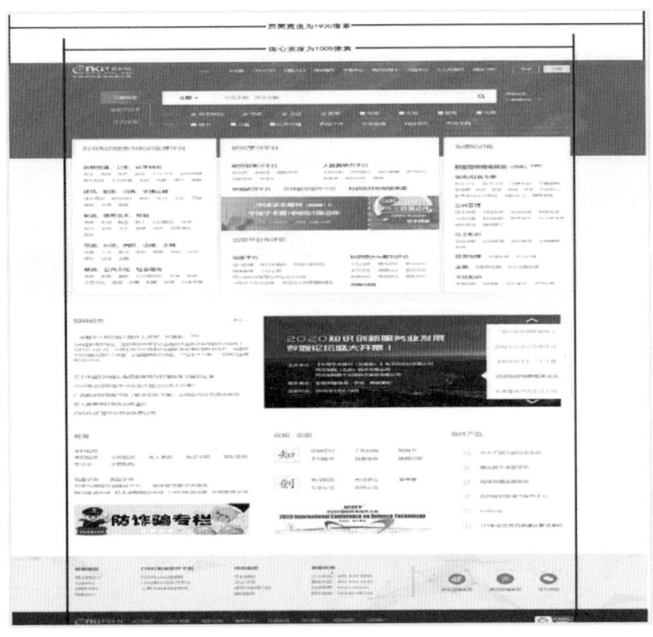

图 2-35　页面尺寸和版心

站的 Logo、导航以及 Banner 广告，接下来就是网站的主要内容，左右分列两小条内容，中间是主要部分，与左右一起罗列到底，最下面是网站的一些基本信息、联系方式、版权声明等。这种结构是我们在网上见到的最多的一种结构类型，如图 2-36 所示。

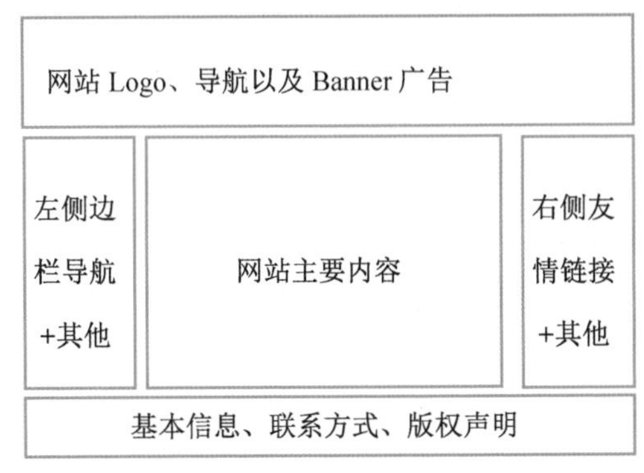

图 2-36　“国”字形布局

②拐角型布局

拐角型布局也可以称为“匡”字形布局，这种结构与上一种其实只是形式上的区别，它去掉了“国”字形布局的最右边的部分，给主内容区释放了更多空间。这种布局上面是网站的 Logo、导航以及 Banner 广告，接下来的左侧是一窄列链接(通常是边栏导航)，右列是很宽的正文，下面也是一些网站的辅助信息，如图 2-37 所示。

③标题正文型布局

标题文本型布局是指页面内容以文本为主，这种类型页面最上面往往是标题或类似的一些东西，下面是正文，比如一些文章页面或注册页面等就属于这种类型，如图 2-38 所示。

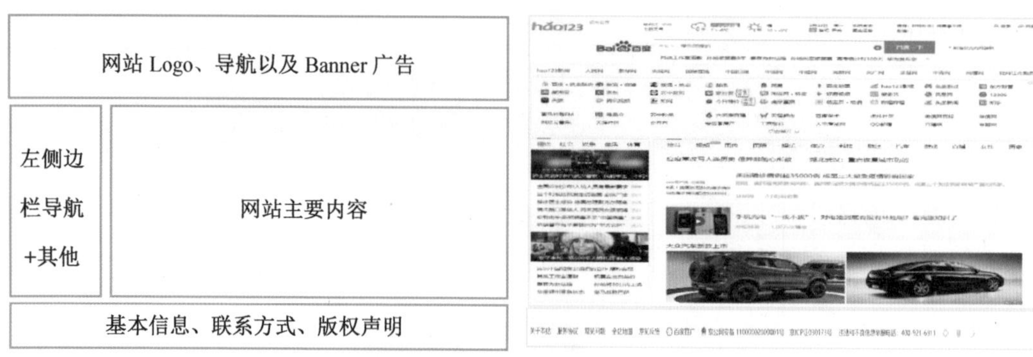

图 2-37　拐角型布局

图 2-38　标题正文型布局

④封面型布局

封面型布局也叫海报型布局或 POP 布局，POP 源于广告术语，指页面布局像一张宣传海报，以一张精美制作的图片作为页面的设计中心。这种类型基本上是出现在一些网站的首页，大部分为一些精美的平面设计结合一些小的动画，放上几个简单的链接或者仅是一个“进入”的链接甚至直接在首页的图片上做链接而没有任何提示。这种类型大部分出现在企业网站和个人主页，如果处理得好，会给人带来赏心悦目的感觉。这种布局类型常用于时尚类网站，优点显而易见——漂亮吸引人，缺点是加载图片速度较慢。如图 2-39 所示，展示了两种采用封面型布局的网页页面。

图 2-39　封面型布局

⑤Flash 型布局

Flash 型布局与封面型布局在结构上是类似的，是指整个网页就是一个动态的 Flash 动画，画面比较绚丽、有趣，是一种比较新潮的布局方式。由于 Flash 强大的功能，采用这种类型布局的页面所表达的信息往往更丰富多彩，不仅视觉上的效果更有表现力，还可以在听觉上得到满足。需要注意的是，关于 Flash 的选择尤为重要，如果处理得当，这是一种非常有魅力的布局方式，绝不亚于传统的多媒体效果。

⑥"T"字形布局

"T"字形布局指网页上边和左边相结合，页面顶部为网站 Logo、导航以及 Banner 广告，左下方为主菜单，右面显示网页主要内容的网页布局类型。该类型比拐角型布局少最下面"一横"，即网站基本信息、联系方式和版权声明等内容。"T"字形布局是网页设计中用得最广泛的布局方式之一，如图 2-40 所示。

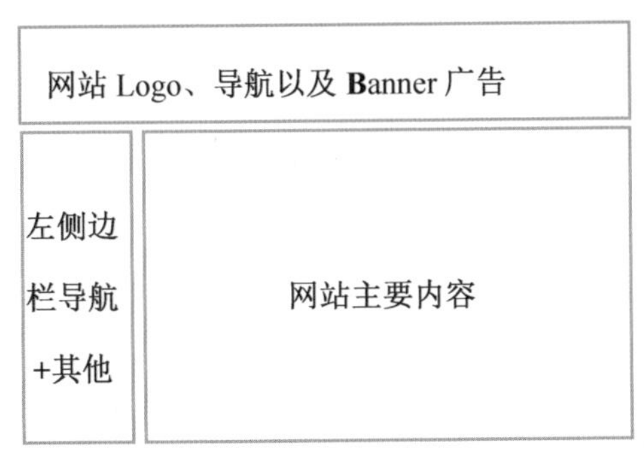

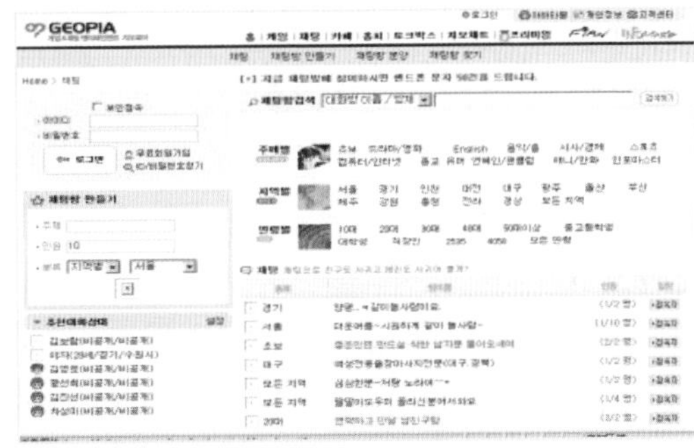

图 2-40　"T"字形布局

⑦"三"/"川"字形布局

"三"/"川"字形布局的特点是在页面上被几个色块水平或是垂直划分为 3 栏，色块中大多放置广告条与更新和版权提示。这是一种简洁明快的网页布局，在国外用得比较多，国内比较少见，有时也会在同一个页面中同时应用"三"字形和"川"字形布局，如图 2-41 所示。

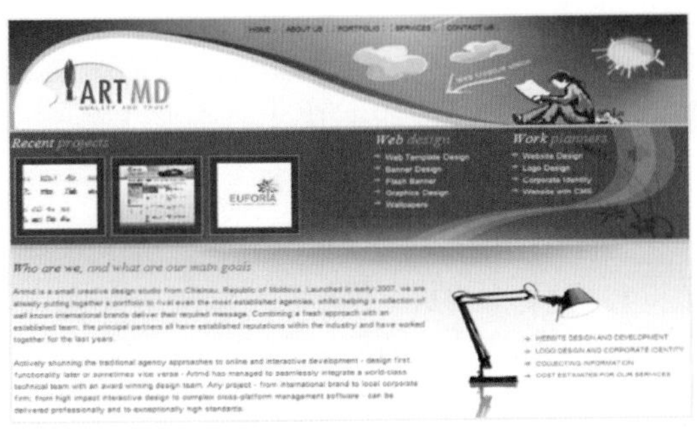

图 2-41　"三"/"川"字形布局

⑧对称对比式布局

对称对比式布局是指采取左右结构或上下结构对称的布局，一半深色，一半浅色，一般用于设计型网站。其优点是视觉冲击力强，缺点是将两部分有机地结合起来比较困难，在兼容性、美观等因素方面实用性较差，因此，这种布局目前专业设计人员采用得已不多。左右对称布局结构多应用于一些大型论坛或企业，左侧通常为导航栏链接，有时最上面会有一个小的标题或标志，右侧则放置网站的主要内容。上下对称布局与左右对称布局类似，其区别仅在于是一种上下分为两页的布局方式，如图 2-42 所示。

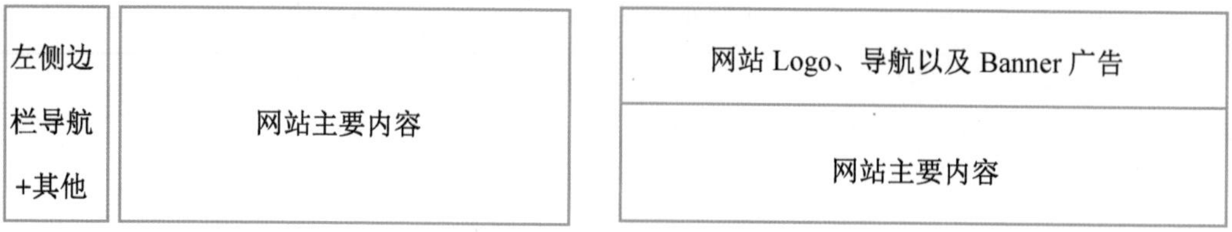

左侧边栏导航+其他	网站主要内容

网站 Logo、导航以及 Banner 广告
网站主要内容

图 2-42 对称对比式布局

⑨综合型布局

综合型布局即将上面几种常见的布局类型进行结合或变化使用，形成新的网页布局方式。

综上所述，网页布局类型不仅仅局限于上述几种，在对网页进行布局设计时，要多思考、勤练习，结合网页主题和网站特色来确定网页采用哪种布局方式。

从代码实现的角度进行划分的单列布局、两列布局、三列布局和通栏布局等内容，在后续章节会做详细介绍。

2.3.4 网页内容元素设计

网页最基本的功能是为用户提供浏览信息和进行交互操作，于是，网页的内容对于一个优秀的网页来说，就显得尤为重要。网页的内容要有实质性的信息，并且能够恰当、完整地展现出来，让浏览者能够清晰明确地接受网页所传达的内容。因此，在进行网页设计时，要对网页内容元素进行整体把控，以期实现网页的最佳效果。网页内容元素的设计主要包括文字编排设计、图像设计和超链接设计，下面对每部分进行详细介绍。

(1)文字编排设计

在网页中，文字是一种感性的、直观的存在，通过对文字进行编排设计，可以提高页面的可读性。文字编排设计主要包括字体内容编排和字体变形。

①字体内容编排

网页内容编排就是为了给用户更好地浏览体验，确定网页字体、字号以及文字对齐方式等的过程。而且设计师也可以通过对字体、字号等的设计来表达他所要传递给浏览者的情感。需要注意的是选择什么样的字体、字号要以整个网页界面和用户的感受为准。此外，还要考虑到选用的字体是否具有高辨识度、是否适合长时间阅读等问题。通常，在网页正文内容都会采用基本字体，如“宋体”“微软雅黑”等，数字和字母可以选择 Arial 等字体。在网页界面设计中，常用的字体、字号选择如表 2-3 所示，常用的文字颜色如表 2-4 所示。

表 2-3 网页常用的字体、字号

字体	字号	字体样式	具体应用
宋体	12px	无	用于正文中和菜单栏及版权信息栏中；加粗时，用于正文显示不全时出现“查看详情”上或登录/注册上
微软雅黑		其他	
宋体	14px	无	用于正文中和菜单栏及版权信息栏中；加粗时，用于栏目标题中或导航栏中
微软雅黑		其他	
宋体	16px	无	用于正文中和菜单栏及版权信息栏中；加粗时，用于导航栏中或栏目的标题中或详情页的标题中
微软雅黑		其他	

表 2-4　网页常用文字颜色

颜色	颜色值
标题颜色	#333333
正文颜色	#666666
辅助说明颜色	#999999

②字体变形

网页中的文字有很多，如果字体、字号等千篇一律，很容易给人一种乏味、无趣的疲劳感。而文字本身就是一种图形符号，设计师可以将文字与页面主题结合起来，对文字进行创意性变形，从而更加醒目。如图 2-43 所示，字体变形后更加形象生动，充满趣味性。

图 2-43　字体变形

(2)图像设计

图像具有比文字更加直观、更加强烈的视觉效果，网页设计中，图像往往是网页创意的集中体现。图像设计除了要符合网页主题外，最重要的就是能够吸引人的注意力，让网页内容信息更好地传递。在网页中，图像设计主要是对网站的 Logo、Banner 和内容区辅助图进行设计。下面一一进行详细介绍。

①网站 Logo

网页 Logo 是网站特色和内涵的直接体现，是网站宣传最重要的图形标志，通常添加了网站的首页链接。由于网站 Logo 所占的面积比较小，所以要求网站的 Logo 设计既要简单直观又要美观有创意。目前常用的设计 Logo 的形式有三种：特定图案、特定文字、图形和文字相结合，如图 2-44 所示。其中，比较受欢迎的是字图结合的形式，将图案放置在左侧，右侧辅以文字。或将图案放置在上面，下面辅以文字，这样的搭配既有图案的醒目，又能突出网站主题。

图 2-44　网站 Logo

②Banner 图

Banner 图是网络广告中最常见的广告形式，在整个页面中所占面积比较大，位于页面最醒目的位置，因此 Banner 图的设计也十分重要。通过 Banner 图将文字信息图片化，可以更加直观地展示信息。在设计时，可采用左右构图、正三角构图、倒三角构图、对角线构图、扩散式构图等样式，如图 2-45 所示，以恰当的构图方式直观展示文案信息。

③内容区辅助图

网站内容区是通常是介绍网站详细内容的区域，该区域的辅助图比 Banner 图的尺寸小了很多，但在设计中不容小觑。在设计时需要强调辅助图和主题设计的共性，以及保持整体风格

图 2-45　网页 Banner 图

的一致性。辅助图传达的信息要具备诱惑力，能够引起浏览者的共鸣，如图 2-46 所示。

图 2-46　网站内容区辅助图

(3)超链接设计

网站一般都不会只有一页，不同页面之间需要超链接进行连接，用户只需要点击带有链接的文字或图像，就可以跳转到相应的页面。所以我们在进行网页设计时，要重视对文字超链接和图像超链接的设计。下面进行详细介绍。

①文字超链接

现代人的生活节奏都很快，人们在浏览网页时都是大致浏览一下，没有人会花很多时间去寻找网站的链接，所以文字链接设计得要与文字不同，体现出它的独特性和可识别性，如图 2-47 所示。

图 2-47　文字超链接设计

②图像超链接

图像链接在新闻、电商等类别的网站应用十分广泛，看到图像可以对新闻或商品有一个大致的了解，如果感兴趣，就可以通过点击图像链接跳转到详情页。图像链接的设计需要设计鼠标滑过的状态，如可以在图像上方添加一层半透明的黑色、设置边框颜色变化以及添加淡淡的投影等，如图 2-48 所示，当鼠标移动到左边的图像上时，会出现绿色边框；当鼠标移动到中间的图像上时，会添加一层半透明的黑色。

图 2-48　图像超链接设计

2.3.5　网页元素命名规范

在绘制了网页效果之后，我们就要根据“切图”的结果进行页面的制作。作为一个完整的页面，里面往往包含很多部分，如 Logo、导航、Banner、内容、版权等。在设计页面时，按照规范命名网页元素或元素组合，有利于快速查找和修改页面效果，还可以大幅提高后期制作的工作效率。所以，网页元素命名规范非常重要，在初学时务必要引起重视。通常情况下，网页元素的命名需要遵循以下几个原则：

- 尽量避免使用中文字符命名（例如 class=“导航栏”）。
- 不能以数字开头命名（例如 class=“1nav”）。
- 不能占用关键字（例如 class=“h3”）。
- 用最少的字母达到最容易理解的意义。

在对网页元素命名时，常用的命名方式有两种，一种叫驼峰式命名法，另一种叫帕斯卡命名法。下面对它们进行介绍。

- 驼峰式命名法。除了第一个单词外后面的单词首写字母都要大写，例如：studentNum；
- 帕斯卡命名法。每一个单词之间用“_”连接，例如：content_one。

了解了命名原则和命名方式之后，下面列举一些网页元素命名常用的单词，如表 2-5 所示。

表 2-5　网页元素命名常用单词

名称	单词	名称	单词	名称	单词	名称	单词
页面头部	header	登录条	loginbar	标识	logo	侧边栏	sidebar
导航	nav	子导航	subnav	广告条	banner	菜单	menu
下拉菜单	dropmenu	工具条	toolbar	表单	form	箭头	arrow
滚动条	scroll	内容	content	标签页	tab	列表	list
小技巧	tips	栏目标题	title	链接	links	页脚	footer
下载	download	版权	copyright	合作伙伴	partner	主体	main

单元小结

本章讲述了有关网页设计的基础知识,包括网页设计原则、色彩基础知识、网页配色方案、网页设计流程等内容。其中,网页设计流程又包括确定网页主题、搜集素材、网页布局设计、网页内容元素设计、网页框线图和效果图设计以及网页元素命名规范。通过学习本章知识,学生对网页设计有一个基本了解,为以后进一步深入学习网页制作奠定了基础。

第3章 HTML语言基础

学习目标

通过对本章的学习，学生应了解什么是HTML以及HTML的发展历史；了解网页特殊符号和其他常用标记，能够结合常用标记进行简单的文字排版；理解HTML文档头部的相关标记；认识并掌握HTML语言的标记及其属性；掌握HTML文档的基本格式；掌握HTML文本的常用控制标记，能够熟练运用。

核心要点

- HTML标记
- HTML文档的基本格式
- HTML文本控制标记

一、单元概述

网页的本质就是超级文本标记语言,通过结合使用其他的 Web 技术,可以创造出功能强大的网页。因而,超级文本标记语言是万维网编程的基础,也就是说,万维网是建立在超文本基础之上的。在网页设计中,只有将设计图转换为用 HTML 语言编写的文件,才能在浏览器中正确显示。因此,要想学习网站的开发,必须了解 HTML 的基础知识,理解超文本标记语言的真正含义。

自 1990 年以来,HTML 就一直被用作 WWW 的信息表示语言,使用 HTML 语言描述的文件需要通过 WWW 浏览器显示出效果。HTML 是一种建立网页文件的语言,通过标记式的指令(Tag),将影像、声音、图片、文字、动画等内容显示出来。每一个 HTML 文档都是一个静态的网页文件,这个文件里面包含了 HTML 指令代码,这些指令代码并不是一种程序语言,只是一种排版网页中资料显示位置的标记结构语言,易学易懂,非常简单。

本章通过介绍什么是 HTML、HTML 的基本结构、HTML 标记及其属性、HTML 文档头部相关标记、HTML 文本控制标记等基础知识,让学生理解 HTML 语言的发展与作用,掌握如何使用 HTML 标记控制网页中内容元素的方法,从而真正理解"标记语言"的含义,为学习后续章节奠定基础。

二、教学重点与难点

重点:

掌握 HTML 标记及其属性,掌握 HTML 的基本格式,理解 HTML 文档头部相关标记,掌握并运用 HTML 文本控制标记。

难点:

掌握 HTML 标记及其属性、HTML 文档头部相关标记。

解决方案:

刚开始接触 HTML 语言,学生会不太适应,在上课时可以适当放慢速度,对知识点要重点强调、反复运用,并通过实际操作加深学生对 HTML 语言的理解和记忆,尤其是 HTML 标记和属性的写法一定要多练习,对于学生容易出现的问题要反复强调,引导学生养成良好的编程习惯。

【本章知识】

网页文件本身是一种文本文件,通过各种标记符号,可以告诉浏览器如何显示其中的内容。通常一个网页对应于一个 HTML 文件,HTML 文件以". htm"或". html"为扩展名。我们可以使用任何能够生成 txt 类型源文件的文本编辑器来编写 HTML 文件,只需修改文件后缀即可。标准的 HTML 文件都有一个基本的整体结构,分为头部(head)与实体(body)两大部分。HTML 标记一般成对出现,但也有一些是单标记。本章内容主要介绍如何编写 HTML 代码,如何使用 HTML 标记和属性控制页面中的文本内容和样式等。

学习本章节最重要的是多动手、多操作,通过对知识点的反复运用达到熟能生巧的目的。此外,要注意养成良好的编程习惯,只有这样,才能在后续章节的学习中得心应手。

3.1 什么是HTML

HTML的全称是HyperText Markup Language，译为超文本标记语言，它是计算机软件技术中最简单的语言，但它在互联网上应用最为广泛。从严格意义上来讲，HTML并不属于编程语言。因为像C、C++、Java等编程语言编写的程序，都要首先编译为二进制机器指令组成的可执行文件，才能在操作系统环境中运行。而HTML使用带有特定含义的标记(tag)来描述文本及其他页面元素，用于表示层的格式化功能。使用不同的标记可以表示不同的效果，或者指定文档结构及其他语义。用HTML标记与纯文本组成的文件称为HTML文档或网页，这些网页无须编译，发布在Web服务器上，即可由浏览器请求、解析和显示，供用户浏览和查看。因此，HTML是面向浏览器的，网页中标记的有效性要受浏览器支持的影响。

HTML的历史可以追溯到1993年，在这一年，HTML首次以因特网草案的形式发布，并在20世纪90年代得到飞速发展，从2.0版到3.2版、4.0版，再到1999年的4.01版，HTML语言在不断完善。随着HTML的发展，W3C掌握了对HTML规范的控制权。然而，在快速发布了这四个版本之后，业界普遍认为HTML已经“无路可走”了，人们希望对HTML语言进行扩充，从而满足各种特殊领域的要求，这造成了不同领域的HTML文档不能互相兼容的问题。为了解决这一问题，万维网联盟在XML(eXtensible Markup Language，可扩展标记语言)语言的基础上，对HTML进行了改造，形成了XHTML(eXtensible HyperText Markup Language)，HTML被放在次要位置。不过在此期间，HTML体现了顽强的生命力，主要的网站内容还是基于HTML的。基于XML对HTML进行改造形成XHTML后，它具有以下优点：

- 可以灵活地对HTML进行组成元素和元素属性的扩充；
- 利用XHTML编写的文档由于具有良好、规范的语法结构，更加便于计算机程序自动处理。

XHTML诞生以来，也经历了不同版本的变化：

- XHTML1.0——2000年1月作为W3C推荐标准发布；
- XHTML1.1——2001年5月作为W3C推荐标准发布；
- XHTML2.0(第2版)——2002年8月作为W3C推荐标准发布。

为能支持新的Web应用，同时克服现有的缺点，HTML迫切需要添加新功能，制定新规范。为了致力于将Web平台提升到一个新的高度，2004年成立了WHATWG（Web Hypertext Application Technology Working Group，Web超文本应用技术工作组）。他们创立了HTML5规范，同时开始专门针对Web应用开发新功能——这被WHATWG认为是HTML中最薄弱的环节。Web 2.0这个新词也就是在那个时候被发明的。Web 2.0实至名归，开创了Web的第二个时代，旧的静态网站逐渐让位于需要更多特性的动态网站和社交网站。

2006年，W3C又重新介入HTML，并于2008年发布了HTML5的工作草案。2009年，XHTML 2工作组停止工作。又过一年，因为HTML5能解决非常实际的问题，所以在规范还没有具体制订下来的情况下，各大浏览器厂家就已经开始对旗下产品进行升级以支持HTML5的新功能。这样，得益于浏览器的实验性反馈，HTML5规范也得到了持续的完善，并以这种方式迅速融入到了对Web平台的实质性改进中。HTML5赋予了网页更好的意义和结构，增加了

一些新的特性,包括:

- 用于绘画的 canvas 元素;
- 用于媒体播放、回放的 video 和 audio 元素;
- 对本地离线存储的更好支持;
- 新增了内容元素,如 article、footer、header、nav、section 等;
- 新增了表单控件,如 calendar、date、time、email、url、search 等。

HTML5 标准仍处于不断发展和完善中,现阶段所有主流浏览器都已经支持 HTML5 技术。

简单的 HTML 成就了五彩缤纷的互联网世界,对互联网的应用普及起到了极大的促进作用。编写 HTML 文档就是用标记组织文本、图像、动画、声音等多种媒体信息,这个过程叫作网页设计。我们把多个相互关联的网页组合在一起,就构成了网站,它在计算机中表现为一个根目录文件夹,里面包含了网站中所有的网页文件以及其他资源,并按类型及功能组织子文件夹。由于网站要发布到服务器上,通过互联网定位、传输,因此网站根目录及其所有子文件夹和文件尽量不要使用中文命名,以免发生错误。

HTML 文档是纯文本文件,网页中的多媒体是通过标记、属性引用外部的资源文件,网页中只有资源文件的路径和名称,并不包含多媒体数据。HTML 语言通过各种标记实现页面元素的显示,那么什么是 HTML 标记呢? HTML 标记应该如何使用呢? 下面我们进行详细介绍。

3.2 HTML 标记

在 HTML 文件中,带有"< >"符号的元素被称为 HTML 标记,也称为 HTML 元素,本书统一称为 HTML 标记。所谓标记就是放在"< >"标记符中表示某个功能的编码命令。例如:<html>、<head>、<body>等都是 HTML 标记。下面,我们详细介绍一下 HTML 标记的相关内容。

3.2.1 单标记和双标记

在 HTML 中,大部分标记是成对出现的,如根标记<html></html>,也有一些标记是单个出现的,如水平线标记<hr/>。根据标记成对使用还是单个使用,可以将 HTML 标记分为双标记和单标记。在例 3-1 中,<html><head><title><body><h2><h3>和<p>标记都是成对出现的,是双标记,而<meta/>和<hr/>标记是单个出现的,是单标记。

【例 3-1】 HTML 单标记和双标记。

```
<html>
<head>
<meta http-equiv="Content-Type" content="text/html; charset=utf-8" />
<title>例 3-1HTML 单标记和双标记</title>
</head>
<body>
<h2>苔</h2>
<h3>清 袁枚</h3>
<hr/>
```

```
<p>白日不到处,</p>
<p>青春恰自来。</p>
<p>苔花如米小,</p>
<p>也学牡丹开。</p>
</body>
</html>
```

上述程序运行后的结果如图 3-1 所示,从图中我们可以看出,不同标记描述的内容在浏览器中的显示效果是不一样的。页面中的信息,必须放在相应 HTML 标记中才能被浏览器正确解析。

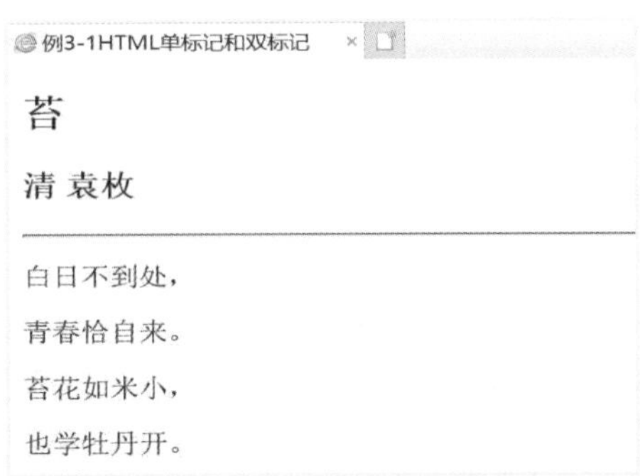

图 3-1　HTML 单标记和双标记

(1)双标记

在现实生活中,我们在学习、阅读一些资料时,经常会用签字笔、荧光笔等对重要文字进行批注或标记。在计算机软件中,人们经常使用的 Word 软件也提供了许多诸如加粗、倾斜、下划线、以不同颜色突出显示文本等功能,这些操作的前提都是要先选中要突出显示的文字。而在 HTML 中,我们无法像使用 Word 一样用鼠标选中文本,只能通过 HTML 双标记去指定需要强调的文本,然后对处于强调区域中的文字内容统一地进行格式设置。

双标记也称体标记,是指由开始和结束两个标记符组成的标记。其基本语法格式如下:

<标记名>内容</标记名>

标记通常是成对出现的,例如<html>和</html>,标记对中的第一个标记叫作开始标记(start tag),它告诉 Web 浏览器从此处开始执行该标记所表示的功能,第二个标记叫作结束标记(end tag),它告诉 Web 浏览器该标记所表示的功能范围在这里结束。从开始标记到结束标记的所有内容称为 HTML 元素(element),元素的内容是开始标记与结束标记之间的内容,就是要被这该标记施加作用的部分。它们之间的关系如图 3-2 所示。图中所示为 h1 元素,它的功能是将文本"About YNZC"以一级标题的形式显示在浏览器窗口中。

图 3-2　HTML 元素和标记的关系

(2)单标记

在实际应用过程中,有些 HTML 元素可以没有内容,这种没有内容的 HTML 元素叫作空元素,用来表示空元素的标记叫作空标记,也叫作单标记。单标记就是用一个标记符号即可完整地描述某个功能的标记,我们通常在其开始标记中添加斜杠"/"来表示标记的结束。其基本语法格式如下:

< 标记名 />

例如例 3-1 中第十行代码<hr/>,就是一个单标记,它的功能是在页面中添加一条水平线。此外,最常用的单标记是
,它表示换行。

3.2.2 标记的属性

HTML 通过标记告诉浏览器如何展示网页内容,另外还可以为某些元素附加一些信息,这些附加信息被称为属性(attribute)。大多数 HTML 元素都拥有属性,通过属性的设置,可以对 HTML 元素描述得更加详细、具体。属性总是在 HTML 元素的开始标记中,包括属性名和属性值,用"="进行连接,属性值要被引号引起来,多个属性之间要用空格做间隔。其语法格式如下:

<标记名 属性 1="属性值 1" 属性 2="属性值 2" ……>内容</标记名>

或<标记名 属性 1="属性值 1" 属性 2="属性值 2" ……/>

HTML 中定义了 4 种主要属性,几乎所有的元素都有这 4 种属性,而且对应的意义也基本相同,它们是 class 属性、id 属性、style 属性和 title 属性,具体含义见表 3-1。

表 3-1 HTML 标记的标准属性

属性名	含义	举例
class	用于为网页元素指定类样式	<p class="article">内容</p>
id	用于为特定网页元素定义一个唯一的标识符	<div id="header">内容</div>
style	用于为网页元素指定行内样式	<p style="color:#F00;">内容</p>
title	用于为网页元素提供提示文本	<ptitle="提示文字">内容</p>

除了上述这 4 种几乎所有元素都有的属性之外,每个元素还可以有自己的不一样的属性。例如,在例 3-1 中,我们使用标记<hr/>插入了一条水平线,如果想要对这条水平线的粗细、对齐方式和颜色等进行设置,就可以使用<hr/>标记的属性,如:<hr size = "5px" align = "center"/>,表示将水平线设置为 5 像素粗,居中对齐。<hr/>标记的常用属性如表 3-2 所示。

表 3-2 <hr/>标记的常用属性

属性名	含义	属性值
align	设置水平线的对齐方式	可选择 left、right、center 三种值,默认为 center,居中对齐
size	设置水平线的粗细	以像素为单位,默认为 2 像素
color	设置水平线的颜色	可用颜色名称、十六进制#RGB、rgb(r,g,b)
width	设置水平线的宽度	可以是确定的像素值,也可以是浏览器窗口的百分比,默认为 100%

关于其他标记的常用属性,我们会在后续学习中陆续进行介绍。

3.2.3 注释标记

在 HTML 文档中，有一种特殊的标记，它没有什么特别的含义，只是用于在代码中添加一些解释说明的文字，使网页源代码更加具有可读性。这种起到解释说明作用的标记就叫作 HTML 注释标记，它主要用于在 HTML 文档中添加一些便于阅读理解但又不需要显示在页面中的注释文字，不会显示在浏览器窗口中，但是作为 HTML 文档内容的一部分，也会被下载到用户的计算机上，在查看源代码时就可以看到。注释标记以“<! --”开始，以“-->”结束，中间可以包含单行或者多行文本。其语法格式如下：

```
<! --注释文字内容-->
```

例如，如下的 HTML 代码定义了说明性的注释文字，浏览器在显示网页时并不会显示出其中的内容。

```
<! --我是注释文字，我在浏览器窗口中不显示-->
```

注 意

注释标记中不能嵌套注释标记，即下面这种写法在 HTML 中是不被允许的。

```
<! --这是一段注释。 <! --这是注释标记内部嵌套的另一个注释标记-->-->
```

初学者可以通过注释快速了解程序中出现的复杂代码的含义，帮助其尽快掌握相关的知识。此外，运用注释也是开发人员应该养成的良好的编程习惯，好的注释不仅可以增加代码的可读性，还有利于后期对程序的维护、升级和二次开发。

3.2.4 标记的嵌套

HTML 标记是可以嵌套使用的，即在一对标记内部又出现了另一对（或一个）标记。比如 <html></html>标记是整个 HTML 文档的根标记，其他标记都要嵌套在<html></html>标记中。例如在例 3-2 中，<p>标记中包含了<font>标记，而<font>标记中又包含了一个内层的<font>标记，其运行结果如图 3-3 所示。

【例 3-2】 HTML 注释标记。

```
<html>
<head>
<meta http-equiv="Content-Type" content="text/html; charset=utf-8" />
<title>例 3-2 HTML 注释标记</title>
</head>
<body>
<p align="center">
<font color="green" size="2">
本地时间：2020 年 02 月 28 日 8 时 08 分 来源：
<font color="blue">中国之声</font>
</font>
</p>
</body>
</html>
```

图 3-3　HTML 注释标记

注 意

网页中的 HTML 标记可以嵌套使用，但是不能交叉，即在标记的嵌套过程中，必须先结束最靠近内容的标记，再按照由内及外的顺序依次关闭标记，下面这种写法是错误的。

<p> <strong> <em>标记可以嵌套，不能交叉！！！ </strong> </em> </p>

3.3　HTML 文档基本格式

在日常生活中，写书信需要符合书信的格式要求，学习 HTML 标记语言亦不例外，同样需要先掌握它的基本格式，遵从相应的格式规范，才能写出标准、规范的网页文件。前面我们讲过，一个网页就是一个. html 文件，下面我们来学习一下 HTML 文档基本格式。

HTML 文档的标准结构如图 3-4 所示。

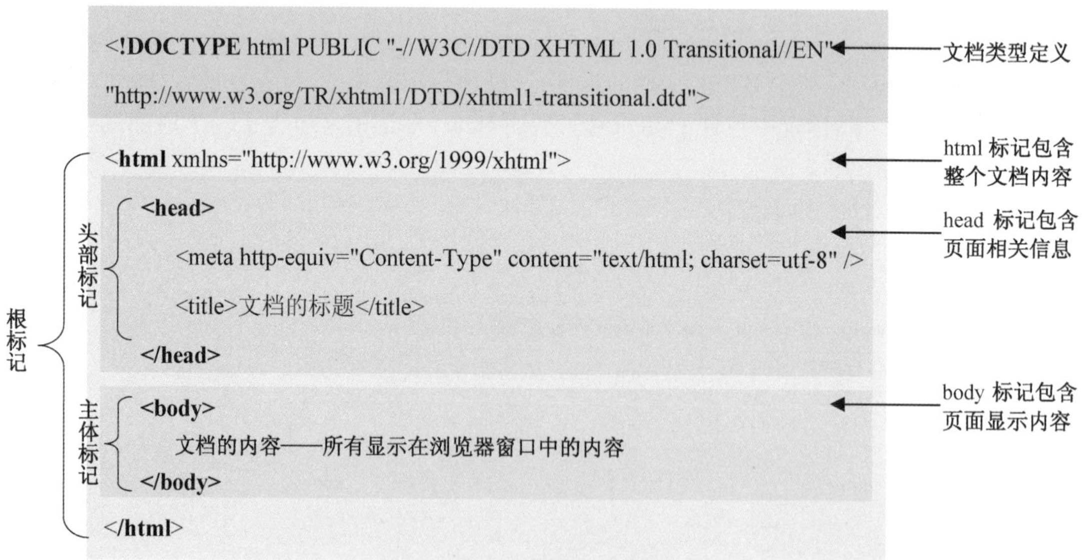

图 3-4　HTML 文档的标准结构

从图中我们可以看出，在整个 HTML 文档最上面有一个<! DOCTYPE>标记，它用于表示对文档的类型进行声明。接下来是一对<html>标记，它是文档的根标记，用于表示 HTML 文件，是网页的标志。<html>标记中包含两大部分，称为网页的头部和网页主体，分别用<head>

标记和<body> 标记来进行标识，与 HTTP 协议中的协议头和协议体相对应。其中，<head>标记主要用来设置一些与网页相关的属性，例如网页的标题、网页采用的字符编码、网页描述和关键字等等；<body>标记是网页的主体标记，所有在浏览器窗口中显示的内容必须放在<body>标记内。下面我们详细讲解一下各个标记。

3.3.1 <! DOCTYPE>标记

<! DOCTYPE>标记是文档类型定义（Document Type Definition，DTD）标记，它必须放在 HTML 文档的最上方，用于向浏览器说明当前文档中使用的是哪种 HTML 或 XHTML 标准规范。如图 3-4 中使用的是 Dreamweaver 默认的 XHTML1.0 过渡型 XHTML 文档。本书将全部采用 XHTML1.0 过渡型 XHTML 文档，后续章节的示例中，将省略<! DOCTYPE>标记。

在文档的开头使用<! DOCTYPE>标记为文档指定版本和类型，能够让浏览器将该网页作为有效的 HTML 文档，并按照其文档类型进行解析，对文档格式做出正确的预计和验证。<! DOCTYPE>标记与浏览器的兼容性相关，如果删除<! DOCTYPE>标记，就相当于把如何展示 HTML 页面的权利交给了浏览器，而浏览器的品牌和版本是非常多的，这样就极其容易造成不同品牌或不同型号的浏览器解析同一个网页文件，显示效果大相径庭的结果，这显然是违背网页设计者的初衷的。

HTML 或 XHTML 的标准规范有很多种，详见表 3-3 所示的文档类型定义。我们以<! DOCTYPE HTML PUBLIC "-//W3C//DTD HTML 4.01 Transitional//EN" http://ww. w3. org/Tr/html4loose. dtd">为例，解释一下 HTML 或 XHTML 文档的标准规范。该示例表示文档使用的是以根元素 html 为开始的 HTML4.01 的过渡版本，标记<html>将包含文档中的所有内容及元素，并且可以从 http://ww. w3. org/TRhtm1l4/loose. dtd 获得完整的文档中使用的标记语法和定义。

表 3-3 文档类型定义

HTML 和 XHTML 版本	文档类型定义
HTML 4.01 Transitional	<! DOCTYPE HTML PUBLIC "-//W3C//DTD HTML 4.01 Transitional//EN" http://ww. w3. org/TR/html4loose. dtd">
HTML 4.01 Strict	<! DOCTYPE HTML PUBLIC "-//W3C//DTD HTML 4.01 //EN" http://ww. w3. org/TR/html4/strict. dtd">
HTML5	<! DOCTYPE HTML>
XHTML 1.0 Transitional	<! DOCTYPE HTML PUBLIC "-//W3C//DTDXHTML 1.0 Transitional//EN" http://ww. w3. org/TR/xhtml1-transitional. dtd">
XHTML 1.0 Strict	<! DOCTYPE HTML PUBLIC "-//W3C//DTDXHTML 1.0 stict//EN" http://ww. w3. org/TR/xhtml1-strict. dtd">

其中，XHTML1.0 Transitional 表示过渡的版本，它允许在 HTML 中继续使用表现层的标记和属性，标记的语法也可以沿用 HTML 中的不严格的语法，如元素没有被关闭。XHTML1.0 Strict 表示严格的版本，不能在 HTML 中使用任何表现层的标记和属性，并且必须遵循执行严格的 XHTML 的语法规定。

例如，下面的 HTML 代码表示的是将标题文字水平居中，网页文档在使用“XHTML 1.0 Transitional”类型定义时，浏览器允许其中的表现层属性 align 的存在，但网页文档在使用

“XHTML 1.0 Strict”类型定义时,浏览器将认为文档中存在错误。

```
<h1 align="center">网页设计制作</h1>
```

3.3.2 <html>标记

<html>标记在<! DOCTYPE> 标记之后,用于告知浏览器其自身是一个 HTML 文档。HTML 文档总是以<html>开始,以</html>结束,在它们之间的是文档的头部和主体内容。图 3-4 的 <html>开始标记中有一串代码——xmlns = http://www. w3. org/1999/xhtml,它用于声明 XHTML 统一的默认命名空间。

3.3.3 <head>标记

<head>标记用于定义 HTML 文档的头部信息,紧跟在<html>标记之后,主要用来封装其他位于文档头部的标记。一个 HTML 文档只有一对<head>标记,且必须包含在<html>标记中。通常情况下,头部信息是不会被显示在浏览器窗口中的,此标记可以用来插入其他用于说明文件的标题和一些公共属性的标记。<head>标记中可以嵌套<title><meta><link><style>和<script> 等子标记,前 4 个标记在后面会详细介绍,<script>标记主要用来编写 JavaScript 代码,本书不做介绍。例如,可以通过<title>标记来指定网页的标题,它将显示在浏览器窗口的标题栏中。如果不需要头部信息,<head>标记是可以省略的,但是不提倡这种做法,我们要在学习的过程中养成一个良好的编程习惯。

3.3.4 <body>标记

<body>标记是网页内容的容器,用于定义 HTML 文档所要显示的内容。浏览器中显示的所有文本、图像、音频、视频等信息,都必须位于<body>标记中,<body>标记中的信息才是最终显示在浏览器窗口中的信息。一个网页文档中只能出现一对<body>标记,且<body>标记必须包含在<html>标记中,位于<head>标记之后,与<head>标记是并列关系。表 3-4 中列举了 body 元素的主要属性,通过使用这些属性,可以对网页中的相应元素进行统一设置。

表 3-4 body 元素的主要属性

属性	说明	示例
text	设置网页文字颜色	<body text="#FFFFFF"></body>
bgcolor	设置网页背景颜色	<body bgcolor="#999999"></body>
background	设置网页的背景图像	<body background="images/bgpic. jpg">
link	设置网页超链接颜色	<body link="#000000"></body>
vlink	设置已访问的超链接颜色	<body vlink="#FF3300"></body>
alink	设置活动的超链接颜色	<body alink="#00FF00"></body>

(1)设置网页文字的颜色

使用<body>标记的 text 属性可以设置网页中所有文字的颜色。下列代码预览后结果如图 3-5 所示。

```
<body text="#FF00FF">我们可爱的学校</body>
```

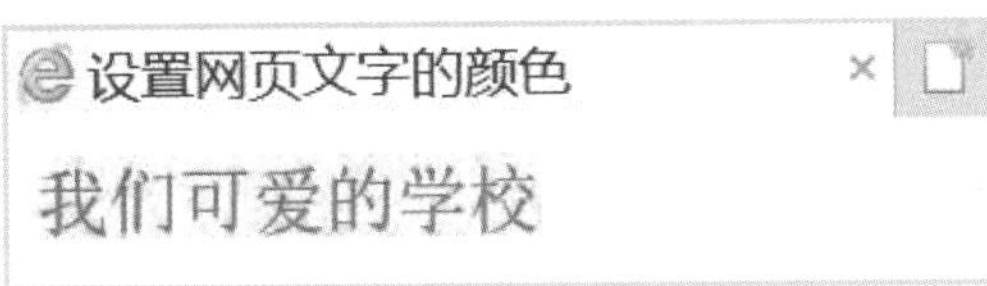

图 3-5 使用<body>标记的 text 属性设置网页文字的颜色

(2)设置网页背景颜色或背景图像

<body>标记中用 bgcolor 来定义网页的背景颜色,属性值为十六进制的颜色值或网页颜色的预定义值。如:<body bgcolor="#FF00FF">或<body bgcolor="blue">。

<body>标记中用 background 属性来定义网页的背景图,如:<body background="1.jpg">。建议图片地址使用相对路径,以免网页显示时容易出现问题。关于图片的相对路径,我们在后续章节中进行详细介绍。

(3)设置网页超链接的文字颜色

在网页中,我们通过超链接来实现页面与页面之间的连接和跳转。超链接有未访问、正在访问和已访问三种状态,为了丰富页面效果,我们分别使用<body>标记中的 link、alink 和 vlink 属性来进行文字颜色的设置。如下面的例子中,分别设置了未访问、正在访问和已访问三种状态的超链接颜色,超链接访问前的颜色是蓝色,正在点击时的颜色是绿色,点击之后又变成了红色。

```
<body link="blue" alink="green" vlink="red">
<a href="http://www.baidu.com">点击此链接跳转到百度</a>
</body>
```

注 意 在后面章节中,我们会学习 CSS 层叠样式表,CSS 定义了用来取代这些属性的样式,因此不建议通过<body>标记的属性来进行样式的设置。

3.4 HTML 文档头部相关标记

制作网页时,经常需要设置页面的基本信息,如页面的标题、作者、与其他文档的关系等。为此,HTML 提供了一系列的标记,通常都写在 HTML 文档头部标记<head>中。下面对常用的头部标记进行详细介绍。

3.4.1 网页标题标记<title>

<title>标记用于设置 HTML 页面的标题,显示在浏览器的标题栏中,它相当于给网页取一个名字,用以与其他网页进行区分。<title>标记必须位于<head>标记中,且一个 HTML 文档只能有一对<title>标记。此外,<title>标记中的值还可以用于用户浏览器的收藏功能,便于搜索引擎根据网页标题判断网页的内容,因此,一个描述准确的<title>标记是十分重要的,我们在学习中要养成书写<title>标记的好习惯。其基本语法格式如下:

```
<title>网页标题文字</title>
```

如例 3-3 中所示，将网页标题设置为“我是网页标题”，显示在图 3-6 中网页的标题栏中。

【例 3-3】 设置页面标题的<title>标记。

```
<html>
<head>
<meta http-equiv="Content-Type" content="text/html; charset=utf-8" />
<title>我是网页标题</title>
</head>
<body>
这个网页用于显示 &lt;title&gt;标记的运行效果。
</body>
</html>
```

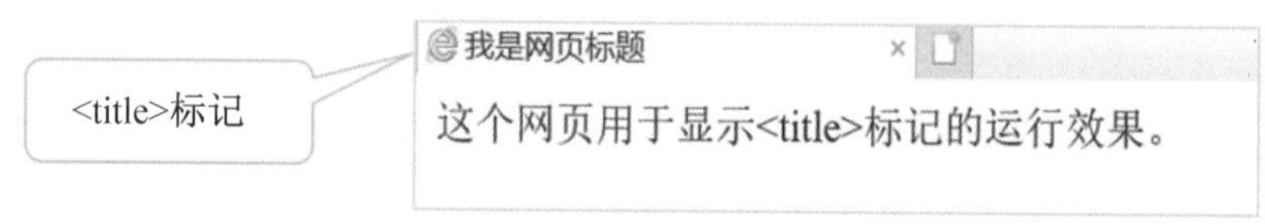

图 3-6 <title>标记的运行效果

3.4.2 页面元信息标记<meta />

<meta />标记用于定义页面的元信息，它本身不包含任何内容，也不显示在页面中，一般用来向搜索引擎提供网页的关键字、网页作者、内容描述以及定义 HTML 文档的字符集、网页的刷新时间和跳转等。<meta />标记是一个单标记，可重复出现在<head>头部标记中，即一个 HTML 页面的<head>标记中，可以有多个<meta />标记。

<meta />标记的常用属性有 name 和 http-equiv，下面进行详细介绍。

（1）name——设置网页的关键字和描述信息

<meta />标记中使用 name 属性和 content 属性为搜索引擎提供信息，其中 name 属性提供搜索内容名称，content 属性提供对应的搜索内容。其基本语法格式如下：

```
< meta name="搜索内容名称" content="内容" />
```

①设置网页关键字

```
<meta name="keywords" content="HTML5,CSS3,JavaScript,jQuery,Ajax" />
```

name 属性值为 keywords，用于定义搜索内容名称为网页关键字，content 属性的值用于定义关键字的具体内容，多个关键字之间可以用“，”分隔。

②设置网页描述

```
<meta name="description"? content=" 学好 HTML5,CSS3,JavaScript,jQuery 和 Ajax,带你走进前端开发的大门。" />
```

name 属性值为 description，用于定义搜索内容名称为网页描述，content 属性的值用于定义描述的具体内容，但要注意网页描述的文字不要过多。

③设置网页作者

```
<meta name="author" content="网页设计与制作课程组" / >
```

name 属性值为 author，用于定义搜索内容名称为网页作者，content 属性的值用于定义具体的作者信息。

(2) http-equiv——定义网页语言的属性

<meta />标记中 http-equiv/content 属性可以设置服务器发送给浏览器的 HTTP 头部信息，为浏览器显示该页面提供相关的参数。http-equiv 属性提供参数类型，content 属性提供对应的参数值。在 Dreamweaver 中，新建一个空白文档后，会默认发送<meta http-equiv = " Content-Type" content = " text/html; charset = utf-8" />，通知浏览器发送的文件类型是 HTML，使用的字符集是“utf-8”。具体应用如下：

①设置字符集

```
<meta http-equiv = " Content-Type"  content = " text/html; charset = 字符集名称" />
```

http-equiv 属性值为 Content-Type，content 属性值为 text/html 和 charset = 字符集名称，中间用“;”隔开，用于说明当前文档类型为 HTML。当用户浏览网页时，浏览器会自动识别并设置网页中的语言。目前最常用的字符集编码方式为 utf-8，这是国际通用的编码，也是 Dreamweaver 中默认使用的字符集，其他常用的字符集编码方式还有 GB2312(中文简体)、GBK(中文繁体)和 ISO-8859-1(英文编码)。

②设置网页自动刷新与跳转

```
<meta http-equiv = " refresh" content = " 5;url = http://www. baidu. com" / >
```

http-equiv 属性值为 refresh，content 属性的值为数值和 url 地址，中间用“;”隔开，用于指定在特定的时间后跳转到目标页面，该时间默认以秒为单位。其中，[url = 网址]是可选项，可以省略。如果有，则页面定时刷新并跳转，如果没有，则页面只定时刷新，不跳转。如上述代码即表示，用户打开当前网页 5 s 之后，自动跳转到百度页面上。

3.4.3 引用外部文件标记<link />

一个页面往往需要多个外部文件的配合，在 HTML 中使用<link />标记指定当前网页文档与其他文档的特定关系，通常用来指定网页文档使用的样式。<link />标记必须写在<head>标记中，一个页面允许使用多个<link />标记引用多个外部文件。其语法格式如下：

```
<link 属性 = " 属性值" />
```

表 3-5 <link />标记的常用属性

属性名	常用属性值	描述
href	URL	指定引用外部文档的地址
rel	stylesheet	指定当前文档与外部文档的关系，该属性值通常是 stylesheet，表示定义一个外部样式表
type	text/css	引用外部文档的类型为 CSS 样式表
	text/javascript	引用外部文档的类型为 JavaScript 脚本

例如下列代码表示，使用<link />标记引用当前 HTML 页面所在的文件夹中，文件名为 style. css 的 CSS 样式表文件。属性 href 的值表示引入的 CSS 样式表的路径，建议使用相对路径。

```
<link rel = " stylesheet" type =  " text/css " href =  " style. css " />
```

3.4.4 内嵌样式标记<style>

<style>标记用于为 HTML 文档定义样式信息，如字体、颜色、位置等内容呈现的各个方面。

<style>标记位于<head>头部标记中，其常用属性为 type，相应的属性值为 text/css，表示使用内嵌的 CSS 样式。其语法格式如下：

```
<style 属性="属性值">样式内容</style>
```

【例 3-4】 内嵌样式标记<style>的使用。

```
<html>
<head>
<meta http-equiv="Content-Type" content="text/html; charset=utf-8" />
<title>style 标记的使用</title>
<style type="text/css">
h2{color:red;}
p{color:blue;}
</style>
</head>
<body>
<h2>苔</h2>
<h3>清 袁枚</h3>
<hr/>
<p>白日不到处，</p>
<p>青春恰自来。</p>
<p>苔花如米小，</p>
<p>也学牡丹开。</p>
</body>
</html>
```

比如，我们为前面的例 3-1 中的示例引入一个 CSS 样式表，分别设置了 h2 标记和 p 标记的样式，改变了其文本颜色，运行效果如图 3-7 所示。

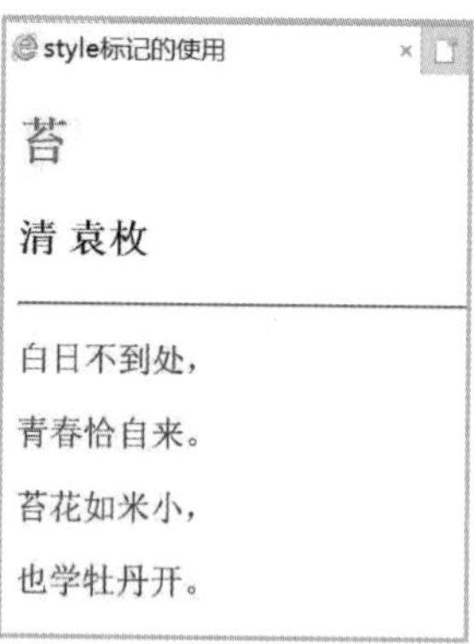

图 3-7 style 标记的使用

3.5 HTML 文本控制标记

网页的重要功能之一即为向浏览用户传递信息，文本是信息的重要表现形式，是网页的重要内容,在 HTML 文档中,显示在浏览器窗口的文本要放置放在<body>标记内。与 Word、记事本等文本不同,HTML 文档中的文本有一些特殊性,如文档中有多个连续空格,在浏览器预览时只显示一个,其余空格将被忽略;网页文本中的一些特殊字符,如"<""&"">"等,需要用专门的字符组合进行标识;文本中的回车换行也要使用 HTML 文档中专门的换行和段落标记进行段落的显示。这些不同之处,需要在实际学习过程中细细体会。下面,我们对 HTML 的文本控制标记进行详细介绍,主要分为网页文本、网页段落、网页标题、网页特殊符号和其他常用标记等。

3.5.1　网页文本

文字不仅是传达网页信息的一种常用方式,也是视觉传达最直接的方式,使用经过精心处理的文字材料可以制作出效果很好的版面。下面详细介绍如何通过对网页中的普通文本进行设置,来提高文字的艺术表现力。

(1)添加普通文本

文字是网页的基础部分,可以通过一些 HTML 标记实现对文字的格式化。在 HTML 文件中添加文字很简单,只需要在<body>和</body>标记之间的指定位置直接输入即可,如例 3-5 所示。

【例 3-5】　网页中的普通文本。

```
1  <html>
2  <head>
3  <meta http-equiv="Content-Type" content="text/html; charset=utf-8" />
4  <title>在网页中添加普通文本</title>
5  </head>
6  <body>
7  本课程主要介绍网页制作的相关知识,包括 HTML 和 CSS。
8  </body>
9  </html>
```

在例 3-5 中,代码第 7 行添加了普通文字,运行效果如图 3-8 所示。

图 3-8　网页中的普通文本

(2)设置文本样式

提示　在复制外部文本时,有时候会出现中文显示乱码的情况,所以要在文档头部标记<meta />标记中,设置 charset=utf-8 来定义网页显示编码。具体代码如下:

```
<meta http-equiv="Content-Type" content="text/html; charset=utf-8" />
```

普通文本在浏览器中显示默认效果，当文字过多时，千篇一律的文字效果未免显得十分单调。为了让文字效果更加丰富、美观，可以使用<font>标记来控制字体、字号和文字的颜色，是HTML 中最基本的标记之一，掌握<font>标记，是控制网页文本样式的基础。其语法格式如下：

<font>文本内容</font>

<font>标记有三个常用属性，如表 3-6 所示。

表 3-6 <font>标记的常用属性

属性名	描述
face	设置文字的字体，常用的有宋体、微软雅黑、黑体等
size	设置文字的大小，可以取 1 到 7 之间的整数值
color	设置文字的颜色，可以用十六进制表示的颜色值或预定义颜色来表示

①<font>标记的 face 属性

<font>标记的 face 属性可以为文字设置不同的字体效果，设置的字体效果只有在浏览器中安装相应字体后才可以正确显示出来，否则有些特殊的字体可能被普通的字体所代替。因此在网页设计时应该尽量使用通用字体，减少特殊字体的使用。

face 属性的属性值为具体的字体样式名称，如“宋体”“黑体”等。我们可以给 face 属性一次定义多个字体，字体之间使用“，”分隔。浏览器在读取字体时，如果第 1 种字体在系统中不存在，则显示第 2 种字体，如果第 2 种字体在系统中不存在，则显示第 3 种字体，以此类推，如果这些字体都不存在，则显示计算机系统的默认字体。如下面的代码中，将“文本内容”这四个字的字体设置为黑体。

```
<font face="黑体">文本内容</font>
```

②<font>标记的 size 属性

<font>标记的 size 属性用来设置文字的字号，它的属性值是从 1 到 7 之间的整数值，如果该值大于 7，则显示 7 号字大小。如下面的代码中，将“文本内容”这四个字的字号设置为 5 号。

```
<font size="5">文本内容</font>
```

<font>标记的 size 属性是设置文字的绝对大小，HTML 还提供了<big>放大文字标记和<small>缩小文字标记，用来设置文字的相对大小。<big>标记用于增大文本中的字号，所包含的文字会在原来字号的基础上增大一级，如果有多个<big>标记作用于同一个文本，那么字号会被逐级放大。

如在有些文章的开头会把第一个字放大显示，下面的代码以“这样的故事”为例，把“这”字放大 3 级显示，则表示为：

```
<big> <big> <big>这</big> </big> </big>样的故事
```

<small>标记与<big>标记的作用相反，使用方法类似，就不赘述了。

③<font>标记的 color 属性

<font>标记的 color 属性用来设置字体的颜色，属性值可以用十六进制表示的颜色值，也可以直接用该颜色的英文单词来表示。如下面的代码中，将“文本内容”这四个字的颜色设置为红色。

```
<font color="red">文本内容</font>
```

如果想要对文字同时设置其字体、字号和颜色，只需在<font>标记的开始标记中，书写 3 个属性即可，属性与属性之间用空格间隔，如例 3-6 所示。

【例 3-6】　<font>标记及其属性的使用示例。

```
1  <html>
2  <head>
3  <meta http-equiv="Content-Type" content="text/html; charset=utf-8" />
4  <title>font 标记及其属性的使用</title>
5  </head>
6  <body>
7  我是默认文本
8  <font face="微软雅黑">我设置了字体</font>
9  <font size="3">我设置了字号</font>
10 <font color="blue">我设置了颜色</font>
11 <font face="微软雅黑" size="5" color="red">我设置了字体、字号和颜色</font>
12 </body>
13 </html>
```

在例 3-6 中，第 7 行代码添加了普通文字，没有设置任何文字效果，第 8 行代码设置了文本的字体，第 9 行代码设置了文本的字号，第 10 行代码设置了文本的颜色，第 11 行代码对文本同时设置字体、字号和颜色，运行效果如图 3-9 所示。

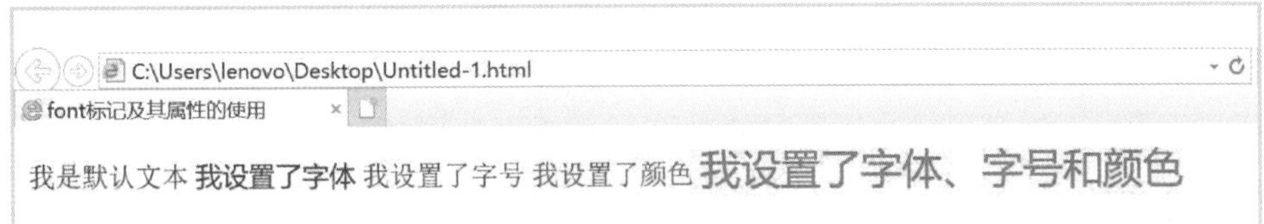

图 3-9　<font>标记及其属性的使用

注意　在 HTML 文档中，为了实现结构与样式的分离，不赞成使用<font>标记，如需修改字体、字号和颜色，建议使用 CSS 样式进行设置。

(3) 文本格式化

为了丰富网页中文本的显示效果，HTML 定义了一些文本格式化标记，使用这些标记可以在网页中设置文本的各种样式，如设置粗体、斜体或添加下划线和删除线等。常用的文本格式化标记如表 3-7 所示。

表 3-7　文本格式化标记

标记名	描述
<b></b>和<strong></strong>	文字以粗体方式显示（XHTML 推荐使用 strong）
<i></i>和<em></em>	文字以斜体方式显示（XHTML 推荐使用 em）
<u></u>和<ins></ins>	文字以加下划线方式显示（XHTML 不赞成使用 u）
<s></s>和<del></del>	文字以加删除线方式显示（XHTML 推荐使用 del）

①粗体标记

在网页中，如果要将文本显示为粗体，可以使用<b></b>标记或<strong></strong>标记将文本内容括起来，则文本就会以粗体显示，其语法格式如下：

<b>文本内容</b>或<strong>文本内容</strong>

②斜体标记

在网页中，有时需要为文本添加斜体效果，用于强调文本，可以使用<i></i>标记或<em></em>标记，其语法格式如下：

<i>文本内容</i>标记或<em>文本内容</em>

斜体标记有时会与粗体标记嵌套使用，更加能够起到突出、强调文本的作用，但是在嵌套使用标记时，要注意一一对应。如下例中，“唐诗三百首”这几个字的显示效果为既加粗又倾斜。

< strong><em>唐诗三百首</em></strong>

③下划线标记

在网页中，给文本加下划线可以使用<u></u>标记或<ins></ins>标记，其语法格式如下：

<u>文本内容</u>或<ins>文本内容</ins>

④删除线标记

在网页中，使用<s></s>或<del></del>标记可以给文本添加删除线效果，其语法格式如下：

<s>文本内容</s>或<del>文本内容</del>

下面，我们通过例 3-7 来演示文本格式化标记的使用。

【例 3-7】 文本格式化标记的使用示例。

```
1 <html>
2 <head>
3 <meta http-equiv="Content-Type" content="text/html; charset=utf-8" />
4 <title>文本格式化标记</title>
5 </head>
6 <body>
7 <em>天猫<strong>双十一</strong></em>,给你想象不到的<big>优惠</big>!
8 <p>挥泪大甩卖,原价<del>2399</del>,现价只要<ins>998</ins>! </p>
9 </body>
10 </html>
```

在上例中，第 7、8 行代码对文本进行样式设计，最终显示效果如图 3-10 所示。从图中我们可以看到，“天猫双十一”显示为斜体，其中“双十一”三个字为了更加突出，还设置了粗体显示；“优惠”使用<big></big>标记选中，放大了一个字号；2399 和 998 这两个数字分别添加了删除线和下划线，将价格的变化展现得更加直观，所以，<ins>标记常用于插入文本，与<del>标记配合使用，产生一种更改的效果。

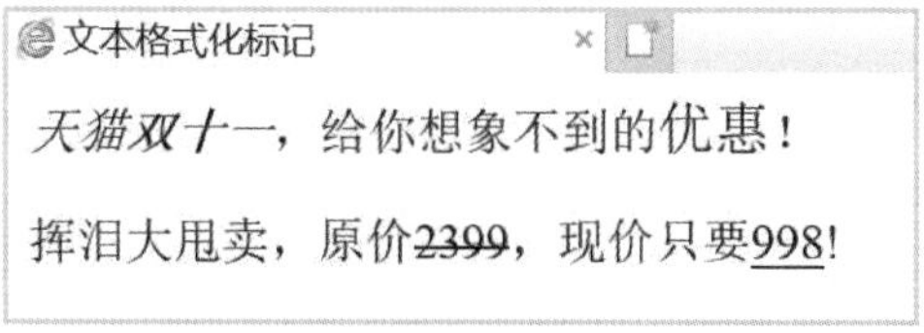

图 3-10 文本格式化标记的使用

3.5.2 网页段落

在一个网页页面中，随着文字的增加，单调的排列容易让浏览者感到乏味和疲劳，段落可以通过对文字进行组合而将其有条理地显示出来，因此，网页中文字的显示往往离不开段落。下面介绍两种可以给文字划分段落的标记——<p>标记和
标记。

注 意 尽管大部分浏览器仍然支持格式化标记，但不再提倡使用这些标记来设置网页的样式，有些格式化标记在 HTML 的新版本中已不再保留。由于 CSS 在可重用性、灵活性和功能上更胜一筹，因此，在编写网页时，建议使用层叠样式表 CSS 来进行样式设置。

（1）段落标记<p>

段落就是格式上统一的文本，在网页中要把文字有条理地显示出来，就需要使用段落标记。在我们以往用过的文本编辑软件中，输入一段文字后，按下回车键就可以生成一个段落，但是在 HTML 中，回车符会被忽略，所以要在网页中开始一个段落需要通过使用<p>标记来实现。其基本语法如下：

<p>文本内容</p>

<p>标记有一个最常用的属性——段落文本对齐属性 align，它有 3 个属性值：left（默认值）、center 和 right，分别表示段落文本左对齐、居中对齐和右对齐。下面通过例 3-8 来演示段落标记的 align 属性。

【例 3-8】 段落标记 align 属性的使用示例。

```
<html>
<head>
<meta http-equiv="Content-Type" content="text/html; charset=utf-8" />
<title>段落标记的 align 属性</title>
</head>
<body>
<p align="left">文本左对齐</p>
<p align="center">文本居中对齐</p>
<p align="right">文本右对齐</p>
</body>
</html>
```

在上例中，分别设置了文本的左对齐、居中对齐和右对齐，运行效果如图 3-11 所示。

除此之外，HTML 还提供了标记<center></center>用来对文本进行居中显示，但是与<p align="center">不同的是，<center>标记不仅可以是段落居中，还可以使图片等网页元素居中显示。其基本语法如下：

图 3-11　段落标记 align 属性的使用

< center>网页元素</center>

使用<center>标记可以使标记中间的元素在网页中居中显示，但需要注意的是，在 HTML 4.01 中<center>标记不被赞成使用，而是使用 CSS 样式中的 text-align 属性实现。

(2)换行标记

在 HTML 中，使用换行标记
也可以实现文本的分段效果，将当前文本强制换行。它的使用相当于在文本编辑软件中按下回车键，所以，在编辑网页文本时，如果想要换行，只需要在准备换行的位置插入
标记即可。
标记是一个单标记，使用一次即可实现一次换行，换多行需要使用多个
标记。

需要注意的是，虽然
标记与<p>标记一样，都可以实现文本的换行分段，但是两者有一定的区别。当我们用<p>标记进行段落划分时，不同段落间的间距相当于连续加了两个换行符
，如例 3-9 所示。

【例 3-9】　<p>标记与
标记的区别使用示例。

```
1  <html>
2  <head>
3  <meta http-equiv = " Content-Type"  content = " text/html; charset = utf-8"  />
4  <title>p 标记与 br 标记的区别</title>
5  </head>
6  <body>
7  我是普通文本，<br/>我使用 br 标记换行。
8  <p>我是段落文本，</p>
9  <p>我使用 p 标记换行。</p>
10 </body>
11 </html>
```

在上例中，第 7 行代码设置了普通文本，第 8、9 行代码是两个文本段落，用<p></p>进行标记，显示效果如图 3-12 所示。从图中我们可以看出，两个段落之间的间隔明显大于使用换行标记
换行后的段落间隔。

通常情况下，若网页中某一行的文本过长，浏览器会根据窗口的宽度自动将文本进行换行显示，如果想强制浏览器不换行显示，可以使用< nobr></ nobr>标记。<nobr>和</nobr>标记之间的内容不换行。其基本语法如下：

< nobr>文本内容</ nobr>

下面通过例 3-10 来演示
标记与<nobr>标记的使用。

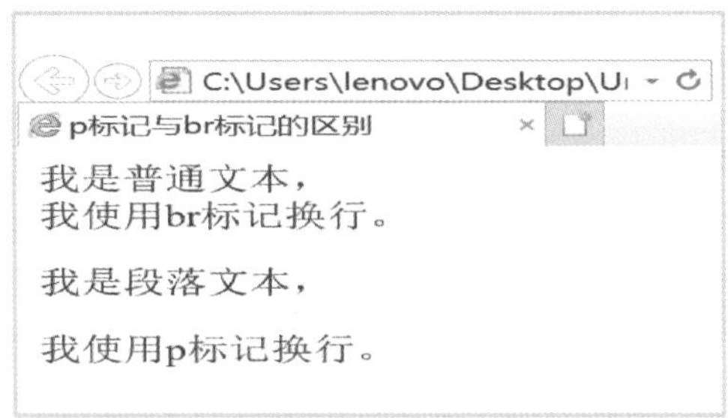

图 3-12 <p>标记与
标记的区别

【例 3-10】
标记与<nobr>标记的使用示例。

```
1  <html>
2  <head>
3  <meta http-equiv="Content-Type" content="text/html; charset=utf-8" />
4  <title>br 标记与 nobr 标记</title>
5  </head>
6  <body>
7  我是普通文本,<br/>我使了用 br 标记,需要强制换行。
8  <nobr>我使用了强制不换行标记 nobr,我可以不换行啦! 无论我多长,都可以在一行显示,如果网页
   显示不完全,就会出现滚动条。</nobr>
9  </body>
10 </html>
```

在上例中,第 7 行代码中的文本设置了强制换行,即使文字内容较短,也实现了换行;而第 8 行代码中的文本设置了强制不换行,所以即使文字内容很长,也可以在一行显示,当文本触碰到了浏览器的右侧边界,就会出现滚动条,来回拖动滚动条,即可完整地查看文本,显示效果如图 3-13 所示。

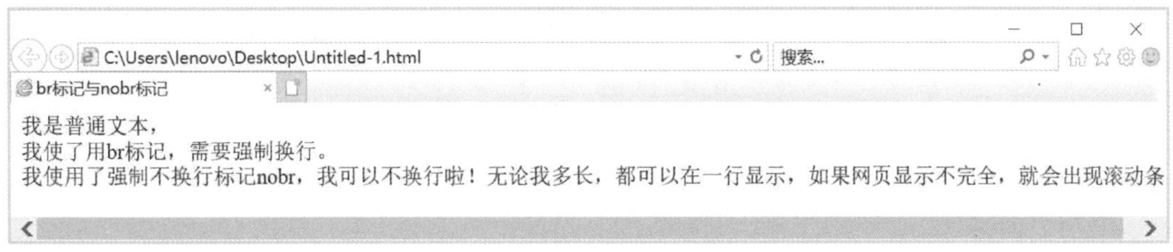

图 3-13
标记与<nobr>标记的使用

3.5.3 网页标题

通常,我们在浏览网页时,会看到网页中有些文字的显示效果与书籍中的标题一致,能够让浏览者对某一段或某几段文字的主要内容一目了然。网页中的标题是通过标题标记<h1>~<h6>实现的,其中,<h1>定义最大的一级标题,即标题文字的字号最大,<h6>定义最小的标题,代表标题文字的字号最小。通过这些标题标记,可以为网页文档定义良好的文档结构。

标题标记本身具有换行的作用,标题总是从新的一行开始。当网页文本使用了标题标记后,浏览器会自动地在标题的前后添加空行,并且将标题的文字内容显示为加粗和大号的文本

的效果。用标题来呈现文档结构是很重要的,用户可以通过标题来快速浏览网页,搜索引擎也可以使用标题为网页的结构和内容进行编制索引。其基本语法如下:

<hn>标题文本</hn>(n 为 1~6 的正整数)

下面通过例 3-11 来演示标题标记<h1> ~ <h6>的使用。

【例 3-11】 标题标记<h1> ~ <h6>的使用示例。

```
1  <html>
2  <head>
3  <meta http-equiv = " Content-Type"  content = " text/html; charset = utf-8"  />
4  <title>标题标记 hn</title>
5  </head>
6  <body>
7  <h1>这是 h1 标题</h1>
8  <h2>这是 h2 标题</h2>
9  <h3>这是 h3 标题</h3>
10 <h4>这是 h4 标题</h4>
11 <h5>这是 h5 标题</h5>
12 <h6>这是 h6 标题</h6>
13 我是普通文本
14 </body>
15 </html>
```

在上例中,通过第 7~12 代码行设置了 h1~h6 各级标题,显示效果如图 3-14 所示。从图中可以看出,每一级标题都独占一行,且都以粗体显示,h1~h6 标题的字号从大依次变小。在上例中 13 行代码中添加了一行普通文本,用以对比各级标题与普通文字的区别。

图 3-14 标题标记 hn

例 3-11 中标题的文字都是靠左排列的,这与标题标记 align 属性的默认值有关。标题标记的常用属性为 align 属性,与段落标记的 align 属性一样,它也有三个属性值:left、center 和 right,可以用来调整标题的文本的对齐位置。如下例中的代码即可实现将标题文本“这是 h1 标题”居中显示:

<h1 align = " center" >这是 h1 标题</h1>

3.5.4　网页特殊符号

在 HTML 文档中，有些字符有特殊含义，例如小于号“<”和大于号“>”用来表示一个标记，它们不能在普通文本中使用。那么如果想在网页中显示小于号“<”和大于号“>”，应该怎样表示呢？还有一些特殊字符如数学公式、版权信息等无法通过键盘输入，这些字符又应该如何表示呢？

为了解决上述问题，HTML 提供了在网页中表示这些特殊字符的编码方式，这些字符被称为实体，HTML 中的实体由符号“&”、字符名称和分号“;”组成。在网页中输入特殊符号时，只需要使用其对应的特殊符号代码即可。网页中的常用特殊符号及其编码如表 3-8 所示。

表 3-8　常用特殊符号及其编码

特殊字符	描述	字符的代码
	空格符	
<	小于号	<（less than 的缩写）
>	大于号	>（greater than 的缩写）
&	和号	&
¥	人民币	¥
©	版权	©（copyright 的缩写）
®	注册商标	®（register 的缩写）
°	摄氏度	°（degree 的缩写）
±	正负号	±
×	乘号	×
÷	除号	÷

通常情况下，HTML 会自动删除文字内容中的多余空格，不管文字中有多少空格都被视作一个空格。例如，两个字之间加了 10 个空格，HTML 会截去 9 个空格，只保留一个。为了在网页中增加空格，可以使用“ ”表示空格，要输入多个空格，可以添加多个“ ”。特殊字符的使用如例 3-12 所示。

【例 3-12】　特殊字符的使用示例。

```
<html xmlns="http://www.w3.org/1999/xhtml">
<head>
<meta http-equiv="Content-Type" content="text/html; charset=utf-8" />
<title>特殊字符标记</title>
</head>
<body>
在 HTML 文档中，无论敲多少个空格都只显示一个空格！<br />
如果想要显示多个空格，需要使用空格符 &amp;nbsp;    来实现！<br />
上一行代码中我们使用了 &lt;br /&gt;换行标记。<br />
&copy;版权所有，翻版必究！
</body>
```

```
12 </html>
```

在上例中，演示了特殊字符的使用，显示效果如图 3-15 所示。对比代码和效果图可知，在第 7 行代码中，通过键盘敲了多个空格，结果在浏览器中只显示 1 个空格，在第 8 行代码中添加了多个 ，在浏览器中才能显示多于 1 个空格，而空格符 中的符号“&”为特殊字符，如果想在浏览器中显示出来，需要用 &实现。在第 9 行代码中，使用了 <和 >来显示
的左右括号；在第 10 行代码中，使用了 ©来显示版权符号©。

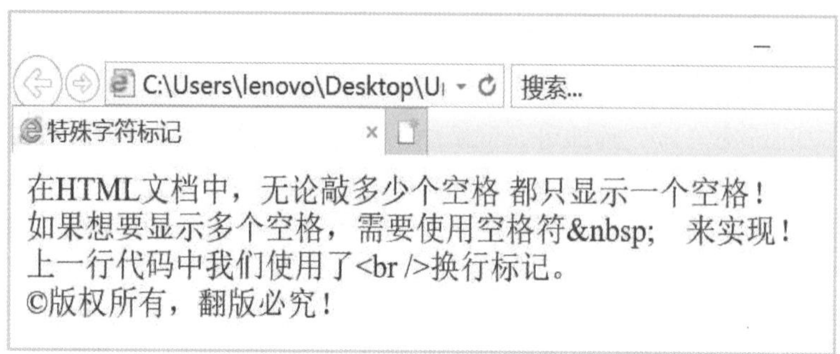

图 3-15　特殊字符的使用

注 意　浏览器对空格符" "的解析是有差异的，导致了使用空格符的页面在各个浏览器中显示效果的不同，因此不推荐使用，可使用 CSS 样式替代。

3.5.5　其他常用标记

(1)<hr / >标记

水平线标记<hr / >可以在网页页面中插入一条水平线，作为段落与段落之间的分隔线，让网页文档结构更加清晰、层次更加分明。由于<hr / >标记是单标记，在使用时直接插入即可。在前面讲解标记属性时我们介绍过<hr / >标记的常用属性，如表 3-2 所示，在这里就不再赘述了。

需要注意的是，默认情况下，水平线贯穿整个浏览器的窗口，width 的属性值可以是绝对值，用像素来表示，也可以是相对值，用相对于浏览器的百分比来表示。此外，<hr / >标记还有一个 noshade 属性，它的作用是取消水平线的阴影，属性值即为 noshade。

下面我们通过例 3-13 来演示一下<hr / >标记的使用。

【例 3-13】　<hr / >标记的使用示例。

```
<html>
<head>
<meta http-equiv="Content-Type" content="text/html; charset=utf-8" />
<title>hr 标记的使用</title>
</head>
<body>
我是默认的水平线
<hr/>
```

```
我是取消阴影线水平线
<hr noshade="noshade"/>
我将 hr 标记的 width 属值性设置为 50%,颜色设置为红色
<hr width="50%" color="red"/>
我将 hr 标记的 width 属值性设置为 50%,对齐方式设置为右对齐
<hr width="50%" align="right"/>
我是设置了 size 属性的水平线,颜色为红色
<hr size="5" color="red"/>
</body>
</html>
```

在上例中,演示了水平线<hr / >标记的常用属性,显示效果如图 3-16 所示。从图中我们可以看到,第 1 条水平线是默认情况下的水平线,没有设置任何属性,第 2 条水平线取消了阴影效果,第 3 条水平线将 width 属性设置为 50%,则其长度为当前窗口的一半,并默认居中显示,第 4 条水平线设置为了右对齐,最后一条通过 size 属性,将水平线的高度设置为 5 像素。

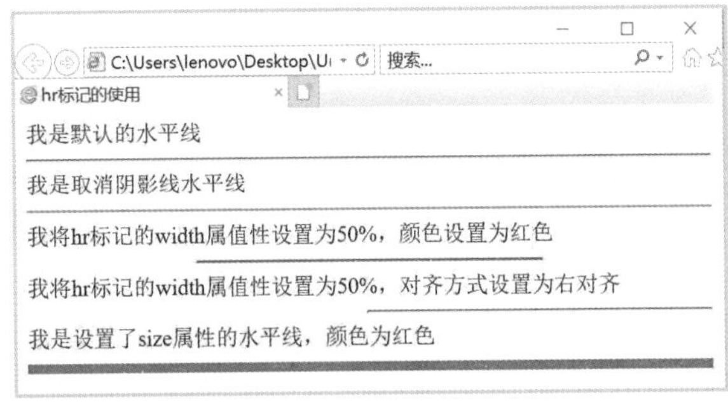

图 3-16　<hr / >标记的使用

(2)上标、下标标记

在数学公式、物理公式和化学公式中,会经常使用到上标和下标,例如 x_1、x^2等。为了在网页中正常显示这些公式,HTML 提供了上标标记和下标标记,将特定的文本内容显示为上标或者下标。下面,我们通过例 3-14 来演示一下标记和标记的使用。

【例 3-14】　上标和下标的使用示例。

```
<html>
<head>
<meta http-equiv="Content-Type" content="text/html; charset=utf-8" />
<title>上标和下标的使用</title>
</head>
<body>
化学方程式:2H<sub>2</sub>+O<sub>2</sub>=2H<sub>2</sub>O<br/>
数学公式:(x+y)<sup>2</sup>=x<sup>2</sup>+2xy+y<sup>2</sup><br/>
对数的表示:log<sub>a</sub><sup>b</sup>
</body>
</html>
```

在上例中，我们可以看到，如果想将文本显示为上标或者下标，只需用标记和标记将其“选中”即可。例 3-14 的运行效果如图 3-17 所示。

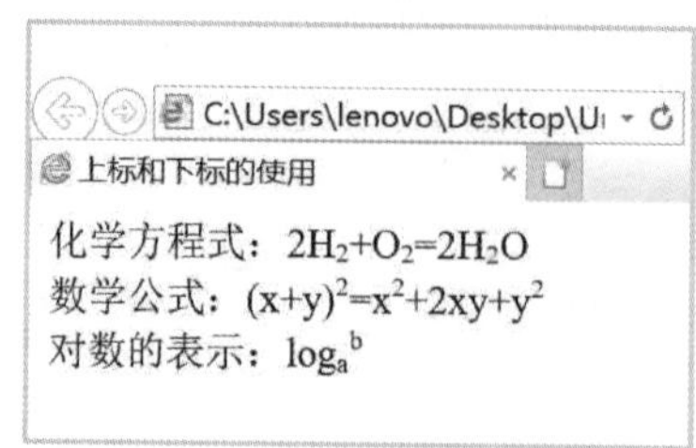

图 3-17　上标和下标的使用

(3)预格式化标记<pre>

在网页创作中，一般是通过各种标记对文字进行排版的。但是在实际应用中，往往需要一些特殊的排版效果，这样使用标记控制起来会比较麻烦。解决的方法就是保留文本格式的排版效果，例如空格、制表符等。如果要保留原始的文本排版效果，则需要使用<pre>标记，所以<pre></pre>标记也叫作原样显示标记。其基本语法如下：

```
<pre>原样显示的内容</pre>
```

<pre>标记的一个常见应用就是表示计算机程序的源代码。如例 3-15 中，在显示程序的源代码时，将会保留其中的空格和换行符。

【例 3-15】 <pre>标记的使用示例。

```
<html>
<head>
<meta http-equiv="Content-Type" content="text/html; charset=utf-8" />
<title>pre 标记的使用</title>
</head>
<body>
<pre>
function addnum(m,n){
i=m+n;
return i;
}
</pre>
</body>
</html>
```

在上例中，使用<pre></pre>标记将代码包含起来，则可以实现如图 3-18 所示的运行效果，换行和空格都原样保留，如果去掉<pre></pre>标记，则显示结果如图 3-19 所示。

(4)滚动标记<marquee>

我们在浏览网页时，经常能看到一些文字滚动的效果，这是通过<marquee>标记实现的，它的作用是在浏览器窗口插入一段滚动的文字，达到引人注意的效果。<marquee>标记常用的属性如表 3-9 所示。

其基本语法如下：

```
<marquee>要滚动显示的内容</marquee>
```

图 3-18　<pre>标记的使用

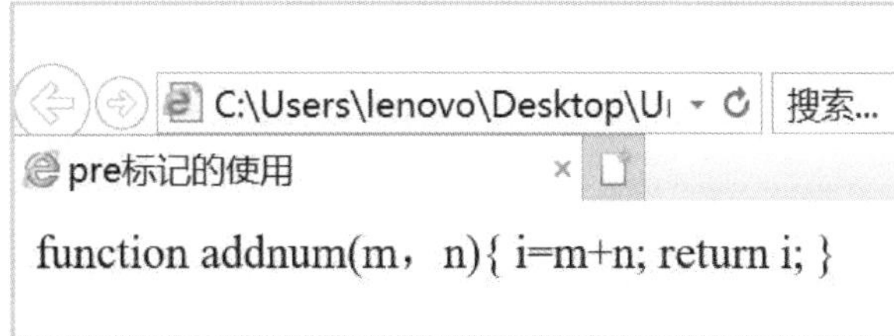

图 3-19　未使用<pre>标记的运行效果

表 3-9　<marquee>标记的常用属性

属性	解释
direction	指定文本的移动方向,取值可以是 down、left、right 或 up
behavior	指定滚动方式,其取值为 scroll 循环滚动,取值为 slide 只滚动一次就停止,取值为 alternate 在页面两端来回交替滚动
scrollamount	指定滚动的快慢,实际是设置每次滚动的移动长度(像素)
scrolldelay	指定滚动的延迟时间,值是正整数,默认为 0,单位是毫秒
loop	指定滚动的次数,缺省是无限循环。参数值可以是任意的正整数,如果设置参数值为-1 或 infinite,将无限循环
width	指定滚动范围的宽度
height	指定滚动范围的高度
bgcolor	指定滚动范围的背景颜色,参数值是十六进制或预定义的颜色值

下面举例说明一下<marquee>标记及其常用属性的应用。

①设置滚动方向

<marquee direction="right">我向右滚动</marquee> //向右滚动

<marquee direction="down">我向右滚动</marquee> //向下滚动

②设置滚动方式

<marquee behavior="alternate">我来回滚动</marquee> //从左边滚动到右边,再从右边滚动到左边

<marquee behavior="scroll">我单方向循环滚动</marquee> //从左边滚动到右边,再从左边滚动到右边

<marquee behavior="scroll" direction="up" height="30">我单方向向上循环滚动</marquee>

<marquee behavior="slide">我只滚动一次</marquee> //只滚动一次,然后停止

③设置滚动速度

<marquee scrollamount="100">我速度很快。</marquee> // scrollamount 的值越大,速度越快

<marquee scrollamount="50">我速度慢了些。</marquee>

④设置滚动延迟

<marquee scrolldelay="30">我小步前进。</marquee>

<marquee scrolldelay="1000" scrollamount="100">我大步前进。</marquee>

⑤设置滚动次数

<marquee loop="2">我滚动 2 次。</marquee>

<marquee loop="infinite">我无限循环滚动。</marquee>

<marquee loop="-1">我无限循环滚动。</marquee>

⑥设置滚动范围及背景颜色

<marquee width="300" height="30" bgcolor="red">我宽 300 像素,高 30 像素。</marquee>

单元小结

本章主要介绍了 HTML 语言的发展历程以及 HTML 语言基础的相关知识。通过对本章的学习,学生认识了什么是 HTML 标记,以及如何使用标记属性来丰富 HTML 元素的表现形式;知道了 HTML 文档的基本格式,以及如何编写最基本的 HTML 页面;理解了 HTML 文档头部相关标记的作用,以及在实际工作中如何运用这些标记;掌握了常用的 HTML 文本控制标记,并能够编写简单的 HTML 页面。

第 4 章

图像

学习目标

通过对本章的学习，学生应了解常用的图像格式；理解相对路径和绝对路径、使用 Dreamweaver 操作图像；掌握 HTML 图像标记。

核心要点

- HTML 图像标记
- 相对路径和绝对路径

一、单元概述

前 1 章讲解了 HTML 语言基础,对 HTML 的标记已经有了基本的认识。一个网页中不可能没有图像,网页图像使得网页内容更加丰富,使用 HTML 代码来编辑网页文字和图片可以产生 Word 软件里设计文档几乎一样的效果。使用标记来设计网页图片类似于 Word 中插入一张图片,效果相同但方法不同。本章的主要内容是介绍如何在网页中插入图像。

本章通过理论教学、案例教学等方法,循序渐进地向学生介绍网页中插入图像的方法,介绍常见的图片格式、图像标记及属性的使用以及相对路径和绝对路径。

二、教学重点与难点

重点:

掌握 HTML 图像标记,理解相对路径和绝对路径。

难点:

相对路径和绝对路径。

解决方案:

在课程讲授时要注意多采用案例教学法进行相关案例的演示,带领学生练习图像标记的使用,让学生在练习中体会和学习设置相对路径和绝对路径。

【本章知识】

一个网页中可以插入如 Logo(网站标志)、Banner(横幅广告)、照片等各种图片,当浏览者浏览网页时,这些图片就将自动显示出来。合理地应用图片,可以使网页看起来更漂亮、重点突出、形式更活泼、浏览更方便。在 HTML 里可以通过<img>标记来插入图片。

本章将详细讲解<img>标记的定义和使用方法。

4.1 常见的图像格式

4.1.1 位图与矢量图

(1)位图图像

位图图像是点阵图像,亦称为点阵图像或栅格图像,是由称作像素的单个点组成的,这些点可以进行不同的排列和染色以构成图样,常见的位图图像格式有. png、. jpg、. gif 等。

优点:只要有足够多的不同色彩的像素,就可以制作出色彩丰富的图像,逼真地展现自然界的景象。

缺点:缩放和旋转容易失真,同时文件容量较大。

常用的制作软件:Photoshop、画图工具等。

图 4-1　位图图像

(2)矢量图

矢量图也成为面向对象的图像或绘图图像,在数学上定义为一系列由线连接的点。矢量文件中的图形元素称为对象,每个对象都是一个自成一体的实体,它具有颜色、形状、轮廓、大小和屏幕位置等属性。

所谓矢量图,就是使用直线和曲线来描述的图形,构成这些图形的元素是一些点、线、矩形、多边形、圆和弧线等,它们都是通过数学公式计算获得的,具有编辑后不失真的特点。常见的矢量图图像格式是. ai、. raw、. bw 等。

优点:文件容量小,在进行放大、缩小或旋转操作时,图像不会失真。

缺点:不易制作色彩变化太多的图像。

常用的制作软件:Illustrator、Flash、CoreDraw 等。

图 4-2　矢量图

4.1.2　GIF 格式

(1) 简介

GIF 格式的名称是 Graphics Interchange Format 的缩写,是在 1987 年由 CompuServe 公司为

了填补跨平台图像格式的空白而发展起来的。GIF 可以被 PC 和 Mactiontosh 等多种平台上被支持。CompuServe 通过免费发行格式说明书推广 GIF,但要求使用 GIF 文件格式的软件要包含其版权信息的说明图形交换格式。

GIF 是一种位图。位图的大致原理是:图片由许多的像素组成,每一个像素都被指定了一种颜色,这些像素综合起来就构成了图片。GIF 采用的是 Lempel-Zev-Welch(LZW)压缩算法,最高支持 256 种颜色。由于这种特性,GIF 比较适用于色彩较少的图片,比如卡通造型、公司标志等等。如果碰到需要用真彩色的场合,那么 GIF 的表现力就有限了。GIF 通常会自带一个调色板,里面存放需要用到的各种颜色。在 Web 运用中,图像的文件量的大小将会明显地影响到下载的速度,因此我们可以根据 GIF 带调色板的特性来优化调色板,减少图像使用的颜色数(有些图像用不到的颜色可以舍去),而不影响到图片的质量。

(2) 特点

- 通用性好:GIF 格式和其他图像格式的最大区别在于,它完全是作为一种公用标准而设计的,由于 Compu Serve 网络的流行,许多平台都支持 GIF 格式。
- 无损压缩格式:GIF 文件的数据,是一种基于 LZW 算法的连续色调的无损压缩格式。其压缩率一般在 50%左右,它不属于任何应用程序。无损压缩格式就是说修改图片之后,图片质量几乎没有损失。
- 支持动画:GIF 最突出的地方就是支持动画。
- 支持透明:GIF 支持透明(全透明或全不透明),因此很适合在互联网上使用。

(3)适用范围

GIF 只能处理 256 种颜色。在网页制作中,GIF 格式常用于 Logo、小图标及其他色彩相对单一的图像。

图 4-3 GIF 格式图片素材

4.1.3 PNG 格式

(1)简介

PNG 格式的图片的名称是便携式网络图形(外语简称 PNG、外语全称:Portable Network Graphics),PNG 是 20 世纪 90 年代中期开始开发的图像文件存储格式,其目的是替代 GIF 和 TIFF 文件格式,同时增加一些 GIF 文件格式所不具备的特性,是网上接受的最新图像文件格式。流式网络图形格式(Portable Network Graphic Format,PNG)名称来源于非官方的“PNG's Not GIF”,是一种位图文件(bitmap file)存储格式,读成“ping”。

PNG 格式有 8 位、24 位、32 位三种形式,其中 8 位 PNG 支持两种不同的透明形式(索引透明和 alpha 透明),24 位 PNG 不支持透明,32 位 PNG 在 24 位基础上增加了 8 位透明通道,因此可展现 256 级透明程度。

但我们常常这样说,PNG 包括 PNG-8 和真色彩 PNG(PNG-24 和 PNG-32)。PNG-8 和 PNG-24 后面的数字则是代表这种 PNG 格式最多可以索引和存储的颜色值。8 代表 2 的 8 次方也就是 256 色,而 24 则代表 2 的 24 次方大概有 1600 多万色。

(2)特点

- 体积小:压缩比高,相对于 GIF,PNG 最大的优势是体积更小,若图片保存为 PNG-8 会在同等质量下获得比 GIF 更小的体积。
- 无损压缩格式:PNG 图片格式也是无损图片格式,压缩后图片质量几乎没有损失。
- 支持多种透明:支持 alpha 透明(全透明、半透明、全不透明),并且颜色过渡更平滑,但是半透明的图片只能使用 PNG-24。
- 不支持动画:PNG 不支持动画。

(3)适用范围

支持的颜色丰富,通用性较强,很多浏览器和设备都能很好地展示和兼容,如果图片要支持半透明,那一定要选择 PNG 图片格式。

图 4-4 PNG 格式的图片

4.1.4 JPG 格式

(1)简介

JPG 是常见的一种图像文件格式,它是由联合照片专家组(外语全称:Joint Photographic Expert Group)开发,JPG 文件后缀名为“.jpg”或“.jpeg”,是最常用的图像文件格式,它用有损压缩方式去除冗余的图像和彩色数据,在获得极高的压缩率的同时能展现十分丰富生动的图像,即可以用较少的磁盘空间得到较好的图片质量。

JPG 还提供了可以将图像压缩程度从 0%(重压缩)到 100%(无压缩)的能力。大多数设计师选择 60%到 70%范围内。图像在此压缩级别仍然看起来很好,但文件大小要小得多。

(2)特点

- 有损压缩格式:JPG 是一种有损压缩格式,能够将图像压缩在很小的储存空间,图像中重复或不重要的资料会被丢失,因此容易造成图像数据的损伤。有损压缩会使原始图片数据质量下降,这就意味着每修改一次图片都会造成图像数据的丢失。当编辑和重新保存 JPG 文件时,JPG 会降低原始图片的数据质量,这种质量下降是累积性的。

- 没有透明度。
- 显示颜色多:可以用来保存超过 256 种颜色的图像。

(3)适用范围

JPG 是特别为照片图像设计的文件格式,网页设计过程中类似照片的图像比如横幅广告、商品图片、较大的插图等都可以保存成 JPG 格式,JPG 不适用于所含颜色很少、具有大块颜色相近的区域,或亮度差异十分明显的、较简单的图片。

图 4-5 JPG 格式的图片

4.1.5 SVG 格式

(1)简介

SVG 可以算是目前最火热的图像文件格式了,它的英文全称为 Scalable Vector Graphics,意思为可缩放的矢量图形。它是基于 XML(eXtensible Markup Language),由 World Wide Web Consortium(W3C)联盟进行开发的。严格来说 SVG 应该是一种开放标准的矢量图形语言,可以设计高分辨率的 Web 图形页面。用户可以直接用代码来描绘图像,可以用任何文字处理工具打开 SVG 图像,通过改变部分代码来使图像具有交互功能,并可以随时插入 HTML 中通过浏览器来观看。

SVG 是可缩放矢量图形。它非常实用,适用于除照片之外的任何类型的图像。这就是设计师更频繁地使用它的原因。SVG 是一种无损格式。这意味着它在压缩时不会丢失任何数据,呈现不同的颜色。

(2)特点

- 矢量格式:SVG 格式图片可呈现任何大小而不降低质量,能够在代码或者文本编辑器中创建简单的 SVG 渲染,从 Adobe Illustrator 或 Sketch 设计可导出复杂图形或者是草图。
- 支持透明:SVG 格式的图片支持透明度。

(3)适用范围

最常用于网络上的图形和 Logo 以及将在视网膜或其他高分辨率屏幕上查看的项目。

4.1.6 常见的图片格式对比

介绍了常见图片格式后,下面以表格形式展现上述图片格式的对比。

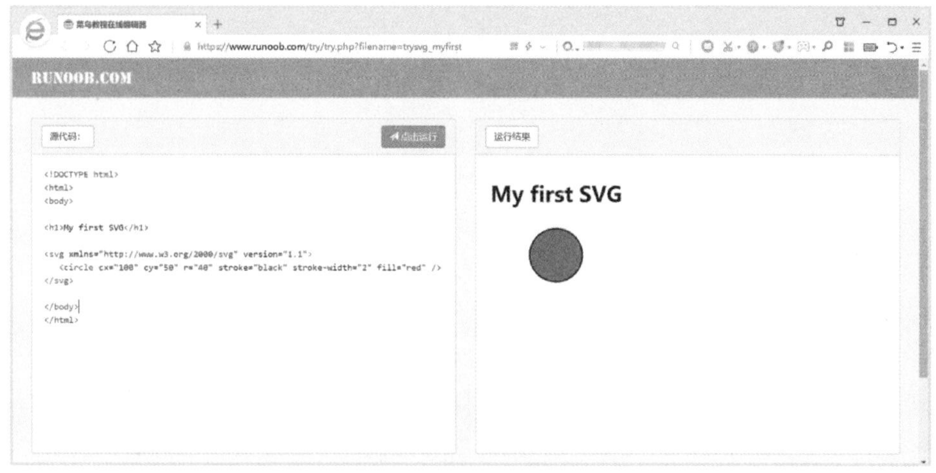

图 4-6 SVG 格式的图片

表 4-1 常见的图片格式对比

图片格式	压缩格式	透明性	动画	支持颜色种类
GIF	无损压缩	支持透明	支持动画	最多 256 种
PNG	无损压缩	支持 Alpha 透明	不支持动画	48 bit 真色彩
JPG	有损压缩	不支持透明	不支持动画	24 bit 真色彩
SVG	矢量格式	支持透明	不支持动画	—

4.1.7 图片的制作

了解了图片的格式,那么如何制作图片呢?图片制作可以依赖图片制作软件,现在有很多图片制作软件,下面将简单介绍。

图片制作是一类对数码照片进行分析、修复、美化、合成等处理的过程,在图形、图像处理领域,图片处理软件属于图像处理的分支,是专门针对数码照片工作。图片制作一般分为两个部分:

①创意图片制作:智能图片套图工具和无缝集成的照片编辑功能。

②图片编辑管理:图片管理、编辑和网络共享。

图片制作原理是对图片进行分析、修复、美化、合成等处理。图片分析,即指通过取样和量化过程将一个以自然形式存在的图像变换为适合计算机处理的数字形式,包括图片直方图、灰度图等的显示,图片修复,即指通过图像增强或复原,改进图片的质量,包括去除噪点,修正数码照片的广角畸变,提高图片对比度,消除红眼等等,图片合成,即指将多张图片进行合并。

在图片处理上,Adobe 系列软件的用户定位是专业人士,软件基本涵盖了图片处理的各种效果。Adobe 系列软件在具有功能强大的特点的同时,也非常难于操作。对于专业用户,可以通过自己的专业技能实现各种复杂的效果,当然其实现的过程也是相当不易的。对于非专业用户,能够使用的得就只是软件最基本功能,当然能达到的效果也是极其简单的。比如大家比较熟悉的 Adobe 旗下的 Photoshop 软件。

数码大师是国内发展最久、功能最强大的优秀多媒体电子相册制作软件,让您轻松体验各种专业数码动态效果的制作乐趣。经过十多年的专注研发，数码大师凭借卓越的多媒体引擎，完美结合了未来技术与现代设计艺术，是一种非常出色的多媒体电子相册制作软件。

4.2 HTML 图像标记

4.2.1 <img>标记及其常用属性

HTML 网页中任何元素的实现都要依靠 HTML 标记，要想在网页中显示图像就需要使用图像标记，同时还可以设置其他参数，接下来将详细介绍图像标记<img />以及和它的相关的属性。其基本语法格式如下：

<img src="url" width="宽度" height="宽度" alt="替代文本" title="提示文本" align="对齐方式"/>

属性说明如下：

①src：用于指定图片所在位置，可以是相对路径或绝对路径。

②width：用于指定图片的宽度。

③height：用于指定图片的高度。

④alt：指定用于替代图片的文本，当图片不能正常显示时，如图像地址不存在等，那么图像右上角就有叉显示，表示未正常显示图像，可以使用该文本替代图片，即当图像非正常显示时，在图像的区域显示 alt 中的文本，即使没有看到图像也可以给用于提供该图像的主题。

⑤title：指定提示文本，鼠标悬停时显示的提示文本。

⑥align：指定对齐方式，属性值有 left 表示图像对齐到左边，right 表示图像对齐到右边，top 表示将图像的顶端和文本的第一行文字对齐，middle 表示将图像的水平中线和文本的第一行文字对齐，bottom 表示将图像的底部和文本的第一行文字对齐。

⑦border：设置图像边框的宽度。

⑧vspace：设置图像顶部和底部的空白(垂直间距)。

⑨hspace：设置图像左侧和右侧的空白(水平间距)。

为图像指定 height 和 width 属性是一个好习惯。如果设置了这些属性，就可以在页面加载时为图像预留空间。如果没有这些属性，浏览器就无法了解图像的尺寸，也就无法为图像保留合适的空间，因此当图像加载时，页面的布局就会发生变化。width 和 height 属性用来定义图片的宽度和高度，通常我们只设置其中的一个属性，另一个会按照原图等比例显示。如果同时设置两个属性，且其比例和原图大小的比例不一致，显示的图像就会变形或失真，这种同时设置两个属性的做法是应该杜绝的。

<img>标记除了上面介绍的属性外，还有很多其他属性，比如设置边框的属性 border，设置间距的属性 hspace 和 vspace，对于初学者，可以使用这些属性去美化图片，但是后续章节中，学过 CSS 后，建议大家使用 CSS 去美化图片。

提示　请不要通过 height 和 width 属性来缩放图像。如果通过 height 和 width 属性来缩小图像，那么用户就必须下载大容量的图像（即使图像在页面上看上去很小）。正确的做法是，在网页上使用图像之前，应该通过软件把图像处理为合适的尺寸。

4.2.2　图像的常用属性练习

【例 4.1】下面的例子中分别设置了常用的不同属性的图片，常用的属性有 src、width、height、alt 和 title。

```
1   <html>
2   <head>
3   <meta http-equiv="Content-Type" content="text/html; charset=utf-8">
4   <title>图像标记</title>
5   </head>
6   <body>
7       <h3>1. 原图大小:</h3>
8       <img src="sunflower.jpg"/>
9       <h3>2. 缩小的图片:</h3>
10      <img src="sunflower.jpg" width="100"/>
11      <h3>3. 替代图片的文本:</h3>
12      <img src="images/sunflower.jpg" alt="这是向日葵图片"/>
13      <h3>4. 提示文本:</h3>
14      <img src="sunflower.jpg" title="这是向日葵"/>
15  </body>
16  </html>
```

图 4-7　图像标记

从图 4-7 中可以看出，代码第 7 行，第一个图像显示的为原图尺寸。

当图像不是我们想要的大小时,或者要给不同图像设置同一个宽度,那么就要在图像标记中设置图像的大小,这里的大小包括宽和高。代码第 10 行,图片设置了宽度属性 width = "100" ,图像的宽度变成 100 像素,高度按比例缩放,大家注意,在使用<img>标记时,如果设置了宽度和高度属性中的任何一个,另一个会按照图片比例缩放,如果显示设置了宽度和高度两个属性,那么图片的宽度和高度会是设置的值。设置宽度和高度只是改变了图片在网页中显示的大小,并没有改变图像原有的尺寸。

代码第 12 行,由于图片的路径不对,没有显示出图像,而显示了图像的替换文本,假设由于一些原因(比如网速太慢、src 属性中的错误、浏览器禁用图像、用户使用的是屏幕阅读器)用户无法查看图像,alt 属性可以为图像提供替代的信息。

代码第 14 行,设置了 title 属性,鼠标悬停时会显示 title 里设置的文本,理解了 alt 属性和 title 属性的区别了吗?

图像的 alt 属性,除了用于图像不能显示时的替换文本外,还有一个功能,就是谷歌和百度等搜索引擎在收录页面时,会通过 alt 属性的内容来分析网页的内容。因此,在制作网页时,能够为图像设置清晰明确的替换文本,就可以帮助搜索引擎更好地理解网页内容,从而更有利于搜索引擎的优化。另外,有一些残障人士,他们由于一些原因不能依靠眼睛浏览网页内容,而是要借助于屏幕识读器,那么在使用屏幕识读器浏览网页时,也可以帮助他们更好地理解网页内容。

注 意

各浏览器对 alt 属性的解析不同,比如 IE、谷歌等,显示效果可能存在一定的差异。当用户把鼠标移动到 img 元素上时,Internet Explorer (IE9 之前的版本)把 alt 属性的值显示为工具提示。根据 HTML 规范,这种行为并不正确。

【例 4.2】下面的例子中分别设置了 align、vspace、hspace 和 border 属性的图片。

```
<html>
<head>
<meta http-equiv = "Content-Type"  content = "text/html; charset = utf-8" >
<title>图像</title>
</head>
<body>
  <h2>1、图像的对齐 align 属性</h2>
  <p><img align = ""  src = "baihe. jpg" />百合,是一种从古到今都受人喜爱的世界名花。它原来出生于神州大地,由野生变成人工栽培已有悠久历史。早在公元 4 世纪时,人们只作为食用和药用。及至南北朝时期,梁宣帝发现百合花很值得观赏,他曾诗云:“接叶有多种,开花无异色。含露或低垂,从风时偃抑。甘菊愧仙方,藂兰谢芳馥。”赞美它具有超凡脱俗、矜持含蓄的气质。至宋代种植百合花的人更多。大诗人陆游也利用窗前的土丘种上百合花。他也咏曰:“芳兰移取遍中林,余地何妨种玉簪,更乞两丛香百合,老翁七十尚童心。”时至近代,喜爱百合花者也不乏人。昔日中华人民共和国名誉主席宋庆龄平生对百合花就深为赏识,每逢春夏,她的居室都经常插上几枝。当她逝世的噩耗传出后,她生前的美国挚友罗森大夫夫妇,立即将一盆百合花送到纽约的中国常驻联合国代表团所设的灵堂,以表达对她深切的悼念。</p>
</body>
    <p>花语:在中国百合具有百年好合美好家庭、伟大的爱之含义,有深深祝福的意义。受到百合
```

```
花祝福的人具有单纯天真的性格,集众人宠爱于一身,不过光凭这一点并不能平静度过一生,必须具备自制力,抵抗外界的诱惑,才能保持不被污染的纯真。</p>
11 </html>
```

图 4-8　图像未设置 align 属性

图 4-8 中是没有设置 align 属性,文字没有环绕图片,如果想让文字在左侧环绕图片,那么将代码第 8 行的<img>标记加上 align 属性,效果图如图 4-9 所示,代码如下:

```
<img src="baihe.jpg" align="left"/>
```

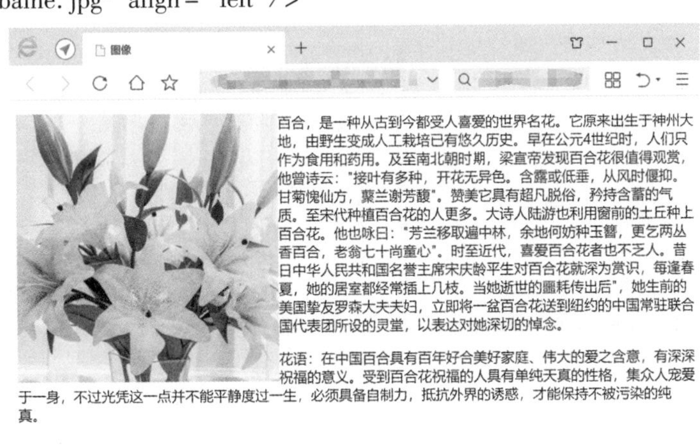

图 4-9　图像设置 align 属性后

图 4-9 中的图像没有设置水平和垂直的间距,如果将上述的图像标记加上垂直和水平间距的属性,那么将代码第 8 行的<img>标记加上 hspace 和 vspace 属性,效果图如图 4-10 所示,代码如下:

```
<img src="../images/baihe.jpg" align="left" hspace="20" vspace="20"/>
```

从图 4-10 中可以看出,图像的上、右、下、左四个方向都有 20 像素的间距了,注意这里的

图 4-10　设置 hspace 和 vspace 属性后

属性值不需要写单位，默认的单位是像素。

在图 4-10 的基础上，添加边框属性 border，那么将代码第 8 行的<img>标记加上 border 属性，效果图如图 4-11 所示，代码如下。

```
<img src="baihe.jpg" align="left" hspace="20" vspace="20" border="10" />
```

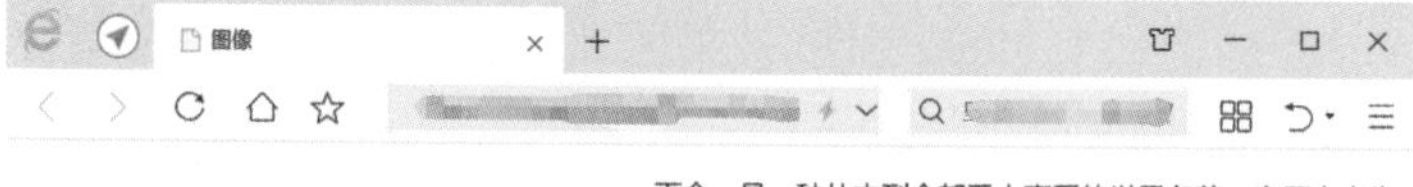

图 4-11　设置 border 属性后

从图 4-11 中可以看出，图像的 4 个边有 10 像素的边框，注意这里的属性值不需要写单位，默认的单位是像素。

默认情况下图像是没有边框的，通过 border 属性可以为图像添加边框，设置边框的宽度，但边框颜色的调整仅仅通过 HTML 属性是不能够实现的。建议大家学过 CSS 后，使用 CSS 属性设置图像的边框样式，而不是使用 border 属性。

4.3 相对路径和绝对路径

4.3.1 路径

实际工作中,通常新建一个文件夹专门用于存放图像文件,这时再插入图像,就需要采用“路径”的方式来指定图像文件的位置。

一个网站会有很多文件,远远要比图4-7中的文件要复杂得多,将图像文件都堆砌在网页文件所在的文件夹中,将会特别混乱,查找起来也不方便。实际工作中,通常新建一个文件夹专门用于存放图像文件,这时再插入图像,就需要采用“路径”的方式来指定图像文件的位置。

图4-12 图像文件和网页文件在同一个文件夹

那么,我们就根据需要建立多个文件夹,用于存放不同的文件,比如新建一个名为“images”的文件夹,将“baihe. jpg”和“sunflower. jpg”两张图片移动到“images”文件夹中,此时图像所在的文件夹images和网页文件4-1. html在同一个文件夹“第4章”中,如图4-13所示。

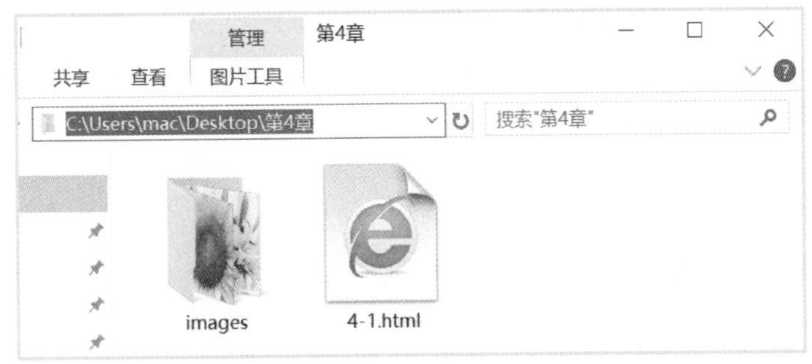

图4-13 移动“baihe. jpg”和“sunflower. jpg”两张图片到images文件夹中

改变了图像的位置后,再浏览图4-12中的例子代码,图像都不能显示了,大家可以知道,那是因为图片的路径变化了,而对应的HTML文件却没有修改,浏览器并不知道已经更改了图像文件的位置,仍然按照原来的位置去找这个图像,导致图像不能显示,这时就要通过设置“路径”来帮助浏览器找到图像文件。网页中的路径通常分为相对路径和绝对路径,以下将详细介绍。

4.3.2 相对路径

相对路径不带有盘符,通常是以 HTML 网页文件为起点,通过层级关系描述目标图像的位置。一个网站中通常会有很多图像,有时候我们还需要对图像进行分类,就是将图像放在不同的文件夹中,方便管理,而且图片的命名也很讲究,图片的名字要尽量有意义,不能随意命名。

```
<img src="../images/ sunflower. jpg "/>
```

相对路径分为 3 种:

(1)图像文件和 html 文件位于同一文件夹:只需输入图像文件的名称即可,如<img src = " sunflower. jpg" />。

(2)图像文件位于 html 文件的下一级文件夹:输入文件夹名和文件名,之间用“/”隔开,如<img src = " img/img01/ sunflower. jpg " />。

(3)图像文件位于 html 文件的上一级文件夹:在文件名之前加入“../”,如果是上两级,则需要使用“../../”,以此类推,如<img src = "../ sunflower. jpg " />。

4.3.3 绝对路径

绝对路径一般是指带有盘符的路径或者完整的网络地址。

```
1  <img src="D:\网页制作\images\ sunflower..jpg"/>
2  <img src="http://www.itcast.cn/images/ sunflower.jpg "/>
```

代码第 1 行,使用的是带盘符的路径,指定了图像在计算机中的绝对位置,图像的名称是“sunflower. jpg”。绝对地址如何获得呢? 地址栏中的地址即为图像文件在计算机中的绝对位置,即图像文件的绝对路径。

代码第 2 行,使用的是完整的网络地址,图像名称是“sunflower. jpg”。

网页设计中,不建议使用绝对路径,因为网页设计制作完成后,需要将所有的文件上传到服务器,这时图像文件可能在服务器的任何位置,很有可能不存在"D:\网页制作\images\ sunflower. jpg. jpg"这样的一个路径。

在网页设计过程中,强烈建议大家使用相对路径,也需要大家认真体会相对路径和绝对路径的含义和使用方法,后续的课程中会经常使用到路径,比如接下来要学习的 CSS,CSS 资源文件如何加载到 HTML 文件中,CSS 内使用其他文件时如何引入,这些都用到了路径的概念,大家一定要认真学习。

单元小结

本章主要介绍了网页设计中图像的设置,具体讲解了图片的常见格式,图像标记以及常用的属性,相对路径和绝对路径,最后设计了图文混排的案例,练习文字格式、文字排版相关的标记和属性。

第 5 章 超链接

学习目标

通过对本章的学习，学生应掌握创建超链接以及锚点链接的用法。

核心要点

- 创建超链接
- 锚点链接

一、单元概述

第 4 章给大家介绍了插入图像的方法,HTML 页面结构中,除了图像比较常见外,网页和网页之间还需要跳转,页面之间的跳转如何实现呢? 就要用到 HTML 中的超链接。

本章通过理论教学、案例教学等方法,讲解如何创建超链接和锚点链接。

二、教学重点与难点

重点:

创建超链接、锚点链接。

难点:

锚点链接的创建。

解决方案:

在课程讲授时要注意多采用案例教学法进行相关案例的演示,带领学生练习超链接、锚点的使用,让学生在练习中体会和学习。

【本章知识】

网络中的每个页面都是通过超链接的,超链接是组成网站的基本元素,是网站设计中最重要的组成部分,HTML 有了超链接才显得与众不同。超链接可以方便用户的使用,允许浏览者从一个网页跳转到另一个网页,多个网页因为有了超链接才会形成一个网站。超链接不仅仅可以链接网页,还可以链接图片、视频、音频,甚至任何一种文件。

本章将详细讲解超链接的定义和使用方法。

5.1 创建超链接

5.1.1 超链接标记

超链接是超级链接的简称。所谓超链接,是指从一个网页指向另一个目标的连接关系。它包含了三个部分:链接源、链接目标和链接路径。

(1) 链接源:链接源是指在网页中要创建链接的对象,超链接对象可以是文本、图片、邮件地址、文件、音频和视频等。

(2) 链接目标:链接目标是指要调跳转到的对象,它可以是一个网页,也可以是相同网页中的不同位置,还可以是一张图片、一个邮件地址、一个文件,或者是一个应用程序。

(3) 链接路径:链接路径是指从链接源到链接目标的一种途径,即上一章讲解的相对路径和绝对路径。

在 HTML 中,创建超链接的标记是<a>标记,接下来详细介绍超链接标记以及它的相关属性。其基本语法格式如下:

```
<a href="跳转目标" target="目标窗口的弹出方式">文本或图像</a>
```

属性说明如下：

（1）href：用于设置跳转目标，即指定超链接的链接地址，取值为链接目标的 URL。当<a>标记指定 href 属性后，才具有了超链接的功能，如果没有该属性，就不表示是一个超链接，也不可以使用它的其他属性，比如 target、type、name 等。

（2）target：用于设置链接目标的打开方式，其取值可以是_blank、_self、_parent、_top。

①_blank：表示另起一个窗口打开新网页。

②_self：表示在当前窗口打开新的网页链接，这是默认值。

③_parent：表示在 iframe 框架中使用，平时等同于_self。

④_top：等同于_self 属性。

（3）name：规定了锚（anchor）的名称。可以使用 name 属性创建 HTML 页面中的书签，书签会以特殊方式显示，它对读者是不可见的，当使用锚链接时，我们可以创建直接跳至该锚点（比如页面中的某个小节）的链接，这样使用者就无须不停地滚动页面来寻找他们需要的信息了，比如网页中经常见到在页面尾部的“To top”按钮。

（4）shape：规定了链接的形状，其取值为 default、rect、circle、poly 等，默认是小手形状。此属性不建议使用，设置超链接形状，建议学过 CSS 后，使用 CSS 样式控制。

除了上述的属性外，超链接<a>还有其他属性，比如规定目标 URL 的字符编码的 charset 属性，规定目标 URL 的 MIME 类型的 type 属性等等。

注意

暂时没有跳转目标时，也需要写 href 属性，表示空链接，如<a href="#"></a>

不仅可以创建文本超链接，在网页中各种网页元素，如图像、表格、音频、视频等都可以添加超链接。

5.1.2 超链接标记的种类

超链接形式多种多样，按照不同的分类规则，超链接可以划分为不同的种类。

（1）按照链接路径不同分类，超链接可以分为：内部链接、外部链接和锚点链接。

①内部链接：指在同一个网站内的页面之间互联的超链接，链接源和链接目标都在同一个网站内，这样的超链接称为内部链接。

②外部链接：指不同站点之间的链接，链接目标不在同一个站点内，所以需要知道链接目标在 Internet 上的 URL 地址。

③锚点链接：指在同一个网页内或不同网页的指定多个位置的链接。锚点就是在一个 HTML 文档中设置位置标记，并给该位置一个名称，以便于引用。锚点链接的目标可比较特殊，链接目标不是一个文件，而是网页中一个指定位置。锚点链接的目标可以与链接源在同一个 HTML 文档中，也可以不在同一个 HTML 文档中。

（2）根据链接源对象的不同，即根据链接内容的不同，超链接可以分为文本超链接、图像超链接和图像热点超链接。

①文本超链接：指以文本为链接源，即超链接的内容是文本，访问者点击文本即可打开相应链接。

②图像超链接：指以图像为链接源，在图像上创建超链接，访问者单击图像即可打开相应链接。

③图像热点超链接:指以图像上热点为链接源,一般热点都是图像的一部分,不是一整张图片,即可以给一张图片添加多个可点击区域,访问者单击图像上不同的区域可打开不同的链接。

(3)根据超链接的链接目标不同,超链接可以划分为文档超链接、锚点超链接、多媒体文件超链接、E-mail 链接、下载链接、空链接。

①文档超链接:指链接目标是一个网页文档。

②锚点超链接:指链接目标是当前页面或其他网页中的一个锚点。

③多媒体文件超链接:该链接方法又分为链接和嵌入两种。链接是指通过链接源,打开一个多媒体文件,可以是一个音频文件、视频文件等。嵌入是指把多媒体文件嵌入网页文件中,通过多媒体文件的位置,与网页文件建立起链接关系。

④E-mail 链接:指链接目标是邮箱地址,单击链接后启动 E-mail 邮件程序,允许用户发送邮件到指定的邮箱地址。

⑤下载链接:指链接目标是 exe 文件、zip 文件或者 rar 文件等,这种链接主要用于向用户提供下载服务 。

⑥空链接:指链接目标为空,即 href 属性的属性值为“#”。

5.1.3 超链接的常用属性练习

接下来,通过案例详细讲解和练习超链接<a>的常用属性。

【例 5.1】通过案例练习创建超链接,使用常用的属性 href 和 target。创建 5 个超链接,两个指向大连科技学院,一个指向百度,一个指向图片,一个指向邮箱地址,具体代码如下:

```
<html>
<head>
<meta http-equiv="Content-Type" content="text/html; charset=utf-8">
<title>创建超链接</title>
</head>
<body style="background-color:#ccc;" >
<h3>1、新页面在原窗口打开</h3>
<a href="http://www.dlust.edu.cn/">大连科技学院</a>
<h3>2、新页面在原窗口打开</h3>
 <a href=" http://www.dlust.edu.cn/" target="_self">大连科技学院</a>
 <h3>3、新页面在新的窗口打开</h3>
 <a href="http://www.baidu.com/" target="_blank">百度</a>
 <h3>4、链接内容是张图片</h3>
 <a href="../images/05_img.jpg" target="_blank">点击我,试试看! </a>
 <h3>5、超链接的内容是邮箱地址</h3>
 <a href="mailto:XXX@126.com">点击我可以发送邮件哦! </a>
 </body>
 </html>
```

在上面例子中,创建了 4 个超链接,通过 href 属性将它们的链接目的分别指定为“大连科技学院”“百度”以及一张图片,运行效果图如图 5-1 所示,当鼠标放在超链接上时,会出现

“□”的形状，同时，页面的左下方会显示链接页面的地址。而且，通过 target 属性定义一个链接页面在原窗口打开，一个页面在新窗口打开。

在浏览器中打开上面例子，效果如图 5-1 所示。

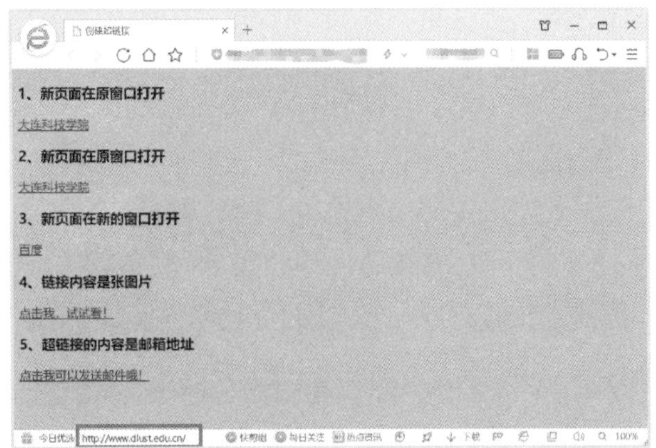

图 5-1　创建超链接

代码第 8 行没有设置 target 属性，新页面在原窗口打开，代码第 10 行设置了 target 属性，属性值为“_self”，新页面在原窗口打开，可见，超链接链接到的新页面在原窗口打开是默认值，不需要显式设置。点击图 5-1 中“大连科技学院”超链接，链接到“大连科技学院”官网首页，并在原窗口打开，如图 5-2 所示。

图 5-2　“大连科技学院”新页面在原窗口打开

代码第 12 行设置了 target 属性，属性值为“_blank”，新页面在新窗口打开，点击图 5-1 中“百度”超链接，链接到“百度”网页，并在新窗口打开，如图 5-3 所示。

代码第 14 行设置了 href 属性，属性值是一张图片的相对路径，点击图 5-1 中“点击我，试试看”超链接，链接到一张图片，因为设置了 target 属性值为“_blank”，所以在新窗口中打开，如图 5-4 所示。

代码 15-16 行，设置了 href 属性的属性值为邮箱地址（代码第 16 行，href = " mailto：XXX@ 126. com"），点击后会调用电脑上的邮箱软件给“XXX@ 126. com”发送邮件，如图 5-5 所示。

小结：

图 5-3 “百度”新页面在新的窗口打开

图 5-4 “点击我，试试看！”点击后链接到一张图片

图 5-5 调用电脑上发送邮件的软件

①超链接<a>的 href 属性的属性值是 URL，URL 可以是相对路径也可以是绝对路径，上述例子中，超链接的 URL 有的是绝对路径（代码第 8 行，href＝"http://www.dlust.edu.cn/"），有的是相对路径（代码第 14 行，href＝"../images/05_img.jpg"）。

②超链接<a>的 target 属性，规定在何处打开链接，属性值是一些定义好的关键字，比如“_

blank”“_self”等。

5.1.4　超链接内容的多样化

【例 5.2】通过案例练习创建超链接的内容可以是文本、图片,也可以是音频、视频等。

下面的例子中创建了两个超链接,都指向一个网站,一个超链接的内容是文本,另一个超链接的内容是图片,实现效果图如图 5-6 所示,具体实现代码如下:

```
<html>
<head>
<meta http-equiv="Content-Type"  content="text/html; charset=utf-8">
<title>创建超链接</title>
</head>
<body style="background-color:#ccc;" >
<h3>1、超链接的内容是文字</h3>
<a href=" http://www. dlust. edu. cn">大连科技学院</a>
<h3>2、超链接的内容是图片</h3>
<a href=" http://www. dlust. edu. cn /">
    <img src="../images/logo-white-pc. png"  width="300"/>
 </a>
 </body>
 </html>
```

运行后,效果图如图 5-6 所示,当鼠标放在超链接上时,会出现“☐”的形状,同时,页面的左下方会显示链接页面的地址。

图 5-6　超链接内容多样

小结:超链接的种类有很多,比如上述例子中,超链接可以是文字,可以是图片;在实际应用中,超链接的种类还有很多,比如超链接内容是邮箱地址的超链接称为邮箱链接,超链接内容是一个可识别的文件或者程序则称为下载链接等。

5.2 锚点链接

5.2.1 创建锚点

锚点链接常常用于内容庞大烦琐的网页，在 HTML 页面中，通过创建锚点链接，用户可以快速定位到目标内容，比如网站中常见的“返回顶部”功能，下面将详细讲解锚点的创建，其基本语法格式如下：

<a name="锚点名称">定义锚点</a>

(1)设置锚点仅仅是为链接提供一个位置，浏览页面时并不会在页面中出现锚点的标记。

(2)锚点名称，必须遵循命名规范：

- 锚点名称只能包含小写 ASCII 字母和数字，且不能以数字开头；
- 锚点名称不支持中文；
- 锚点名称中不能包含空格、特殊字符。

(3)如果锚点和链接目标位置不在同一个网页中，则在创建锚点超链接时，href 的属性值是“URL#锚点名称”。

5.2.2 链接到锚点

创建好锚点后，只要在<a>标记的 href 属性值中指定锚点名称就可以了，其基本语法格式如下：

<a href="#锚点名称">链接文本</a>

5.2.3 练习创建锚点链接

【例 5.3】为了帮助初学者理解锚点链接，学会使用锚点链接，下面通过一个具体的案例来演示页面中创建和使用锚点链接的方法。

```
<html>
<head>
<meta http-equiv="Content-Type" content="text/html; charset=utf-8">
<title>锚点链接</title>
</head>
<body>
<h1 style="text-align: center;">黄山四绝</h1>
<p style="text-align: center;"><a href="#qisong">奇松</a>、<a href="#">怪石</a>、<a href="#">云海</a>、<a href="#">温泉</a></p>
<a name="qisong"></a>
<h2>1、奇松</h2>
<p>      黄山延绵数百里，千峰万壑，比比皆松。黄山松，它分布于海拔 800 米以上高山，以石为母，顽强地扎根于巨岩裂隙。黄山松针叶粗短，苍翠浓密，干曲枝
```

```
虬,千姿百态。或倚岸挺拔,或独立峰巅,或倒悬绝壁,或冠平如盖,或尖削似剑。有的循崖度壑,绕石而过;有的穿罅穴缝,破石而出。忽悬、忽横、忽卧、忽起,"无树非松,无石不松,无松不奇"。</p>
12 <p>      黄山松是由黄山独特地貌、气候而形成的中国松树的一种变体。黄山松一般生长在海拔 800 米以上的地方,通常是黄山北坡在 1500-1700 米处,南坡在 1000-1600 米处。黄山松的千姿百态和黄山自然环境有着很大的关系。</p>
13 </body>
14 </html>
```

实现效果如图 5-7 和图 5-8 所示。

代码第 9 行,<a name="qisong"></a>,在定义一个锚点,浏览器页面中不显示这个标记,它是用来指定要跳转到的位置,或者说要定位到的目标位置。

代码第 8 行,<a href="#qisong">奇松</a>,设置 href 的属性值为“#qisong”,用于指定链接目标的值,即点击“奇松”超链接,链接到 name 属性值是“qisong”的超链接处。点击“奇松”超链接后,效果如图 5-3 所示。

代码第 8 行,大家可以看到,为了实现如图 5-7 所示的效果,给 html 标记添加了 style 属性,属性值是 css 的对齐属性,即给标记<p>添加了“style="text-align: center;"”属性,这在后续章节中会学到,这里大家只要会使用即可。

代码 11 行,为了实现首段缩进 2 个字符的效果,使用了 html 中的“ ”标记,当然,这个效果可以使用 css 属性完成,后续章节大家可以学到。

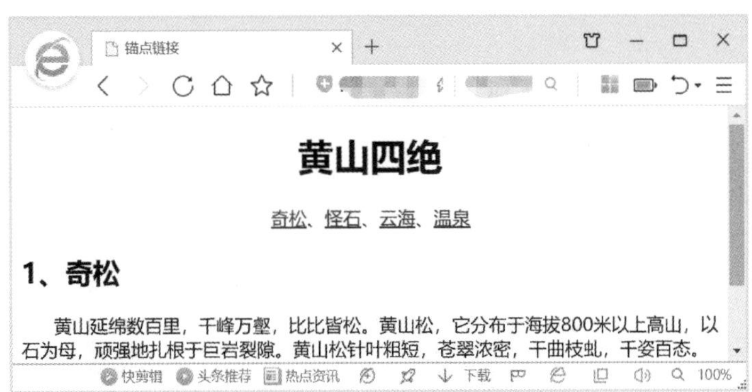

图 5-7　创建锚链接

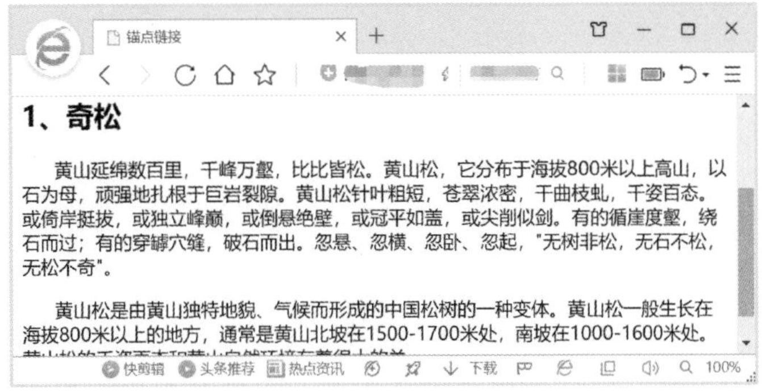

图 5-8　页面定位到相应的位置

总结:创建锚链接分为两步:

(1) 使用超链接的 name 属性标注跳转目标的位置,即<a name="名称"></a>。

(2) 使用超链接的 href 属性创建锚链接,即<a href="#名称">内容</a>。

小结:超链接<a>除了通过 href 属性可以链接到网页,可以链接到一张图片,可以链接到一个可识别的文件,还可以通过锚链接链接到本页面里的特定段落,称为精准定位的工具。

单元小结

本章主要介绍了 HTML 中超链接的使用,包括超链接标记、href 属性、target 属性、创建超链接、创建锚点的方法。下一章将讲解 HTML 中的列表。

第 6 章

列表

学习目标

通过对本章的学习，学生应掌握常见的无序列表、有序列表、定义列表，以及列表的嵌套。

核心要点

- 常见的列表标记
- 列表的嵌套

一、单元概述

第 5 章介绍了创建超链接的方法和创建锚点的方法。一个网站由多个网页组成,可以使用超链接把多个页面有条理地组织起来,但是有时候单个页面上有大量的信息,希望网页中的部分信息排列有序、条理清晰,就需要使用列表,这很类似于 Word 中的列表。

本章通过理论教学、案例教学等方法,讲解如何创建列表,然后介绍几种常见的列表的使用,最后通过案例巩固所学的知识点。

二、教学重点与难点

重点:

理解无序列表、有序列表、定义列表、列表的嵌套。

难点:

掌握列表的嵌套。

解决方案:

在课程讲授时要注意多采用案例教学法进行相关案例的演示,带领学生练习列表标记的使用,让学生在练习中体会和学习。

【本章知识】

为了使网页更易读,经常将网页中繁杂的信息以列表的形式呈现,例如,购物网站的商品,会以列表的形式呈现,成为瀑布式;新闻网站的新闻信息,会以列表形式呈现,条理清晰、排列有序。因此,为了满足网页的排版的需求,HTML 提供了三种常见的列表:无序列表、有序列表和定义列表。

本章将针对这三种列表进行详细介绍。

6.1　列表概述

网页中经常使用列表组织内容,使得内容排列有序、条理清晰,为了满足网页的排版需求,HTML 提供了三种常用列表:无序列表、有序列表和定义列表。例如,新闻网站中常常使用无序列表展示新闻信息,如图 6-1 所示。购物类网站常常使用无序列表展示商品信息,如图 6-2 所示。“酷我音乐”网站使用有序列表展示排行榜,如图 6-3 所示。名词解释常使用定义列表,如图 6-4 所示。

图 6-1　“腾讯网”新闻列表

图 6-2　“淘宝网页版”商品信息

序号		歌曲	歌手	专辑	时长
1		孤单的人 无损	海来阿木	孤单的人	03:27
2		最美的伤口 无损	DJ小鱼儿	最美的伤口	02:58
3		口是心非 无损	杨小壮&杨良鹏	口是心非	03:23
4		一别两宽 无损	段弋&糯米Nomi	一别两宽	03:07
5		你笑起来真好看 无损 MV	李昕融&樊桐舟&李凯稠	你笑起来真好看	02:52
6		我这一生 无损	小曼	我这一生	05:03

图 6-3　“酷我音乐”的音乐排行榜

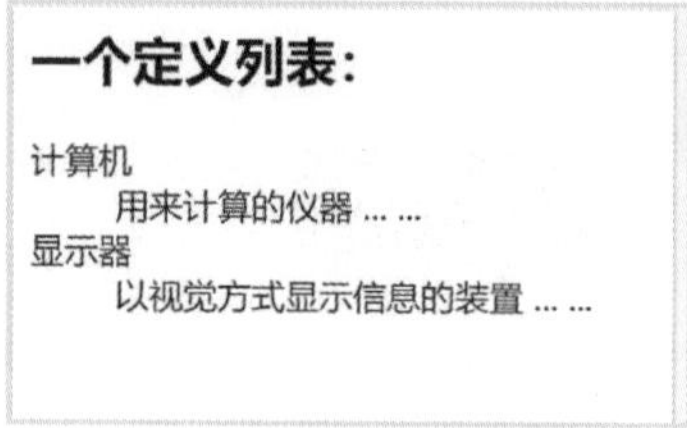

图 6-4　名词解释

6.2　无序列表

6.2.1　无序列表标记

在网页设计中，无序列表是比较常用的，它的各个列表项之间没有顺序级别之分，通常是并列关系，表里的每项都是相同的，没有顺序可言。在 HTML 中，创建无序列表的标记是<ul>标记，其基本语法格式如下：

```
<ul>
    <li>列表项 1</li>
    <li>列表项 2</li>
    <li>列表项 3</li>
    …
</ul>
```

上面语法中，<ul>标记用于定义无序列表，嵌套的<li>标记用于描述具体的列表项，每对<ul>中至少包含一对<li>。如果想要列出更多的表项，那么就在<ul></ul>标记里添加列表项<li></li>即可。

无序列表<ul>和<li>具有 type 属性，用于指定列表项的样式，具体如表 6-1 所示。

表 6-1　无序列表的常用 type 属性值

type 属性值	显示效果
disc（默认值）	●
circle	○
square	■

6.2.2　无序列表案例演示

【例 6.1】通过案例练习使用无序列表，实现效果图如图 6-5 所示，具体实现代码如下：

```
<html>
<head>
<meta http-equiv="Content-Type" content="text/html; charset=utf-8">
<title>无序列表</title>
```

```
5  </head>
6  <body>
7      <h2>使用无序列表</h2>
8      <ul>
9        <li>我是无序列表,列表样式为默认</li>
10       <li>我是无序列表,列表样式为默认</li>
11       <li>我是无序列表,列表样式为默认</li>
12     </ul>
13     <ul type="circle">
14       <li>我是无序列表,列表样式为圆圈,type 属性为 circle</li>
15       <li>我是无序列表,列表样式为圆圈,type 属性为 circle</li>
16       <li>我是无序列表,列表样式为圆圈,type 属性为 circle</li>
17     </ul>
18     <ul type="disc">
19       <li>我是无序列表,列表样式为黑点,type 属性为 disc</li>
20       <li>我是无序列表,列表样式为黑点,type 属性为 disc</li>
21       <li>我是无序列表,列表样式为黑点,type 属性为 disc</li>
22     </ul>
23     <ul type="square">
24       <li>我是无序列表,列表样式为方块,type 属性为 square</li>
25       <li>我是无序列表,列表样式为方块,type 属性为 square </li>
26       <li>我是无序列表,列表样式为方块,type 属性为 square </li>
27     </ul>
28 </body>
29 </html>
```

运行后,效果图如图 6-5 所示,上例中创建了 4 个无序列表。

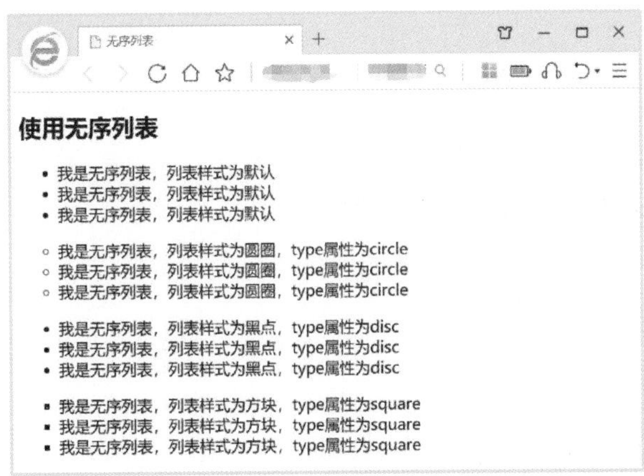

图 6-5　无序列表

代码 8~12 行,是一个无序列表,没有设置 type 属性,无序列表默认是用圆点“ · ”样式,即有多少项,就会有多少个小圆点。

代码 13~17 行,是一个无序列表,设置了 type 属性为“circle”,无序列表是“ 。”样式。

代码 18~22 行,是一个无序列表,设置了 type 属性为“dis”,无序列表是“ · ”样式。

代码 23~27 行,是一个无序列表,设置了 type 属性为“square”,无序列表是“□”样式。

在实际应用中,不建议大家使用 type 属性设置无序列表样式,而是使用 CSS 样式控制列表的样式。后续章节中,大家学过列表相关的 CSS 后,可以尝试将图 6-1 中的无序列表样式用 CSS 控制,注意体会其中的不同之处。

提示 （1）不建议使用无序列表的 type 属性，一般通过 CSS 样式属性替代；
（2）<li>与</li>之间相当于一个容器，可以容纳所有元素；
（3）<ul></ul>中只能嵌套<li></li>，直接在<ul></ul>标记中输入文字的做法是不被允许的。

【例 6.2】练习无序列表内容的多样化。<ul>标记的直接子元素只能是<li>标记,但是<li>标记内可以嵌套其他任何 HTML 的标记,比如图片、超链接、段落等都可以,实现效果如图 6-6 所示,具体代码如下:

```
1  <html>
2  <head>
3  <meta http-equiv="Content-Type" content="text/html; charset=utf-8">
4  <title>无序列表</title>
5  </head>
6  <body>
7      <h2>无序列表的列表项内容多样化</h2>
8      <ul>
9        <li><p>我是一个段落</p></li>
10       <li><a href="#">我是一个超链接</a></li>
11       <li><img src="../images/title_bg.png"/></li>
12     </ul>
13  </body>
14  </html>
```

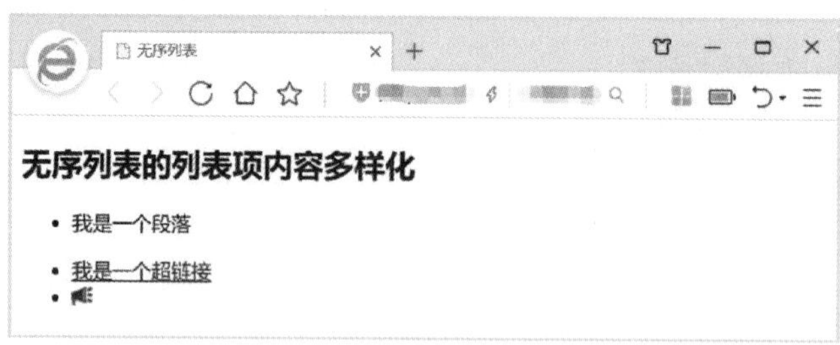

图 6-6　无序列表内容多样化

代码第 9 行,列表项里添加了段落标记<p></p>。

代码第 10 行,列表项里添加了超链接标记<a></a>。

代码第 11 行,列表项里添加了图像标记<img/>。

当然除此之外,列表项里还可以添加其他标记,比如标题、字体相关标记等。

6.3 有序列表

6.3.1 有序列表标记

有序列表是相对于无序列表而言的,各个列表项之间是按顺序排列的,列表项里不用设置就可以自动按顺序排列。在 HTML 中,使用<ol>定义有序列表,列表项使用<li></li>与无序列表是一样的,其基本语法格式如下:

```
<ol>
    <li>列表项 1</li>
    <li>列表项 2</li>
    <li>列表项 3</li>
    …
</ol>
```

<ol>表示无序列表,<li>表示具体的列表项,使用方式与<ul>类似,即每对<ol>中至少包含一对<li>标记,观察语法,大家可以发现无序列表和有序列表很像,不同的是有序列表用<ol>,无序列表用<ul>表示,其他的语法都是一样的。

在有序列表中,除了 type 属性外,还有为<ol>定义的 start 属性,为<li>定义的 value 属性,其取值如表 6-2 所示。

表 6-2 有序列表相关的属性

属性	属性值	含义
type	1(默认)	项目符号显示为数字 1,2,3…
	A 或 a	项目符号显示为英文字母 A,B,C…或 a,b,c…
	i 或 I	项目符号显示为罗马数字,i,ii,iii…或 I,II,III…
start	数字	规定列表项的符号起始值
value	数字	规定<li>列表项显示的数字

6.3.2 有序列表案例演示

【例 6.3】通过案例练习使用有序列表,实现效果图如图 6-7 所示,具体实现代码如下:

```
<html>
<head>
<meta http-equiv="Content-Type" content="text/html; charset=utf-8">
<title>有序列表</title>
</head>
<body>
    <h2>学习的专业课程</h2>
    <ol>
```

```
9              <li>网页设计与制作</li>
10             <li>离散数学</li>
11             <li>C 语言程序设计</li>
12         </ol>
13         <h2>学习的基础课程</h2>
14         <ol type="i">
15             <li>高等数学</li>
16             <li>大学英语</li>
17             <li>体育</li>
18         </ol>
19     </body>
20     </html>
```

运行后，效果图如图 6-7 所示，上例中创建了 2 个有序列表，代码大家可以对比效果图 6-1 的代码，观察有什么不同之处呢？

与无序列表效果不同的是，有序列表在项前面用数字序号表示，即从第 1 项开始，序号是递增的。

代码 8~12 行，是一个有序列表，没有设置 type 属性，列表样式为数字，自动排序。

代码 14~18 行，是一个有序列表，设置 type 属性的属性值为罗马“ⅰ”，列表样式为罗马数字，自动排序。

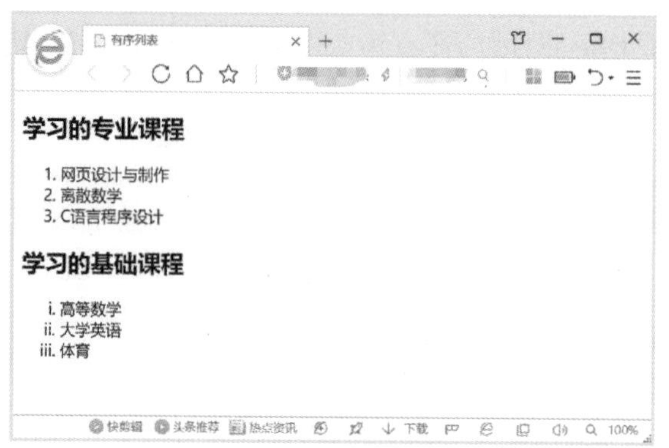

图 6-7　有序列表

提示　（1）不建议使用有序序列表的 type 属性、start 属性和 value 属性，一般通过 CSS 样式属性替代。

（2）<li>与</li>之间相当于一个容器，可以容纳所有元素。

6.4 定义列表

6.4.1 定义列表标记

在 HTML 中,列表除了无序列表和有序列表之外,还有一种定义列表,它通常用于定义术语或者对名词进行解释,语义性更强,在显示效果上,定义列表与上述两种列表不同,定义列表项没有任何项目符号,其具体语法如下:

```
<dl>
    <dt>名词 1</dt>
    <dd>这对名词 1 的解释</dd>
    <dd>这对名词 1 的解释</dd>
    …
    <dt>名词 2</dt>
    <dd>这对名词 2 的解释</dd>
    <dd>这对名词 2 的解释</dd>
    …
</dl>
```

<dl>标记用于定义列表,<dt>用于指定术语名词,<dd>用于指定该术语名词的解释,一对<dl>标记中可以嵌套多对<dt>和<dd>,一对<dt>可以对应多个<dd>,即可以对一个名词术语进行多项解释。

6.4.2 定义列表案例演示

【例 6.4】为了理解定义列表如何使用,下面我们制作一个例子,代码如下所示,运行后的效果如图 6-8 所示。

```
<html>
<head>
<meta http-equiv="Content-Type" content="text/html; charset=utf-8">
<title>定义列表</title>
</head>
<body>
    <dl>
        <dt>HTML5</dt>
      <dd>是超文本标记语言 HTML 的第 5 次重大修改。</dd>
      <dd>HTML5 的设计为了在移动设备上支持多媒体。</dd>
      <dd>HTML5 增加了很多语义标记,比如 video,audio 等等。</dd>
    </dl>
</body>
</html>
```

代码 7~12 行,使用定义列表<dl>对 HTML5 这个名词进行解释。

代码第 8 行,使用<dt>标记,表示名词标题。

代码 9~11 行,使用多个<dd>对名词进行解释。

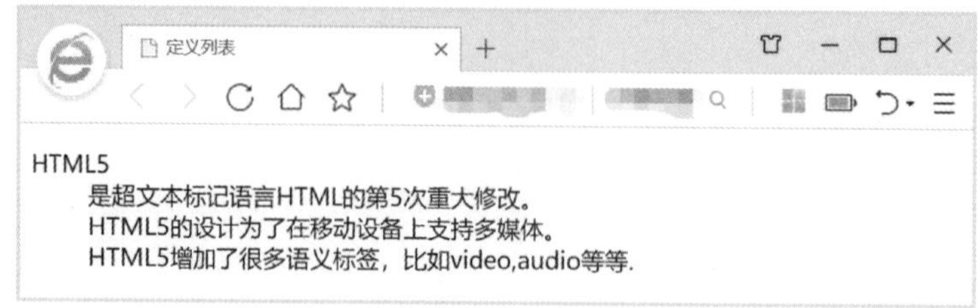

图 6-8　定义列表

【例 6.5】接着练习使用自定义列表,完成如图 6-9 所示的效果,具体代码如下:

```
<html>
<head>
<meta http-equiv="Content-Type" content="text/html; charset=utf-8">
<title>自定义列表</title>
</head>
<body>
    <dl>
        <dt><img src="../images/tim.jpg" width="200" align="left" hspace="20"/></dt>
        <dd>1955 年 6 月 8 日出生于英国伦敦,英国计算机科学家,他是万维网的发明者。</dd>
        <dd>万维网联盟(W3C)是伯纳斯·李为关注万维网发展而创办的组织,并担任万维网联盟的主席</dd>
        <dd>和罗伯特·卡里奥一起成功通过 Internet 实现了 HTTP 代理与服务器的第一次通讯。</dd>
        <dd>1982 年,为了方便世界各地的物理学家能够进行合作研究与信息共享,创造了 HTML 语言。</dd>
        <dd>1984 年,一个偶然的机会,蒂姆进入著名的由欧洲原子核研究会(CERN)建立的粒子实验室。他编制成功了第一个高效局部存取浏览器"Enquire",并把它应用于数据共享浏览等。</dd>
        <dd>1989 年,蒂姆向 CERN 递交了一份立项建议书,建议采用超文本技术(Hypertext)把 CERN 内部的各个实验室连接起来。在系统建成后,将可能扩展到全世界。蒂姆成功开发出了世界上第一个 Web 服务器和第一个 Web 客户机。</dd>
        <dd>1989 年 12 月,蒂姆为他的发明正式定名为 World Wide Web,即我们熟悉的 WWW。</dd>
        <dd>1991 年,WWW 在 Internet 上首次露面,立即引起轰动,获得了极大的成功,并被广泛推广应用。</dd>
        <dd>1994 年,蒂姆创建了非营利性的环球国际集团 W3C(World Wide Web Consortium)邀集 Microsoft、Netscape、Sun、Apple、IBM 等共 155 家互联网上的著名公司。致力达到 WWW 技术标准化的协议,并进一步推动 Web 技术的发展。</dd>
    </dl>
</body>
</html>
```

1955年6月8日出生于英国伦敦，英国计算机科学家，他是万维网的发明者。
万维网联盟（W3C）是伯纳斯·李为关注万维网发展而创办的组织，并担任万维网联盟的主席
和罗伯特·卡里奥一起成功通过Internet实现了HTTP代理与服务器的第一次通讯。
1982年，为了方便世界各地的物理学家能够进行合作研究与信息共享，创造了HTML语言。
1984年，一个偶然的机会，蒂姆进入著名的由欧洲原子核研究会（CERN）建立的粒子实验室。他编制成功了第一个高效局部存取浏览器"Enquire"，并把它应用于数据共享浏览等。
1989年，蒂姆向CERN递交了一份立项建议书，建议采用超文本技术（Hypertext）把CERN内部的各个实验室连接起来。在系统建成后，将可能扩展到全世界。蒂姆成功开发出了世界上第一个Web服务器和第一个Web客户机。
1989年12月，蒂姆为他的发明正式定名为World Wide Web，即我们熟悉的WWW。
1991年，WWW在 Internet上首次露面，立即引起轰动，获得了极大的成功，并被广泛推广应用。
1994年，蒂姆创建了非营利性的环球国际集团W3C（World Wide Web Consortium）邀集Microsoft、 Netscape、Sun、Apple、IBM等共155家互联网上的著名公司。致力达到WWW技术标准化的协议，并进一步推动Web技术的发展。

图 6-9　自定义列表

自定义列表不仅仅是一列项目，而是项目及其注释的组合，自定义列表以<dl>标记开始，每个自定义列表项以<dt>标记开始，每个自定义列表项的定义以<dd>标记开始。

6.5　列表的嵌套

列表中的列表项可以是文本，可以是图像，可以是段落，可以是任何形式的 html 标记，当然也可以是列表，这就是列表的嵌套，列表项中的内容是列表。

【例 6.6】下面通过一个例子演示列表嵌套的方法。

```
<html>
<head>
<meta http-equiv="Content-Type" content="text/html; charset=utf-8">
<title>列表嵌套</title>
</head>
<body>
    <ul>
```

```
8           <li>
9             <p>这是一个嵌套列表</p>
10            <ul>
11                <li>嵌套列表</li>
12                <li>嵌套列表</li>
13                <li>嵌套列表</li>
14                <li>嵌套列表</li>
15              </ul>
16          </li>
17          <li>
18              <p>这是一个嵌套列表</p>
19              <ol>
20                <li>嵌套列表</li>
21                <li>嵌套列表</li>
22                <li>嵌套列表</li>
23                <li>嵌套列表</li>
24            </ol>
25        </li>
26      </ul>
27  </body>
28  </html>
```

上面的代码实现了一个嵌套列表,效果如图 6~10 所示。首先定义了一个列表包含 2 个列表项,然后在第一个列表项中嵌套一个无序列表,在第二个列表项中嵌套一个有序列表。观察代码 8~10 行,以及 17~25 行,可以发现,列表嵌套是将一个新的列表用<li>标记包裹,要注意列表标记使用的规范,下面代码就是错误的,大家观察出错在哪里了吗?

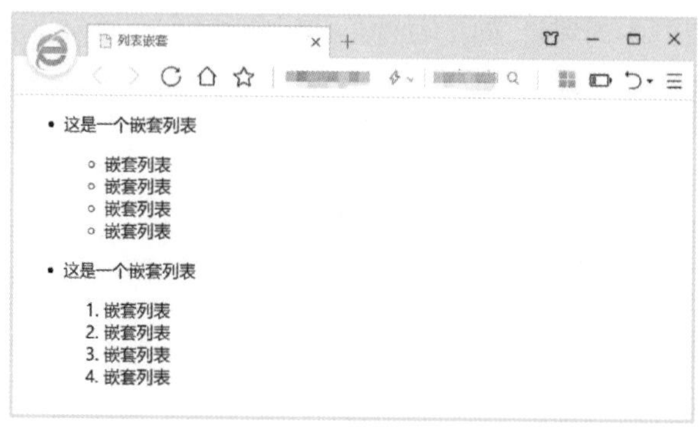

图 6-10　嵌套无序列表

```
<ul>
  <li>这是一个嵌套列表</li>
  <ul>
      <li>嵌套列表</li>
      <li>嵌套列表</li>
      <li>嵌套列表</li>
```

```
7           <li>嵌套列表</li>
8       </ul>
9   </ul>
```

错误在于第 3 行代码,<ul>标记不能与<li>标记一级,必须使用<li>标记包裹。更正代码如下:

```
<ul>
  <li>这是一个嵌套列表</li>
  <li>
      <ul>
          <li>嵌套列表</li>
          <li>嵌套列表</li>
          <li>嵌套列表</li>
          <li>嵌套列表</li>
      </ul>
  </li>
</ul>
```

单元小结

本章主要介绍了 HTML 中的列表标记,介绍了无序列表、有序列表和定义列表标记,通过案例讲解了三种不同列表标记的使用方法,然后讲解了列表标记的嵌套。

第 7 章 表格

学习目标

通过对本章的学习，学生应重点掌握创建表格，掌握表格布局、<table>标记的属性、<tr>标记的属性、<td>标记的属性，理解表格在网页设计中的作用、表格的结构，实现表格布局网页。

核心要点

- 表格在网页设计中的作用
- 表格的基本标记、常用属性和结构
- 表格布局网页的原理、方法和步骤

一、单元概述

网页所有组成元素中应用最广泛的是两“表”，即表格与表单。表格是有序组织网页中内容的重要方法。表单则是用于浏览者与网页实现动态交互的必需手段。表格与表单是网页制作中不可缺少的两大内容。

本章的主要内容是介绍表格,表格是用于在 HTML 页上显示表格式数据以及对文本和图形进行布局的强有力的工具,因此表格是网页设计中一个非常有用的工具。

使用表格不仅可以将相关数据有序地排列在一起,还可以精确地定位文字、图像等网页元素在网页中的位置,使得网页在形式上丰富多彩又条理清楚,在布局上清晰而不单调。虽然随着 CSS 布局的兴起,网页中的表格退回到只用来显示表格式数据的原始用途,但是表格仍然是很多网页中必不可少的元素。因此,在网页设计中要熟练掌握表格的应用。

本章通过理论教学、案例教学等方法,循序渐进地向学生介绍表格及表格的定义、组成以及表格的排版使用。

二、教学重点与难点

重点:

理解表格相关概念,掌握表格的组成及创建、掌握表格的布局。

难点:

掌握表格的使用方法以及灵活运用。

解决方案:

在课程讲授时要注意多采用案例教学法进行相关案例的演示,带领学生进行第一个表格的创建,让学生养成勤思考、勤动手的好习惯。

【本章知识】

表格在网站应用中非常广泛,几乎所有的 HTML 页面中都或多或少地采用表格形式,表格可以方便灵活地实现对网页的排版,可以把相互关联的信息元素集中定位,使浏览页面的人一目了然、赏心悦目。所以说要制作好网页,就要学好表格,熟练掌握和运用表格的各种属性。

虽然 DIV+CSS 布局有很多优越性,比如布局灵活、便于维护、代码清晰、对搜索引擎优化(Search Engine Optimization,SEO)很有帮助、加快网页解析速度等,但表格用于在网页上显示二维表格式数据是最佳方式,也可以用于对文本和图像进行布局,它简洁明了、高效快捷地将文字信息、图像等显示在页面上。用表格布局的优点是思路简单,对表格的行和列都可以加入结合 CSS 实现表格的美化。

本章将讲解表格的基础知识,为后续页面布局章节的学习打下基础。

7.1 表格概述

通过前面课程的学习,我们掌握了将文本与图像插入页面后,就形成了最简单的网页。然而,在生成的网页中,发现其中的文本或者图像会随 IE 窗口的放大或者缩小发生变化,这使得网页处于不稳定状态。要想改变这种情况,最简单的方法就是使用表格。表格不仅能够控制网页在 IE 窗口中的位置,还可以控制网页元素在网页中的显示位置,这样无论 IE 窗口如何变化,其中的网页都会保持默认的状态。

日常生活中,最常见的表格是用来显示数据的,比如 Excel 中的表格。在 Dreamweaver 中,表格除了可以显示数据外,最主要的功能是定位与排版。这样才能够将前面介绍过的文本与图像定位在网页中的任何想要显示的区域中。所以说,网页设计就是从创建表格开始的,先学习表格的创建可以为后来的网页设计奠定基础。

7.1.1 表格的基本功能

表格在网页中主要有两个功能:一是"格式化"数据,二是布局网页。

表格可以"格式化"数据,也就是管理表格式数据。就像 Word 和 Excel 中的表格数据一样,将相关数据有序地排列在一起,使其内容清晰可见,这是表格最基本的功能。例如,新浪竞技风暴网页中就是使用表格组织数据。

使用表格可以布局网页,如图 7-1、图 7-2 所示,可分别在购物网站和门户网站等应用表格。也就是使用表格安排和定位文本、图像、视频等网页元素,可以精确布局这些元素在网页中的位置,使得网页内容丰富、条理清楚。这是早期表格在网页设计中的最重要的功能。

图 7-1 购物网站表格设计

7.1.2 表格的基本标记

表格由行、列和单元格 3 部分组成,分别是表格标记 table、行标记 tr 和单元格标记 td。行贯穿表格的左右,列贯穿表格的上下,单元格是行和列交汇的部分,属于输入信息的部分。表格的其他各种属性都要在表格开始标记<table>和表格的结束标记</table>之间才有效。

表格用<table. >标记来定义。每个表格均包含若干行(由<tr>标记定义),每行被分割为若干单元格(由<td>标记定义)。英文缩写 td 是指表格数据(table data),即数据单元格的内容。数据单元格可以包含文本、图片、列表、段落、表单、水平线、表格等元素。表 7-1 中列出了表格的基本标记。

图 7-2　门户网站表格设计

表 7-1　表格的基本标记

表格标记	描述
<table>	定义表格
<caption>	定义表格标题
<th>	定义表格的表头
<tr>	定义表格的行
<td>	定义表格单元格
<thead>	定义表格的页眉
<tbody>	定义表格的主体
<tfoot>	定义表格的页脚

(1)表格创建

表格在网页中可以表现出 Word 中的表格效果,即在 Word 中要表现的表格效果可以在网页中显示,但需要使用 HTML 中的表格标记。表格标记不仅用于表现表格中的效果,还可以用表格来给网页布局,布局中的表格是不需要表格中的边框的,故需要对表格进行设置。

表格是 HTML 常用的标记,代表在网页中插入一张表格。表格是用 table 标记对表示的标记对,其语法形式如下:

```
<table>
<tr>
    <td>单元格内的文字</td>
</tr>
</table>
```

在上面的语法中包含三对 HTML 标记,分别为<table></table>、<tr></tr>、<td></td>,它

们是创建表格的基本标记,缺一不可,下面对它们进行具体解释。

- <table></table>:用于定义一个表。table 标记用于定义整个表格,表格内的所有内容都应该位于<table>和</table>之间。
- <tr></tr>:用于定义表格中的一行,必须嵌套在<table></table>标记中。在<table></table>中包含几对<tr></tr>,就表示该表格有几行。
- <td></td>:用于定义表格中的单元格,必须嵌套在<tr></tr>标记中。一对 tr></tr>中包含几对<td></td>,就表示该行中有多少列(或多少个单元格)。单元格中可以是文字、图像或其他对象了解了创建表格的基本语法和标记,下面带领大家来创建一个简单的表格,如例 7-1 所示。

(2)表格创建实例

【例 7-1】创建一个四行四列的学生成绩统计表。

```
<! DOCTYPE html PUBLIC "-//W3C//DTD XHTML 1.0 Transitional//EN" "http://www.w3.org/TR/xhtml1/DTD/xhtml1-transitional.dtd">
<html xmlns="http://www.w3.org/1999/xhtml">
<head>
<meta http-equiv="Content-Type" content="text/html; charset=utf-8" />
<title>创建表格</title>
</head>
<body>
<table border="1">
  <tr>
      <td>姓名</td>
      <td>网页</td>
      <td>高数</td>
      <td>英语</td>
   </tr>
   <tr>
      <td>Jhon</td>
      <td>100</td>
      <td>85</td>
      <td>92</td>
   </tr>
   <tr>
         <td>Lily</td>
      <td>80</td>
      <td>90</td>
      <td>75</td>
   </tr>
   <tr>
         <td>Vivian</td>
      <td>82</td>
      <td>90</td>
```

```
31          <td>78</td>
32      </tr>
33  </table>
34  </body>
35  </html>
```

例 7-1 中使用表格相关的标记定义了个四行四列的学生成绩统计表。为了使表格效果(如图 7-3 所示)的显示更加清晰,在第 8 行代码中,对表格标记<table>应用了边框属性(border)。

运行【例 7-1】页面效果如图 7-3 所示。

图 7-3　四行四列的表格

在图 7-3 中,表格以四行四列的方式显示,并且添加了边框效果。表格的宽度和高度靠内容文本来支撑。然而,在介绍表格的基本语法时,并没有提到边框属性 border。如果去掉<table>标记的 border 属性会出现什么样的效果? 下面我们一起进行测试,去掉例 7-1 中<table>标记的 border 属性,保存 HTML 文件,刷新页面,效果如图 7-4 所示。

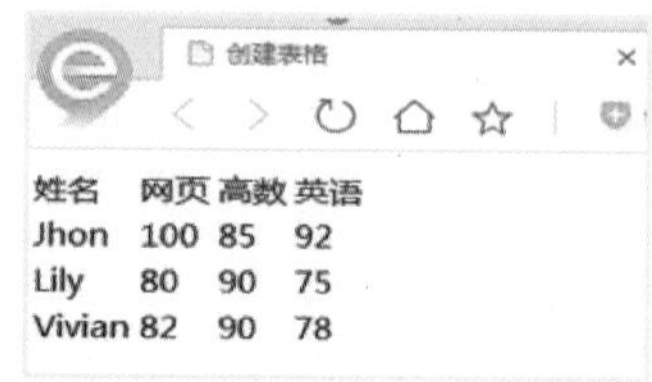

图 7-4　去掉 border 属性的表格

从上面的例子可以看出,用表格的基本标记创建的表格只有行和列,但是没有边框线、背景等。如果要控制表格的现实效果,则需要了解表格的基本属性及属性的设置。

提示　学习表格的核心是学习<td></td>标记,它就像一个容器,可以容纳所有的元素,<td>中甚至可以嵌套表格<table></table>。但是,<tr></tr>中只能嵌套<td></td>,直接在<tr></tr>标记中输入文字的做法是不被允许的。

7.1.3　表格的基本属性

(1)<table>标记的属性

<table>标记定义 HTML 表格。使用<table>标记的属性,可以控制表格在网页中的对齐方式、表格边框线的宽度、表格的背景、表格的宽度等。目前的网页设计中更多地通过 CSS 来对

表格样式进行设置，我们会在后面进行讲解。表 7-2 是<table>标记的常用属性。

表 7-2　<table>标记的常用属性

属性名	含义	常用属性值
width	设置表格的宽度	像素值
height	设置表格的高度	像素值
align	设置表格在网页中的水平对齐方式	left、center、right
border	设置表格的边框(默认 border="0" 无边框)	像素值
cellspacing	设置单元格与单元格边框之间的空白间距	像素值(默认为 2 像素)
cellpadding	设置单元格内容与单元格边框之间的空白间距	像素值(默认为 1 像素)
bgcolor	设置表格的背景颜色	预定义的颜色值、十六进制#RGB、rgb(r,g,b)
background	设置表格的背景图像	url 地址

为<table> 标记设置的属性代码如下：

<table align="center" border="3" bordercolor="#FF0000" cellpadding="20" cellspacing="10" width="400">

各属性的取值解释如下：

- align="center"　　(表格居中对齐)
- border="3"　　(表格边框线宽度是 3 像素)
- bordercolor="FF0000"　　(表格颜色是红色#FF0000)
- cellpadding"20"　　(表格单元格与内容之间的空白是 20 像素)
- cellspacing-"10"　　(表格单元格之间的空白是 10 像素)
- width="400"　　(表格宽度是 400 像素)

需要注意的是，初学者经常会混淆 cellspacing 和 cellpadding 两个属性。其中，cellpadding 属性用来设置表格内框宽度，规定单元格边沿与其内容之间的空白；cellspacing 属性用来设置表格内填充距离，规定单元格之间的空间。单元格的 cellspacing 和 cellpadding 属性划分通过图 7-5 形象地进行展示。

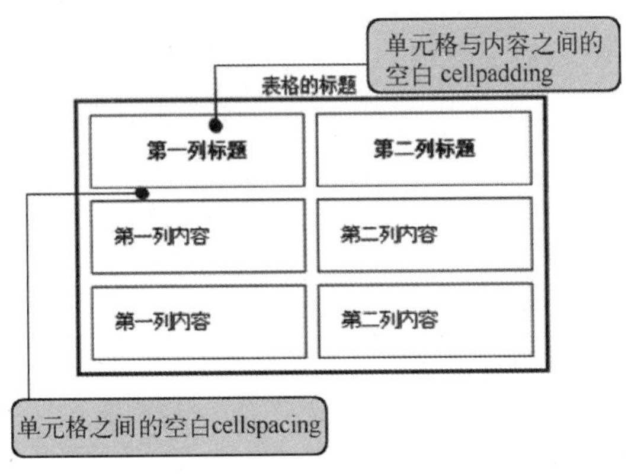

图 7-5　单元格的 cellspacing 和 cellpadding 属性

【例 7-2】设置表格边框、填充和间距属性。

```
<head>
  <meta http-equiv="Content-Type" content="text/html; charset=utf-8" />
  <title>表格填充和间距属性</title>
</head>
<body>
    <table cellspacing="5" cellpadding="10" border="1" >
      <tr>
        <td colspan="6" align="center">办公用品</td>
    </tr>
    <tr background="#EBEFFF">
        <td colspan="3 align="center">笔记本电脑</td>
        <td colspan="3 align="center">办公设备、文具、耗材</td>
      </tr>
    </table>
 </body>
```

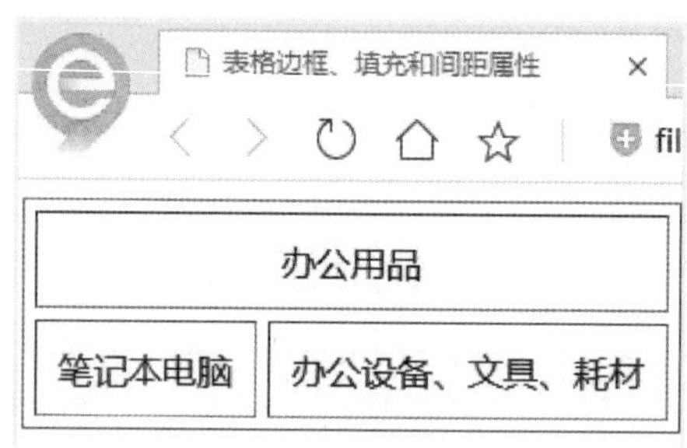

图 7-6　表格边框、填充和间距属性的应用

(2)<tr>标记的属性

使用<tr>标记可以在表格中创建新的一行。在<tr>标记中可以放置一个或多个单元格(单元格包括由<td>标记定义的数据),<tr>标记可以设置特殊属性,然后和表格的通常属性一起来控制显示的效果。表 7-3 中列出了<tr>标记的常用属性。

表 7-3　<tr>标记的常用属性

属性名	含义	常用属性值
height	设置行高度	像素值
align	设置一行内容的水平对齐方式	left、center、right
valign	设置一行内容的垂直对齐方式	top、middle、bottom
bgcolor	设置行背景颜色	预定义的颜色值、十六进制#RGB、rgb(r,g,b)
background	设置行背景图像	url 地址

学习<tr>的属性时需要注意以下几点:

- <tr>标记无宽度属性 width,其宽度取决于表格标记<table>。
- 虽然可以对<tr>标记应用 background 属性,但是在<tr>标记中此属性兼容问题严重。
- 对于<tr>标记的属性了解即可,均可用相应的 CSS 样式属性替代。

(3)单元格标记<th>和<td>的常用属性

<td>标记定义 HTML 表格中的标准单元格。HTML 表格有两类单元格：

- 表头单元格：包含头部信息（由 th 元素创建）。
- 标准单元格：包含数据（由 td 元素创建）。

提示 th 元素内部的文本通常会呈现为居中的粗体文字，而 td 元素内的文本通常是左对齐的普通文字。

<tr>标记内的<td>标记会在一行中创建单元格及其内容，数据通常会默认左对齐。和表格行标记<tr>中的其他标记一样，<td>标记支持很丰富的样式和内容对齐的属性，<td>标记中的内容可以是放置到文档主题中的任何元素，如文字、图像、表单等。甚至对于另一个表格，浏览器会自动创建一个足够空间的表格，用来显示所有单元格的内容。

<th>和<td>的常用属性及取值如表 7-4 所示。

表 7-4 <th>和<td>标记的属性

属性名	含义	常用属性值
width	设置单元格的宽度	像素值
height	设置单元格的高度	像素值
align	设置单元格内容的水平对齐方式	left、center、right
valign	设置单元格内容的垂直对齐方式	top、middle、bottom
bgcolor	设置单元格的背景颜色	预定义的颜色值、十六进制#RGB、rgb(r,g,b)
background	设置单元格的背景图像	url 地址
colspan	设置单元格横跨的列数（用于合并水平方向的单元格）	正整数
rowspan	设置单元格竖跨的行数（用于合并竖直方向的单元格）	正整数

学习<td>的属性时需要注意以下几点：

- 在<td>标记的属性中，重点掌握 colspan 和 rolspan，其他的属性了解即可，不建议使用，均可用 CSS 样式属性替代。
- 当对某一个<td>标记应用 width 属性设置宽度时，该列中的所有单元格均会以设置的宽度显示。
- 当对某一个<td>标记应用 height 属性设置高度时，该行中的所有单元格均会以设置的高度显示。

注意 合并单元格时，只能对连续的单元格进行合并，不能对非连续的单元格进行合并。合并单元格后，原单元格中的内容将组合为组，放在合并后的单元格中。例 7-3 所示为使用这两个属性合并单元格的示例。

当表格中的单元格有相同的或者需要设置相同的内容时，可以应用单元格合并属性完成合并。在网页中设置不同的单元格合并，所表现的效果与 Word 中的表格合并一致。通过跨行或跨列处理,使多个表元合成一个单元格。跨多行多列属性分为跨多行 rowspan 属性和跨多列 colspan 属性。

①跨多行 rowspan 属性

跨多行属性应用在合并多行单元格时,跨多行表元语法是在<th>和<td>上加 rowspan 表示,rowspan 后面的值是数字,数字表示跨多少行表元,如跨 3 行表元表示如下:

```
<!-设置表格中的跨多行-->
<th rowspan="3"></th>
```

或者表示如下:

```
<!-设置表格中 td 的跨多行-->
<td rowspan="3"></td>
```

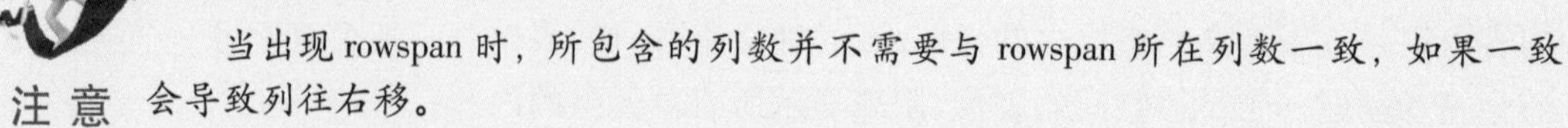

注 意 当出现 rowspan 时,所包含的列数并不需要与 rowspan 所在列数一致,如果一致,会导致列往右移。

②跨多列 colspan 属性

与跨多行一样,跨多列也放在 td 和 th 中,表示在一行中跨多列表元。完整语法如下:

```
<!-设置表格中的跨多列-->
<th colspan="3"></th>
```

或者表示如下:

```
<!-设置表格中 td 的跨多列-->
<td colspan="3"></td>
```

【例 7-3】应用跨多行多列属性完成图 7-7 示例中的表格。

```
<head>
    <meta http-equiv="Content-Type" content="text/html; charset=utf-8" />
    <title>表格跨多行多列示例</title>
</head>
<body>
    <table width="448" cellpadding="3" border="3" >
        <tr>
            <td colspan="3" align="center">某品牌服装第一季度全国销售量(件)</td>
        </tr>
        <tr>
            <td width="100" rowspan="3">北京</td>
            <td width="100">一月</td>
            <td width="100">625,230</td>
        </tr>
        <tr>
            <td>二月</td>
            <td>546,114</td>
        </tr>
        <tr>
```

```
            <td width="100">三月</td>
            <td width="100">640,456</td>
        </tr>
        <tr>
            <td rowspan="3">上海</td>
            <td>一月</td>
            <td>604,780</td>
        </tr>
        <tr>
            <td>二月</td>
            <td>789,123</td>
        </tr>
        <tr>
            <td>三月</td>
            <td>590,012</td>
        </tr>
    </table>
</body>
```

运行【例 7-3】页面效果如图 7-7 所示。

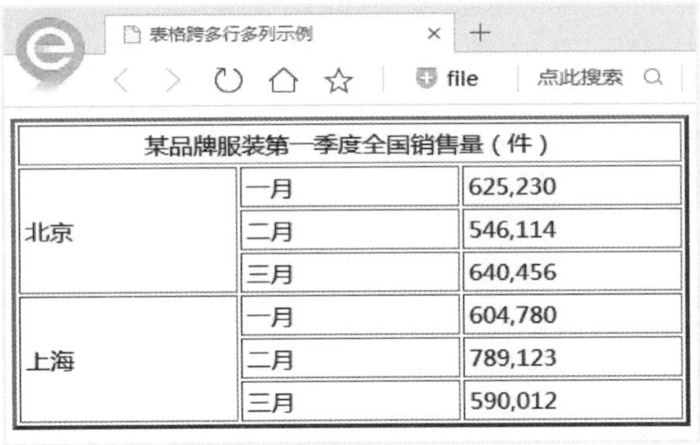

某品牌服装第一季度全国销售量（件）		
北京	一月	625,230
	二月	546,114
	三月	640,456
上海	一月	604,780
	二月	789,123
	三月	590,012

图 7-7　表格跨多行多列示例

7.1.4　表格的结构

在互联网刚刚兴起时，网页形式单调，内容也比较简单，那时，几乎所有的网页都使用表格进行布局。为了使搜索引擎更好地理解网页内容，在使用表格进行布局时，可以将表格划分为头部、主体和页脚，用于定义网页中的不同内容，划分表格结构的标记如下：

- <thead></thead>：用于定义表格的头部，必须位于<table></table>标记中，一般包含网页的 logo 和导航等头部信息。
- <tfoot></tfoot>：用于定义表格的页脚，位于<table></table>标记中<tfoot></tfoot>标记之后，一般包含网页底部的企业信息等。
- <tbody></tbody>：用于定义表格的主体，位于<table></table>标记中<tfoot></tfoot>标记之后，一般包含网页中除头部和底部之外的其他内容。

【例 7-4】应用表格的结构划分完成一个简单的网页的布局。

```
1  <table width=600" border="1"  cellspacing="0" align="center">
2     <caption>表格的名称</caption> <! --caption 定义表格的标题-->
3     <thead>
4        <tr>
5           <td colspan="3">网站的 logo</td>
6        </tr>
7        <tr>
8           <th><a href="#">首页</a></th>
9           <th><a href="#">关于我们</a></th>
10          <th><a href="#">联系我们</a></th>
11        </tr>
12     </thead>
13     <tfoot>                   <! -tfoot 定义表格的页脚>
14        <tr>
15          <td colspan="3" align="center">底部基本企业信息 &copy;【版权信息】
16          </td>
17        </tr>
18     </tfoot>
19     <tbody>                   <! --tbody 定义表格的主体-->
20        <tr height="150">
21          <td>主体的左栏</td>
22          <td>主体的中间</td>
23          <td>主体的右侧</td>
24        </tr>
25        <tr height="150">
26          <td>主体的左栏</td>
27          <td>主体的中间</td>
28          <td>主体的右侧</td>
29        </tr>
30     </tbody>
31  </table>
```

在【例 7-4】中,使用表格相关的标记创建一个多行多列的表格,并对其中的某些单元格进行合并。为了使搜索引擎更好地理解网页内容,使用表格的结构划分标记定义不同的网页内容。值得一提的是,第 2 行代码中的<caption></caption>标记用于定义表格的标题。页面运行效果如图 7-8 所示。

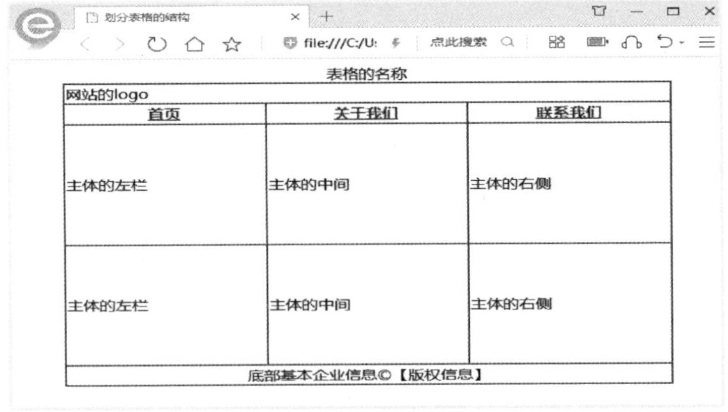

图 7-8　表格的结构

【例 7-5】应用表格的结构划分完成课程表布局。

```
<head>
    <meta http-equiv="Content-Type"  content="text/html; charset=utf-8" />
    <title>表格结构</title>
</head>
<body>
<! -设置表格-->
    <table border="1">
        <! -设置表格的行-->
        <tr>
            <! -设置表格的列-->
            <th>星期一</th>
            <th>星期二</th>
            <th>星期三</th>
            <th>星期四</th>
            <th>星期五</th>
        </tr>
        <tr>
            <td>创新创业教育</td>
            <td>计算机图形学</td>
            <td>C 语言程序设计</td>
            <td>网页设计与制作</td>
            <td>计算机导论</td>
        </tr>
        <tr>
            <td>C 语言程序设计</td>
            <td>计算机导论</td>
            <td>高等数学</td>
            <td>网页设计与制作</td>
            <td>大学英语</td>
```

```
    </tr>
    <tr>
        <td>计算机图形学</td>
        <td>高等数学</td>
        <td>大学体育</td>
        <td>创新创业教育</td>
        <td>网页设计与制作</td>
    </tr>
    <tr>
        <td>C 语言程序设计</td>
        <td>大学体育</td>
        <td>大学英语</td>
        <td>计算机导论</td>
        <td>计算机图形学</td>
    </tr>
  </table>
</body>
```

在【例 7-5】中，共设置了五行文本内容，默认为左对齐，其中第一行为表头，使用<th>标记，页面运行效果如图 7-9 所示。

星期一	星期二	星期三	星期四	星期五
创新创业教育	计算机图形学	C语言程序设计	网页设计与制作	计算机导论
C语言程序设计	计算机导论	高等数学	网页设计与制作	大学英语
计算机图形学	高等数学	大学体育	创新创业教育	网页设计与制作
C语言程序设计	大学体育	大学英语	计算机导论	计算机图形学

图 7-9　表格结构

提示　1. 一个表格只能定义一对<thead></thead>、一对<tfoot></tfoot>，但可以定义多对<tbody></tbody>，它们必须按<thead></thead>、<tfoot></tfoot>和<tbody></tbody>的顺序使用。之所以将<tfoot></tfoot>置于<tbody> </tbody>之前，是为了使浏览器在收到全部数据之前即可显示页脚。

2. 使用表格的结构划分标记后，搜索引擎可以更好地理解网页内容，但表格的实际显示效果并不会改变。

7.1.5　表格嵌套

表格在网页中是用来定位与排版的，而有时一个表格无法满足所有的要求，这时就需要运用到嵌套表格。嵌套表格，顾名思义就是在表格中插入表格。

网页的排版有时会很复杂，在外部需要一个表格来控制总体布局，如果内部排版的细节也通过总表格来实现，容易引起行高列宽等的冲突，给表格的制作带来困难。浏览器在解析网页的时候，是将整个网页的结构下载完毕之后才显示表格，如果不使用嵌套，表格非常复杂，浏览者要等待很长时间才能看到网页内容。引入嵌套表格，由总表格负责整体排版，由嵌套的表格负责各个子栏目的排版，并插入到总表格的相应位置中，各司其职，互不冲突。

【例 7-6】应用表格嵌套完成网页布局。

```
<html>
    <head>
        <meta charset="utf-8"/>
        <title>表格嵌套</title>
    </head>
    <body>
        <table width="560" height="300" border="1" cellspacing="0" align="center">
          <thead bgcolor="#66ffff">
            <tr height="70">
              <td width="160">网站 logo</td>
              <td width="400">网站 banner</td>
          </tr>
          </thead>
          <tbody>
            <tr valign="top" height="200">
              <td width="160" align="center">
                <table width="135" height="180" border="1" cellspacing="0" bgcolor="#ffccff">
                  <tr>
                    <td>网站导航</td>
                  </tr>
                  <tr>
                    <td>网页导航</td>
                  </tr>
                  <tr>
                    <td>网页导航</td>
                  </tr>
                  <tr>
                    <td>网站导航</td>
                  </tr>
                  <tr>
                    <td>网页导航</td>
                  </tr>
                  <tr>
                    <td>网页导航</td>
                  </tr>
                </table>
              </td>
```

```
38                    <td width="400" height="200" background="imgages/1.png">
39                      <table width="380" height="160" border="1" bordercolor="#cc9933"
40                      cellspacing="2" cellpadding="5">
41                        <tr>
42                          <td>网站板块</td>
43                          <td>网站板块</td>
44                        </tr>
45                        <tr>
46                          <td>网站板块</td>
47                          <td>网站板块</td>
48                        </tr>
49                      </table>
50                  </td>
51            </tr>
52          </tbody>
53          <tfoot bgcolor="#66ffff">
54            <tr align="center">
55                <td height="30" colspan="2"><font color="#ff0000">版权信息</font></td>
56            </tr>
57        </tfoot>
58      </table>
59    </body>
60  </html>
```

在【例 7-6】中,代码第 17~49 行完成表格嵌套,页面运行效果如图 7-10 所示。

图 7-10　表格嵌套

7.2　使用表格布局网页

表格是常用的页面元素,制作网页经常要借助表格进行排版。在网页布局的早期,表格起着举足轻重的作用,通过设置表格以及单元格的属性,可以对页面中的元素进行准确定位,有序地排列数据并对页面进行更加合理的布局，灵活地使用表格的背景、框线等属性可以得到更加美观的效果。

7.2.1 用表格布局网页的基本原理

表格网页的基本原理是，使用表格把网页区域进行合理划分（一般不显示分割线），每个区域是一个表格单元格，然后把网页元素添加到指定的单元格中。

设计表格把网页区域划分成 Logo 图标、导航栏、展示区、版权信息几个区域，每个区域都是表格的一个单元格。设计好 Logo 图标、栏目标题、展示内容和版权信息后，直接添加到指定的单元格中，并调整内容与表格的对齐，就可以实现网页页面表格布局，如图 7-11 所示。

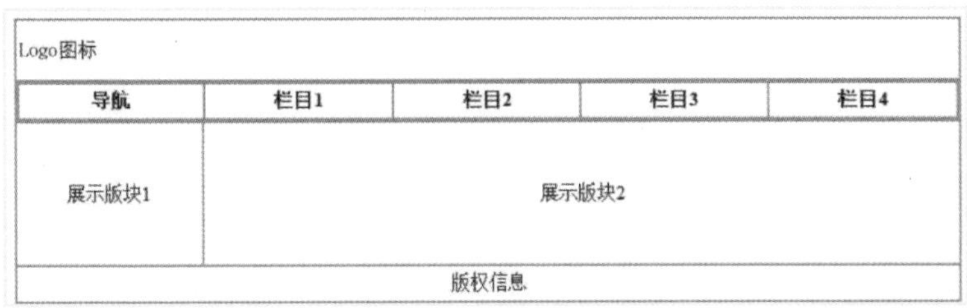

图 7-11 表格布局

7.2.2 表格布局的优缺点

传统表格布局方式利用 HTML 的 table 元素所具有的零边框特性，即不显示边框，将网页中的各个元素按照版式划分后，分别放入表格的各个单元格中。

（1）表格布局的优点

表格布局技术简单、易掌握，整体思路明了，易于操作。利用表格布局可以轻松地将整个页面划分成需要的各个区域。如果某个区域中的内容需要再划分，可以通过嵌套表格来实现。表格中的每个区域都可以单独调整，表格区域与区域之间的关系清晰直观。

几乎所有的 Web 浏览器都支持表格技术，所以用表格布局的网页浏览器兼容性好。

（2）表格布局的缺点

用表格设计的网页代码相对复杂，即便是一个单元格，也需要如下代码量。如果表格复杂一些，代码会更多、更复杂。

```
<table width=”100” border=”0” cellspacing cellpadding=”0”>
   <tr>
       <td> </td>
   </tr>
</table>
```

表格布局的页面维护和升级比较困难。例如，页面制作完成后，如果希望调整表格中各块的位置，可能需要重新制作一个页面，这样表格布局容易被破坏。因为表格的宽度和高度不能限制插入元素的大小，即便设置了表格的宽度，如果插入到表格中的图像大小超过了表格的大小，表格的布局也会被破坏。

利用表格布局的页面，当嵌套层次较多时，浏览速度较慢。利用表格排版的页面，在下载时必须等整个表格的内容都下载完毕之后才会一次性显示出来。

7.2.3 使用表格布局网页的基本步骤

合理使用表格布局网页,需要掌握使用表格布局网页的基本步骤。使用表格布局网页的基本步骤如下:

(1)准备素材阶段

在该阶段搜索准备创建网页所需要的素材文件,包括文本、图像、声音、视频等素材,以备后期制作阶段使用。

(2)规划页面基本结构框架阶段

表格的优点是可以清晰直观地对网页进行区域划分,因此在划分之前需要规划网页的基本结构框架。可以把网页看成一张白纸。根据分析设计,划分不同的区域,明确区域中的内容,相当于打草稿。

如图 7-21 所示是一个网页结构框架的规划图。查看这个规划图,可以清楚了解网页中的布局结构,每个区域中的内容也很明确,为接下来的网页制作工作做好准备。

(3)插入布局表格

设计好网页结构框架的规划图后,就可以构思网页表格结构,即确定表格的个数,以及表格嵌套的方式,然后就可以插入布局表格。

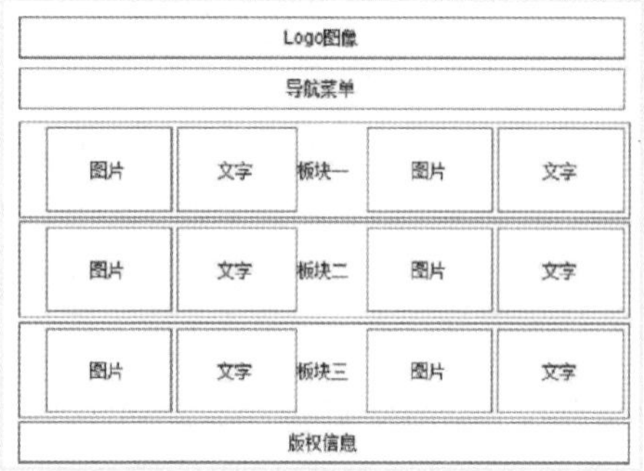

图 7-12 网页结构框架的规划图

布局表格完成对网页中内容的约束作用,通过把布局表格放在一定的位置,从而使得其中的内容出现在期望的位置。

关于布局表格需要说明以下几方面:

- 把布局表格的 align 属性设置为 center,可以使得其中的内容在网页中居中对齐。
- 表格或单元格的宽度或高度有“像素”和“百分比”两种单位,使用时要注意区分。使用“像素”作为单位的固定宽度的网页更易于掌握。
- 作为布局用的表格,一般设置 table 的 border=0(不显示边框线),cellpadding=0(单元边沿与其内容之间没有间隙),cellspacing=0(单元格之间没有间隙)。这样设置的目的是在浏览器窗口中不显示表格的任何边框线,同时也保证添加的切片文件能够无缝链接。当然,在特殊情况下,根据设计需求也可以不设置这些值为 0。
- 使用表格控制网页布局时尽量制小表而不制大表,这样做的原因是网页显示速度较快,另外网页各个部分相对独立,容易修改。

布局表格的应用方式主要有两种,分别为并列和嵌套。并列布局表格是指在一个表格后面继续插入一个新的表格,新的表格会自动向下排列。并列的表格应该指定相同的宽度。嵌套布局表格是指在一个表格内嵌套另一个表格。通过内嵌式表格可以将一个单元格再分成许多行和列,而且可以无限制地插入内嵌入式表格。但是内嵌的表格层次越多,浏览时花费在下载页面的时间越长,因此建议一般不要使用太多层内嵌式表格。通过表格的嵌套,可以实现复杂的网页排版效果。

(4)在布局表格的单元格中插入指定的网页元素

把第一个阶段准备的素材,包括文本、图像、媒体文件等,插入到布局表格的单元格中。添加方法与插入到网页中的方法相同。

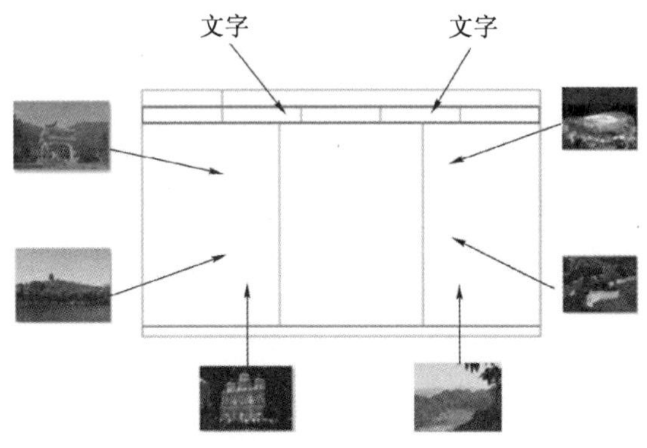

图 7-13 添加表格内容

单元小结

本章主要对网页中的表格操作及处理做了详细的介绍,表格既可以以一个网页中的元素来体现自己的使用特点,同时主要用来布局网页,用它来对页面平面结构进行划分有着极为重重的作用。本章介绍了表格在网页中的作用、表格的标记和基本属性。

表格布局网页是一种基本的网页布局技术,是其他网页布局技术的基础。虽然 Div+CSS 已经是比较流行的网页布局技术,但是在设计网页时,仍然离不开表格。

第 8 章

表单

学习目标

通过对本章的学习，学生应理解并掌握各种表单控件的作用；掌握表单页面的制作方法，并能够完成表单的简单布局。

核心要点

- 表单的概念
- 创建表单
- 表单控件

一、单元概述

表单在网页中应用非常广泛。网站邮箱的注册、登录,网上订单,调查问卷都离不开它,是学习网页制作必须熟练掌握的内容之一。

本节主要介绍了网页中的表单,并详细讲解了前台设计的表单控件。其中常用的表单控件有文本框和密码框、单选框和复选框、下拉表和文本域,还有按钮。表单相当于容器,包含着表单元素,通过不同的表单控件体现不同的功能,使网页能够收集不同信息。

本章通过理论教学、案例教学等方法,循序渐进地向学生介绍表单概念、表单作用、表单基本语法和表单控件属性,讲解如何编辑表单网页,并通过实例演示基本操作方法。

二、教学重点与难点

重点:

理解表单概念、掌握如何创建表单、使用表单控件的方法。

难点:

创建表单,使用表单控件。

解决方案:

表单是由各种控件按照需求逻辑组合而成。将每种独立控件严格定义样式再通过统一的定位规则将其组合。便于开发维护和延展,提高用户可操作性也就是教学的最终目的。表单控件属性较多,为了带动学生学习的积极性,应在课程讲授时多采用案例教学法进行相关实例的演示,让学生养成勤思考、勤动手的好习惯。

【本章知识】

在设计和制作网页时,以人工的方式更新网页费时费力,需要构建大量的页面,会占用很多服务器的存储空间。因此,人们通过各种编程语言,以数据库的方式存储数据,动态地更新网页,提高页面的效率。

动态网页的功能十分强大,其可以借助网页表单组件,动态获取用户输入的各种信息,然后经过服务器的处理,向用户发送反馈。本章将通过介绍网页的表单技术,帮助用户了解动态网页的制作基础。

在设计和制作网页时,表单网页是一个网站和浏览者展开互动的窗口。网页表单可以用来在网页中发送数据,尤其是经常被用在联系表单中,例如:用户输入信息然后发送到 E-mail 中。实际中一般用在 HTML 中的表单控件标记有 form、input、textarea、select 和 option。在表单标记 form 定义的表单里头,必须要有行为属性 action,它的作用就是告诉表单当提交的时候将内容发往何处。

表单可选的方法属性 method 可以告诉表单数据该怎样发送,它一般有 get(默认的)和 post 两个值。通常用的是设置 post 值,因为它可以隐藏信息(get 则会使信息暴露在 URL 中,造成数据的不安全)。

8.1　表单概述

表单是网页中的重要组成元素之一，常用于实现网页浏览者与服务器之间信息交互，被广泛用于信息的收集和反馈。在上网过程中，我们经常会遇到用户注册、用户登录、在线调查等需要填写信息的页面，此类交互网页主要使用表单技术来制作完成。

本章将介绍页面中表单处理的基本知识，并通过具体的实例来介绍其具体的使用流程，为读者学习后面的知识打下坚实的基础。

8.1.1　什么是表单

表单是网页上用于输入信息的区域，它的主要功能是收集用户信息，并将这些信息传递给后台服务器，实现网页与用户的沟通。当用户在 Web 浏览器(客户端)中显示的表单中输入信息，然后单击"提交"按钮时，这些信息将被发送到服务器，服务器中的服务器端脚本或应用程序会对这些信息进行处理。最后把服务器端的响应以 HTML 文档的形式发送给客户端的浏览器。

表单主要由表单控件、提示信息和表单域三部分构成，如图 8-1 所示。

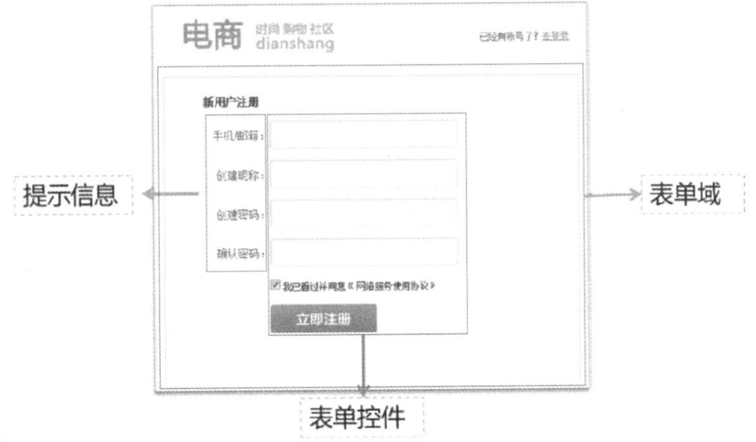

图 8-1　某电商网站的表单

- 表单域：表单就像一个容器，可以容纳各种表单元素，例如，用于输入文本的文本域，用于选择的单选按钮、复选框，用于发送命令的按钮等。
- 提示信息：一个表单中通常需要包含一些说明性的文字，提示用户进行填写和操作。
- 表单控件：包含了具体的表单功能项，如单行文本输入框、密码输入框、复选框、提交按钮、重置按钮等。

8.1.2　创建表单

创建表单的标记是<form>标记，这个标记是一个容器，所有表单的提示信息和表单控件都必须放在<form></form>标记中。创建表单的基本格式为：

```
<form action="url 地址" method="提交方式" name="表单名称">
    各种表单控件
</form>
```

form 标记的常用属性如下：

- name 属性用于指定表单的名称，以区分同一个页面中的多个表单。
- action 属性用于指定接收并处理表单数据的服务器程序的 url 地址。
- method 属性用于设置表单数据的提交方式，其取值为 get/post，get 为默认值。get 提交的数据将显示在浏览器的地址栏中，保密性差且有数据量的限制；而 post 方式的保密性好，并且无数据量的限制，使用 method="post" 可以大量提交数据。

例如：

```
<form action="success.asp" method="post" name="form_1" >
    <input type="text"/>
</form>
```

上述代码创建名称为 form_1 的表单，表单提交以后，将数据发送给 success.asp 页面。这里采用的发送数据的方法是 post 方法。

【例 8-1】请编写第一个表单程序。

```
<!DOCTYPE html PUBLIC "-//W3C//DTD XHTML 1.0 Transitional//EN"
"http://www.w3.org/TR/xhtml1/DTD/xhtml1-transitional.dtd">
<html xmlns="http://www.w3.org/1999/xhtml">
  <head>
      <title>第一个表单程序</title>
  </head>
  <body>
      <!--设置表单,并在表单中输入参数-->
      <form action="show.aspx" method="get">
          <!--设置文本框-->
           <input type="text"/>
           <br/>
           <!--设置密码框-->
           <input type="password"/>
           <br/>
           <!--设置按钮提交-->
           <input type="button" value="提交"/>
      </form>
    </body>
</html>
```

例 8-1 表示在网页中的表单上，有两个输入框和一个按钮，当单击“提交”按钮后，表单中的信息通过表单元素收集值，然后通过 get 方法传到 show.aspx（本页面是.net 的动态页）页面。图 8-2 就是上述代码的页面效果。

在上面的实例中可以看到，在表单里用到了<input>控件，表示在表单中输入选项，完整的语法代码如下：

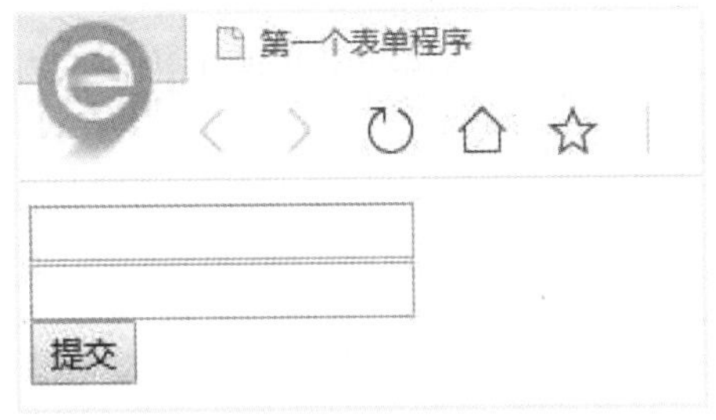

图 8-2　表单示例

<input type="控件类型"/>

其中控件类型有:文本框 text、密码框 password、复选框 checkbox、单选按钮 radio、提交按钮 submit 和重置按钮 reset。有关<input>的部分选项值,稍后做出详细讲解。

8.2　表单控件

要实现用户与服务器之间的交互,必须在表单中添加表单控件。常用的表单控件分为 input 控件、textarea 控件和 select 控件三大类,图 8-3 所示是一个用户注册页面。

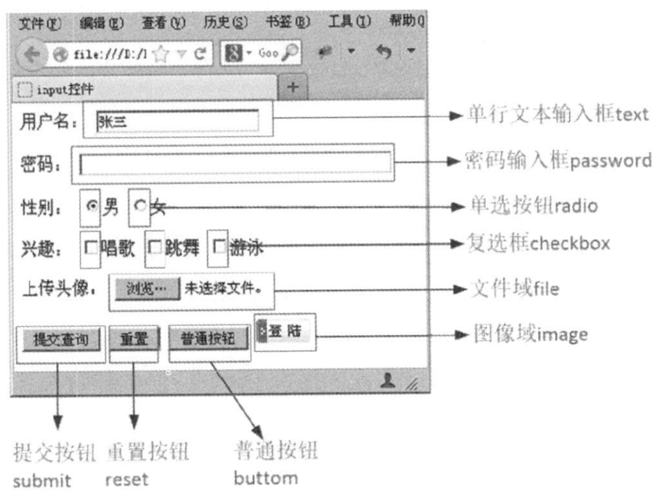

图 8-3　常用的表单控件

8.2.1　input 控件

浏览网页时经常会看到单行文本输入框、密码框、单选框、复选框、按钮、隐藏域、文件域和图像域等,要想定义这些元素就需要使用 input 控件,其基本语法格式如下:

<input type="控件类型"/>

在上面的语法中,<input/>标记为单标记,type 属性为其最基本的属性,其取值有多种用于指定不同的控件类型。除了 type 属性之外,<input/>标记还可以定义很多其他的属性。其

常用属性如表 8-1 所示。

表 8-1　input 控件的常用属性

常用属性	属性值	描述
type	text	单行文本输入框
	password	密码输入框
	radio	单选按钮
	checkbox	复选框
	button	普通按钮
	sumbit	提交按钮
	reset	重置按钮
	image	图像形式的提交按钮
	hidden	隐藏域
	file	文件域
name	由用户自定义	控件的名称
value	由用户自定义	input 控件中的默认文本值
size	正整数	input 控件在页面中的显示宽度
readonly	readonly	该控件内容为只读(不能编辑修改)
disabled	disabled	第一次加载页面时禁用该控件(显示为灰度)
checked	checked	定义选择控件默认被选中的项
maxlength	正整数	控件允许输入的最多字符数

(1)单行文本输入框

单行文本输入框可以接收任何类型的字母、数字、文本的输入内容,用来输入简短的信息,常用的属性有 name、value、maxlength。其语法结构如下:

```
<input type="text" name="username"/>
```

以上代码 type 属性的值为 text,表示创建了一个单行文本输入框,供用户输入信息,如图 8-4 所示。

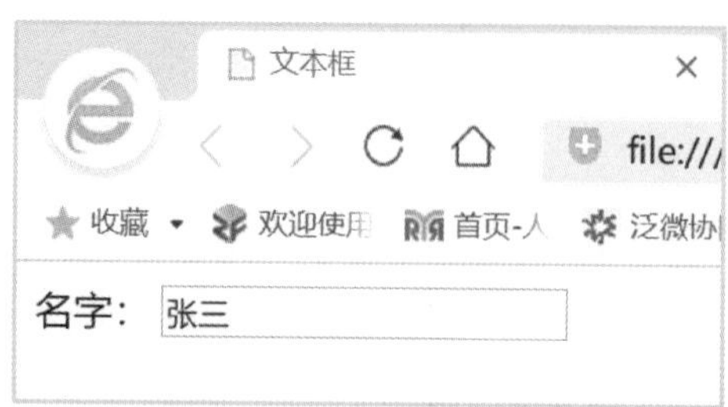

图 8-4　单行文本输入框

注 意

文本框的上限是 255 个字元。

(2)密码框

密码框是为了隐藏用户密码信息的输入框,用户在密码域中输入的内容,会显示为小黑点或星号,原文不会被显示出来。但需要注意的是,使用密码框输入的信息在发送给服务器时并未进行加密处理,所传输的数据如果是在不安全的网络中进行,则可能会被截获并被读取。

其基本格式如下:

```
<input type=" password" name="pwd"/>
```

密码框的设置与文本框一样,使用<input>标记,并将其 type 属性的值设置为 password,即表示创建了一个密码框,可以隐藏密码,起到安全作用,当刷新页面时,密码会被及时清除,效果如图 8-5 所示。

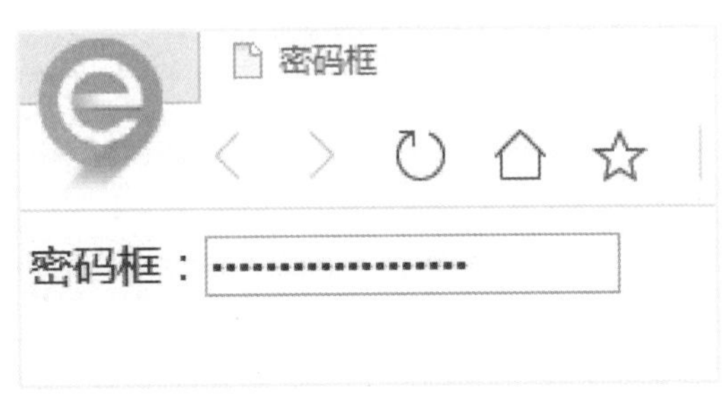

图 8-5　密码框

(3)单选按钮

单选按钮用于单项选择,它通常在表单中有多个选项,且只能选一个的情况时使用,如选择性别、是否继续进行操作等。其基本格式如下:

```
<input type="radio" />
```

如果要实现单选按钮组中各选项的互斥(即只能选择一个),则同一组中的单选按钮必须具有相同的名字和不同的值,即 name 属性相同,而 value 属性不同。如果想指定某个选项处于选中状态,可以使用 checked 属性。例 8-2 演示了单选按钮的使用。

【例 8-2】单选按钮的应用。

```
<html xmlns="http://www.w3.org/1999/xhtml">
  <head>
    <meta http-equiv="Content-Type" content="text/html; charset=utf-8" />
    <title>单选框</title>
  </head>
  <body>
      <form>
          <p>下面是单选框:</p>
          <! --设置 3 个单选框,且都设置 name 为 book-->
           <input type="radio" name="book"/>DIV
           <! --设置 name 为 book,表示选项在 book 中选一个-->
           <input type="radio" name="book checked"/>HTML
           <input type="radio" name="book"/>CSS
      </form>
  </body>
```

```
</html>
```

效果如图 8-6 所示。

图 8-6　单选框

注 意　在定义单选按钮时，必须为同一组中的选项指定相同的 name 值，单选才会生效。

(4)复选框

顾名思义,复选框用于多项选择,可以在同一组中选择多个选项,可对其应用 checked 属性,指定默认选中项。复选框使用 input 标记,type 属性的值是 checkbox,其基本格式如下:

```
<input type="checkbox"/>
```

在需要选项是多选时用到复选框,例 8-3 是复选框使用示例。

【例 8-3】复选框的应用。

```
<! DOCTYPE html PUBLIC "-//W3C//DTD XHTML 1.0
Transitional//EN" "http://www.w3.org/TR/xhtml1/DTD/xhtml1-transitional.dtd">
<html xmlns="http://www.w3.org/1999/xhtml">
  <head>
      <meta http-equiv="Content-Type" content="text/html; charset=utf-8" />
      <title>复选框</title>
  </head>
  <body>
    <! --在表单中设置复选框-->
      <form>
          <p>下面是复选框:</p>
          <! --设置复选框且 name 为 book-->
          <input type="checkbox" name="book"/>DIV
          <! --设置 name 为 book 的都在一个选项集内-->
          <input type="checkbox" name="book"/>HTML
          <input type="checkbox" name="book checked"/>CSS
          <input type="checkbox" name="book checked"/>HTML+CSS
      </form>
   </body>
</html>
```

在复选框中,多个选项组成选项集,它们的 name 都为同一名称,这时可以选择多个选项,选中的选项,在复选框中用“(”表示,可以选一个或一个以上的选项,复选框的使用效果如图 8-7 所示。

图 8-7　复选框

(5)按钮

按钮是单击时可以执行某种操作的表单元素。在 HTML 中,可以创建“提交”按钮、“重置”按钮及普通按钮三种不同功能的按钮。它们的区别在于 type 属性的值不同:

- type 值为 submit 表示“提交”按钮,单击该按钮将表单数据提交给处理表单的应用程序或脚本。
- type 值为 reset 表示“重置”按钮,单击该按钮将所有表单元素重置为其初始值。
- type 值为 button 表示普通按钮,常常配合 JavaScript 脚本语言使用,初学者了解即可。

三种按钮都可以设置其 value 属性来改变按钮上的默认文本。

【例 8-4】按钮的应用。

```
<html xmlns="http://www.w3.org/1999/xhtml">
  <head>
      <meta http-equiv="Content-Type" content="text/html; charset=utf-8" />
      <title>按钮</title>
  </head>
  <body>
    <! --设置文本框-->
<form>
     <p>账户:<input type="text" />
      <! --设置复选框-->
      <input type="checkbox" checked/>复选框一
      <input type="checkbox"/>复选框二
      <input type="checkbox"/>复选框三
</p>
<! --设置按钮-->
<input type="submit" value="按钮提交"/>
</form>
</body>
</html>
```

在例 8-4 中,用户在“账户”文本框中输入信息后,再使用复选框选择相应的选项,点击“按钮提交”即可将整个表单提交给后台,效果如图 8-8 所示。

图 8-8　按钮的应用

(6)文件域

用户可以通过文件域浏览计算机中的某个文件,并将该文件作为表单数据上传。文件域的外观与文本框类似,但是文件域还包含一个“浏览”按钮。用户可以手动输入要上传的文件的路径,也可以使用“浏览”按钮定位并选择该文件,其基本格式如下:

```
<input type="file" name="fileField" />
```

显示效果如图 8-9 所示。

图 8-9　文件域

8.2.2　textarea 控件

当定义 input 控件的 type 属性值为 text 时,可以创建一个单行文本输入框,但是,单行文本框所能输入的内容是十分有限的,如果需要输入大量的信息,单行文本框就不再适用。为此 HTML 语言提供了<textarea></textarea>标记,通过 textarea 控件可以轻松地创建多行文本域,如留言窗口、个人简介等,其基本语法格式如下:

```
<textarea cols="每行中的字符数" rows="显示的行数">
文本内容
</textarea>
```

其常用属性如表 8-2 所示。

表 8-2　textarea 控件的常用属性

常用属性	属性值	描述
name	由用户自定义	控件的名称
cols	正整数	多行文本输入域的每行中的字符数
rols	正整数	多行文本输入域的行数(用户的输入内容如果多于这个行数,超过可视区域的内容可以用滚动条进行控制操作)
readonly	readonly	该控件内容为只读(不能编辑修改)
disabled	disabled	取消 textarea 的输入功能

【例 8-5】多行文本域的应用举例。

```
<html xmlns="http://www.w3.org/1999/xhtml">
    <head>
```

```
        <title>textarea 多行文本输入框</title >
    </head >
    <body>
        <form>
          <textarea    name="发表意见"    rows="10"    cols="40">
                欢迎您留下宝贵意见：
         </textarea >
        </form>
      </body>
  </html>
```

显示结果如图 8-10 所示。

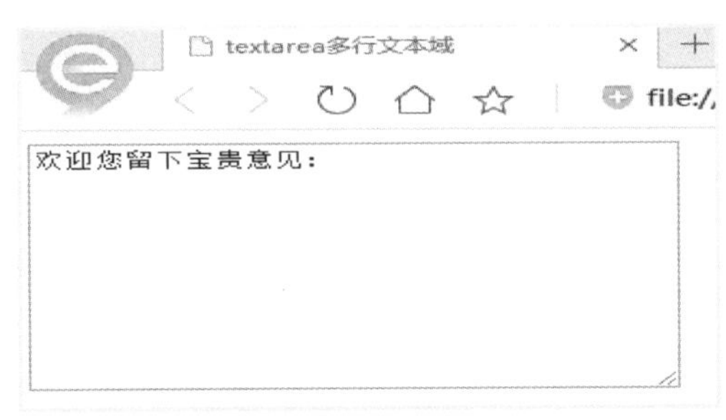

图 8-10　多行文本域

在例 8-5 中，通过<textarea></textarea>标记定义一个多行文本输入框，并对其应用 cols 和 rows 属性来设置多行文本输入框每行中的字符数和显示的行数，用户可以在页面对其内容进行编辑和修改。

注意　各浏览器对 cols 和 rows 属性的理解不同，当对 textarea 控件应用 cols 和 rows 属性时，多行文本输入框在各浏览器中的显示效果可能会有差异。所以在实际工作中，更常用的方法是使用 CSS 的 width 和 height 属性来定义多行文本输入框的宽和高。

8.2.3　select 控件

浏览网页时，经常会看到包含多个选项的下拉列表，如选择所在的城市、出生年月、兴趣爱好等。下拉列表也是表单中常用的元素之一，可以实现单选或多选。在 HTML 中，在表单中添加下拉菜单需要使用<select></select>标记，下拉列表中的每一个具体的选项需要包含在一对<option></option>标记中，然后嵌套于<select></select>标记中，使用 select 控件定义下拉列表的基本语法格式如下：

```
<select>
  <option>选项 1</option>
  <option>选项 2</option>
  <option>选项 3</option>
</select>
```

在上面的格式中，<select></select> 标记用于定义下拉列表的范围，每一对<option></option>标记表示一个下拉列表中的具体选项，需要注意的是，每对<select></select>标记中至少应包含一对<option></option>。

在 HTML 中,可以为<select>和<option>标记定义属性,以改变下拉菜单的外观显示效果,具体如表 8-3 所示。

表 8-3　<select>和<option>标记的常用属性

标记名	常用属性	描述
<select>	size	指定下拉菜单的可见选项数(取值为正整数)
	multiple	定义" multiple =" multiple ""时,下拉菜单将具有多项选择的功能,方法为按住 Ctrl 键的同时选择多项
<option>	selected	定义 selected =" selected "时,当前项即为默认选中项

【例 8-6】下拉列表的应用举例。

```
<html xmlns="http://www.w3.org/1999/xhtml">
  <head>
      <meta http-equiv="Content-Type"  content="text/html; charset=utf-8" />
      <title>下拉列表和菜单</title>
  </head>
  <body>
      <! --在表单中设置下拉列表和菜单-->
      <form>
          <select name="address"  multiple="multiple"  size="5">
                 <option value="01">北京</option>
                 <option value="02">上海</option>
                 <option value="03">天津</option>
                 <option value="04">长沙</option>
                 <option value="05"  selected="selected">大连</option>
            </select>
          </form>
   </body>
 </html>
```

例 8-6 下拉列表显示结果如图 8-11 所示。

图 8-11　下拉列表的使用

如例 8-6 所示,<select>标记用来设置下拉菜单,下拉菜单的具体列表内容通过<option>标记实现。<select>标记与<option>标记配合使用,共同完成选择栏目的设计。与其他标记一样,<select>标记与<option>标记通过各自不同的属性设置下拉菜单与菜单选项的内容。

size 的值指定下拉菜单的可见选项数，本例中 size 属性值设置为 5，则 5 个选项都可以显示出来；对<select>标记设置 multiple = " multiple"，则用户可以进行多项选择；每个<option>标记中的 value 属性用来给每一个选项“赋值”，当用户选中该选项后，提交表单，则将 value 属性的值传递给服务器，可以进行后续的处理；例 8-6 中，代码第 14 行，对<option>标记设置了 selected =" selected "，所以图 8-11 中选项“大连”被默认选中。

单元小结

表单是 HTML 网页中的重要元素，利用表单控件可以使网页从单向的信息传递发展到与用户进行交互对话，完成 input 控件、textarea 控件和 select 控件中输入框、密码框、单（复）选框、按钮、隐藏（文件、图像）域、下拉列表和菜单的功能实现。通过本章的学习，完成网页表单的创建。但要真正发挥这些表单在网页中的功能，还要有服务器和后台数据库的支持。但这些表单元素的建立，为与服务器以及数据库的连接奠定了良好的基础，也是网页设计中不可缺少的。大家在学会以菜单方式建立表单元素的操作方法时，还要注意通过切换到代码视图查看其对应生成的代码，把两者进行比较，这样有利于掌握和理解有关表单控件的属性及属性值的含义。

第9章

CSS基础

学习目标

通过对本章的学习，学生应了解CSS技术在网页制作过程中所起的重要作用，理解CSS高级特性和优先级，掌握CSS文本相关样式、实现CSS控制列表、表格、表单样式的具体应用，重点掌握CSS样式定义的语法、CSS选择器，能够通过CSS的修饰实现用户需要的页面显示效果。最后通过具体的实例来介绍其文本的使用流程，为读者学习后面的知识打下坚实的基础。

核心要点

- CSS 基本语法
- CSS 选择器
- CSS 控制文本样式
- CSS 高级特性
- CSS 控制列表、表格、表单样式

一、单元概述

对于一个网页设计者来说，对 HTML 语言一定不会感到陌生，因为它是所有网页制作的基础。但是如果希望网页能够美观、大方，并且升级方便、维护轻松，那么仅仅靠 HTML 是不够的，CSS 在这中间扮演着重要的角色。CSS 是控制网页样式并允许将样式信息与网页内容分离的一种标记性语言。CSS 通常在网页制作中起重要作用，而且还可以减少网页代码量，更能提高网络访问网页的速度，而且更容易学习和实践，所以 CSS 越来越被更多的网页工作者采用。

在前面的章节中，已介绍了使用 Dreamweaver 的可视化操作插入基本文本、列表文本、图像、表格等对象的方法，但是很少涉及将网页中的对象进行排版或美化的内容。在 Web 标准化规范中，只允许用户通过 CSS 层叠样式表定义网页中各种对象的样式属性，因此，了解 CSS 层叠样式表的基本语法和常用属性设置，对网页设计而言是非常重要的，页面通过 CSS 的修饰可以实现用户需要的显示效果。

二、教学重点与难点

重点：

重点掌握 CSS 样式表的引入方式、选择器及常用的文本样式属性、修饰背景和边框。

难点：

利用 CSS 样式控制网页时，要注意 CSS 继承性及优先级的问题，并理解如何使用 CSS 控制列表、表格、表单样式。

解决方案：

在课程讲授时要注重程序的基本知识的讲解，让学生掌握 CSS 样式设计的基础语法，解决代码问题的方法和步骤，并能够进行简单程序的编写，着重采用案例教学法进行相关案例的演示。在给学生进行 CSS 样式表内容展示的同时让学生进行自主的练习，并让学生养成团结合作、互帮互助的能力和良好习惯。

【本章知识】

在第 3 章使用 HTML 制作网页时，可以使用标记的属性对网页进行修饰，但是这种方式存在很大的局限和不足，例如维护困难、不利于代码阅读等。如果希望网页美观、大方，并且升级轻松、维护方便，就需要使用 CSS，实现结构与表现的分离。本章将对 CSS 的基本语法、引入方式、选择器、高级特性及常用的文本样式设置进行详细讲解。

本章从 CSS 的基本概念出发，介绍 CSS 语言的特点、CSS 选择器、在网页中应用 CSS 等内容，以及如何在网页中引入 CSS，并对 CSS 进行初步的体验。读者应掌握如何使用 CSS 控制文字样式和修饰背景和边框，并掌握通过 Dreamweaver 进行创建 CSS、应用 CSS、CSS 管理等操作。

CSS 是目前网页设计中必不可少的知识。通过对本章的学习，为学生后阶段盒子模型、页面布局的学习打下基础。

9.1 CSS 入门

运用 CSS 样式表可以一次对若干个网页所有的样式进行控制，使整个网站具有一个统一的风格。使用 CSS 样式表的好处除了它可以同时连接多个网页文档之外，还在于当 CSS 样式表有所更新或被修改之后，所有应用该样式表的文档会被自动更新。

9.1.1 CSS 核心基础

(1) CSS 的概念

CSS 是 Cascading Style Sheets（层叠样式表）的简称。CSS 是 W3C（World Wide Web Consortium）定义和维护的标准，是用来定义如何显示 HTML 元素外观（字体、字号、间距和颜色等）的计算机语言。

CSS 的基本概念在于可将网页要展示的内容与样式设定分开，也就是将网页的外观设定信息（CSS）从网页内容（HTML 代码）中独立出来，并集中管理。这样，当要改变网页外观时，只需更改样式设定的部分，而 HTML 文件本身并不需要更改。

CSS 样式表的功能一般可以归纳为以下几点：

①灵活控制网页中文字的字体、颜色、大小、间距、风格及位置。

② 随意设置一个文本块的行高、缩进，并可以为其加入三维效果的边框。

③更方便地为网页中的任何元素设置不同的背景颜色和背景图片。

④精确控制网页中各元素的位置。

⑤可为网页中的元素设置各种过滤器，从而产生诸如阴影、辉光、模糊和透明等效果，而这些效果只有在一些图像处理软件中才能实现。

⑥可以与脚本语言相结合，使网页中的元素产生各种动态效果。

(2) CSS 的特点

除了可扩展 HML 的样式设定外，CSS 的特点还包括如下几点：

①减少图形文件的使用：很多网页为求设计效果，而大量使用图形，以致网页的下载速度变得很慢。CSS 提供了很多的文字样式、滤镜特效等，可轻松取代原来图形才能表现的视觉效果。这样的设计方式不仅使修改网页内容变得更方便，也大大提高下载速度。

②集中管理样式信息：CSS 可将网页要展示的内容与样式设定分开，也就是将网页的外观设定信息从网页内容中独立出来，并集中管理。这样，当要改变网页外观时，只需更改样式设定的部分，HTML 文件本身并不需要更改。

③共享样式设定：将 CSS 样式信息存储成独立的文件，可以让多个网页文件共同使用，可避免在每一个网页文件中都要重复设定的麻烦。

④样式分类使用：多个 HTML 文件可使用同一个 CSS 样式文件，一个 HTML 网页文件上也可以同时使用多个 CSS 样式文件。

⑤在同一文本中应用两种或两种以上的样式，这些样式会相互冲突产生不可预料的效果。浏览器根据以下规则显示样式属性：

- 如果在同一文本中应用两种样式，浏览器显示出两种样式中除了冲突的属性外的所有属性。

- 如果在同一文本中应用两种样式是相互冲突的,浏览器显示出最里面的样式属性。
- 如果存在直接冲突,自定义样式的属性(应用 CLASS 属性的样式)将覆盖 HTML 标记样式的属性。

9.1.2 CSS 的使用

在介绍了 CSS 的概念及特点后,下面我们开始学习如何使用 CSS 做出更规范、样式多样的网页。

(1)基本组成

CSS 样式表由若干个样式(也称规则)组成,每个样式由两部分组成,分别是选择器和声明(若干声明的集合)。其基本格式如下:

选择器{属性 1:属性值 1; 属性 2:属性值 2; 属性 3:属性值 3;}

- 选择器用于指定 CSS 样式作用的范围,表示要对哪部分设置样式;声明用于表示要将范围内的元素设置成的具体样式。
- 每个声明由两部分组成:属性和属性值。属性和属性值以“键值对”的形式出现,用英文“:”连接,多个“键值对”之间用英文“;”进行区分。

下面的示例表示一条完整的 CSS 样式语句。p 是选择器,表示应用于所有的 p 标记,大括号{}内包含了 3 个声明,分别设置的字体、字号和行高。

```
p{
        font-family : "微软雅黑";
        font-size : 16px;
        line-height : 150%;
        /*行高为字体大小的 150% */
}
```

(2)书写规范

简洁、规范的 CSS 代码可以给以后修改和编辑网页带来很大的便利。在编写 CSS 代码时,需要注意以下几点:

①声明

CSS 代码中的所有标点符号要使用英文标点符号。每个声明用分号(;)隔开,为了便于阅读,一行最好只写一个声明,如上例。

②单位的使用

在 CSS 中,如果属性值是一个数字,那么必须为这个数字安排一个具体的单位,除非该数字是由百分比组成的比例,或者是数字 0。例如上面代码中的“16px”和“150%”属性值。

③引号的使用

多数 CSS 的属性值都是数字值或定义好的关键字,然而,还有一些属性值则是含有特殊意义的字符串。这时,引用这样的属性值就需要为其添加引号。典型的字符串属性值就是各种字体的名称。例如上面代码中的“微软雅黑”,或者英文字体“Times New Roman”。

④大小写敏感

CSS 对大小写不敏感，但 class 和 id 选择符的名称对大小写是敏感的，例如，mainText 和 MainText 在 CSS 中是两个完全不同的选择符。属性和属性值(除了英文字体“Arial Black”等)建议使用小写。

⑤注释

为了便于后期维护，在 CSS 样式表中添加注释是一种好的习惯。CSS 的注释以“/＊”开头，以“＊/”结尾。注释独占一行，也可放在尾行。例如上面代码中的“/＊行高为字体大小的 150% ＊/”独占一行。

9.1.3 CSS 类型

使用 CSS 修饰网页，需要在 HTML 文档中引入 CSS 样式表，CSS 提供了四种引入方式，具体如下：

(1)行内式

行内式也称为内联样式，是通过标记的 style 属性来设置元素的样式，其基本语法格式如下：

<标记名 style="属性1：属性值1；属性2：属性值2；属性3：属性值3；"> 内容 </标记名>

该语法中 style 是标记的属性，实际上任何 HTML 标记都拥有 style 属性，用来设置行内式。其中属性和值的书写规范与 CSS 样式规则相同，行内式只对其所在的标记及嵌套在其中的子标记起作用。

接下来通过一个案例来学习如何在 HTML 文档中使用行内式 CSS 样表，如例 9-1 所示。

【例 9-1】在 HTML 文档中使用行内式 CSS 样式。

```
<html xmlns="http://www.w3.org/1999/xhtml">
    <head>
        <meta http-equiv="Content-Type" content="text/html; charset=utf-8" />
        <title>使用 CSS 行内式</title>
    </head>
    <body>
        <h2 style="font-size:20px; color:red;">使用 CSS 行内式修饰二级标题的字体大小和颜色</h2>
    </body>
</html>
```

在例 9-1 中，使用<h2>标记的 style 属性设置行内式 CSS 样表，用来修饰二级标题的字体大小和颜色。

运行代码，得到效果如图 9-1 所示。

图 9-1 行内式效果展示

注 意

需要注意的是，行内式也是通过标记的属性来控制样式的，这样并没有做到结构与表现的分离，所以一般很少使用。只有在样式规则较少且只在该元素上使用一次，或者需要临时修改某个样式规则时使用。

(2)内嵌式

内嵌式是将 CSS 代码集中写在 HTML 文档的<head>头部标记中，并且用<style>标记定义，其基本语法格式如下：

```
<style type="text/css">
  选择器{属性1：属性值1; 属性2：属性值2; 属性3：属性值3;}
</style>
```

该语法中，<style>标记一般位于<head>标记中<title>标记之后，也可以把它放在 HTML 文档的任何地方。但是由于浏览器是从上到下解析代码的，把 CSS 代码放在头部便于提前被下载和解析，以避免网页内容下载后没有样式修饰带来的尴尬。

接下来通过一个案例来学习如何在 HTML 文档中使用内嵌式 CSS 样式，具体代码如例 9-2 所示：

【例 9-2】在 HTML 文档中使用内嵌式 CSS 样式。

```
<html xmlns="http://www.w3.org/1999/xhtml">
  <head>
    <meta http-equiv="Content-Type" content="text/html; charset=utf-8" />
    <title>使用 CSS 内嵌式</title>
    <style type="text/css">
        h2{ text-align:center;}                /*定义标题标记居中对齐*/
        p{ font-size:16px; color:red; text-decoration:underline;}  /*定义段落标记的样式*/
    </style>
  </head>
   <body>
     <h2>内嵌式 CSS 样式</h2>
     <p>使用 style 标记定义内嵌式 CSS 样式表，style 标记位于 head 头部标记中，title 标记之后。</p>
   </body>
</html>
```

运行例程代码，得到效果如图 9-2 所示。

图 9-2　内嵌式效果展示

注意 需要注意的是，内嵌式 CSS 样式只对其所在的 HTML 页面有效，因此，仅设计一个页面时，使用内嵌式是个不错的选择。但如果是一个网站，不建议使用这种方式，因为它不能充分发挥 CSS 代码的优势。

(3)链入式

链入式是将所有的样式放在一个或多个以.css 为扩展名的外部样式表文件中，通过<link />标记将外部样式表文件链接到 HTML 文档中，其基本语法格式如下：

```
<link href="CSS 文件的路径" type="text/css" rel="stylesheet" />
```

该语法中，<link />标记需要放在<head>头部标记中，且必须指定<link />标记的三个属性，具体如下：

- href：定义所链接外部样式表文件的 URL，可以是相对路径，也可以是绝对路径。
- type：定义所链接文档的类型，在这里需要指定为"text/css"，表示链接的外部文件为 CSS 样式表。
- rel：定义当前文档与被链接文档之间的关系，在这里需要指定为"stylesheet"，表示被链接的文档是一个样式表文件。

接下来通过一个案例来学习如何在 HTML 文档中使用链入式 CSS 样式，具体代码如下：

【例 9-3】创建 HTML 文档。首先创建一个 HTML 文档，并在该文档中添加一个标题和一个段落文本。

```
<html xmlns="http://www.w3.org/1999/xhtml">
 <head>
   <meta http-equiv="Content-Type" content="text/html; charset=utf-8" />
   <title>使用链入式 CSS 样式表</title>
   <link href="style.css" type="text/css" rel="stylesheet" />
 </head>
 <body>
   <h2>链入式 CSS 样式表</h2>
   <p>通过 link 标记可以将拓展名为.css 的外部样式表文件链接到 HTML 文档中</p>
 </body>
</html>
```

在外部文件表 style.css 中，书写 CSS 样式代码，具体如下：

```
h2{ text-align:center;}
p{ font-size:16px; color:red; text-decoration:underline;}
```

运行例程代码，得到效果如图 9-3 所示。

图 9-3 链入式效果展示

注意 需要说明的是，链入式最大的好处是同一个 CSS 样式表可以被不同的 HTML 页面链接使用，同时一个 HTML 页面也可以通过多个<link />标记链接多个 CSS 样式表。

(4)导入式

导入式与链入式相同，都是针对外部样式表文件的。对 HTML 头部文档应用 style 标记，并在<style>标记内的开头处使用@ import 语句，即可导入外部样式表文件。其基本语法格式如下：

```
1  <style type="text/css" >
2    @ import url(css 文件路径)；或 @ import "css 文件路径"；
3    /* 在此还可以存放其他 CSS 样式 */
4  </style>
```

该语法中，style 标记内还可以存放其他的内嵌样式，@ import 语句需要位于其他内嵌样式的上面。

提示 虽然导入式和链入式功能基本相同，但是大多数网站都是采用链入式引入外部样式表的，主要原因是两者的加载时间和顺序不同。当一个页面被加载时，<link>标记引用的 CSS 样式表将同时被加载，而@ import 引用的 CSS 样式表会等到页面全部下载完后再被加载。因此，当用户的网速比较慢时，会先显示没有 CSS 修饰的网页，这样会造成不好的用户体验，这就是大多数网站采用链入式的主要原因。

9.1.4 CSS 基础选择器

想要将 CSS 样式应用于特定的 HTML 元素，首先需要找到该目标元素。在 CSS 中，执行这一任务的样式规则部分被称为选择器，本节将对 CSS 基础选择器进行详细讲解。

(1)标记选择器

标记选择器是指用 HTML 标记名称作为选择器，按标记名称分类，为页面中某一类标记指定统一的 CSS 样式。其基本语法格式如下：

标记名{属性 1:属性值 1；属性 2:属性值 2；属性 3:属性值 3；}

语法中，所有的 HTML 标记名都可以作为标记选择器，例如 body、h1、p、strong 等。用标记选择器定义的样式对页面中该类型的所有标记都有效。

例如，可以使用 p 选择器定义 HTML 页面中所有段落的样式，下述 CSS 样式代码用于设置 HTML 页面中所有的段落文本，即字体大小为 12 像素、颜色为#666、字体为微软雅黑。

p{ font-size:12px；color:#666；font-family:"微软雅黑"；}

标记选择器最大的优点是能快速为页面中同类型的标记统一样式，同时这也是它的缺点，不能设计差异化样式。

(2)类选择器

类选择器使用“.”(英文点号)进行标识，后面紧跟类名，其基本语法格式如下：

.类名{属性 1:属性值 1；属性 2:属性值 2；属性 3:属性值 3；}

该语法中，类名即为 HTML 元素的 class 属性值，大多数 HTML 元素都可以定义 class 属性。类选择器最大的优势是可以为元素对象定义单独或相同的样式。

接下来通过一个案例进一步学习类选择器的使用，具体代码如例 9-4 所示。

【例 9-4】在 HTML 文档中使用类选择器。

```
<html xmlns="http://www.w3.org/1999/xhtml">
 <head>
    <meta http-equiv="Content-Type" content="text/html; charset=utf-8" />
    <title>类选择器</title>
    <style type="text/css">
        .red{color:red;}
        .green{color:green;}
        .font22{font-size:22px;}
        p{ text-decoration:underline; font-family:"微软雅黑";}
      </style>
   </head>
   <body>
          <h2 class="red">二级标题文本</h2>
          <p class="green font22">段落一文本内容</p>
          <p class="red font22">段落二文本内容</p>
          <p>段落三文本内容</p>
    </body>
  </html>
```

运行例程代码，得到效果如图 9-4 所示。

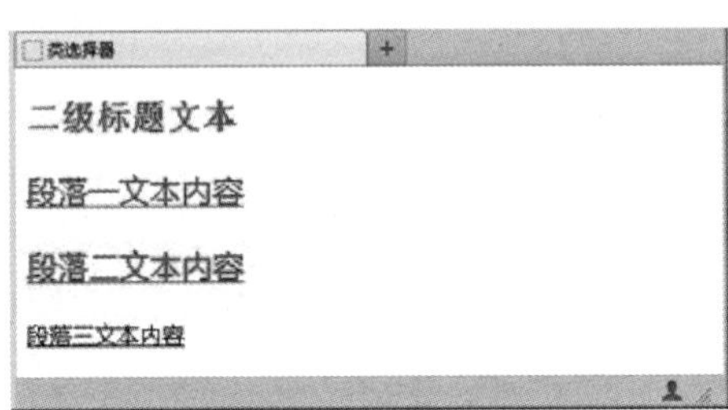

图 9-4　使用类选择器

(3) id 选择器

id 选择器使用“#”进行标识，后面紧跟 id 名，其基本语法格式如下：

#id 名{属性 1:属性值 1; 属性 2:属性值 2; 属性 3:属性值 3; }

该语法中，id 名即为 HTML 元素的 id 属性值，大多数 HTML 元素都可以定义 id 属性，元素的 id 值是唯一的，只能对应于文档中某一个具体的元素。

接下来通过一个案例进一步学习 id 选择器的使用，具体代码如例 9-5 所示。

【例 9-5】在 HTML 文档中使用 id 选择器。

```
<html xmlns="http://www.w3.org/1999/xhtml">
   <head>
       <meta http-equiv="Content-Type" content="text/html; charset=utf-8" />
       <title>id 选择器</title>
```

```
    <style type="text/css">
      #bold {font-weight:bold;}
      #font24 {font-size:24px;}
     </style>
  </head>
   <body>
     <p id="bold">段落 1:id="bold",设置粗体文字。</p>
     <p id="font24">段落 2:id="font24",设置字号为 24px。</p>
     <p id="font24">段落 3:id="font24",设置字号为 24px。</p>
     <p id="bold font24">段落 4:id="bold font24",同时设置粗体和字号 24px。</p>
   </body>
</html>
```

运行例程代码,得到效果如图 9-5 所示。

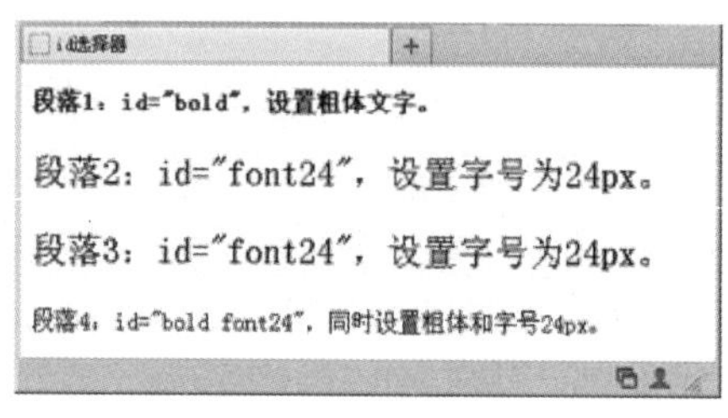

图 9-5　使用 id 选择器

(4)通配符选择器

通配符选择器用“ * ”号表示,它是所有选择器中作用范围最广的,能匹配页面中所有的元素。其基本语法格式如下:

*{属性 1:属性值 1; 属性 2:属性值 2; 属性 3:属性值 3; }

接下来,使用通配符选择器定义 CSS 样式,清除所有 HTML 标记的默认边距。

```
*{
    margin: 0;              /* 定义外边距 */
    padding: 0;             /* 定义内边距 */
}
```

实际网页开发中不建议使用通配符选择器,因为它设置的样式对所有的 HTML 标记都生效,不管标记是否需要该样式,这样反而降低了代码的执行速度。

9.1.5　CSS 文本相关样式

学习 HTML 时,可以使用文本样式标记及其属性控制文本的显示样式,但是这种方式烦琐且不利于代码的共享和移植。为此,CSS 提供了相应的文本设置属性。使用 CSS 可以更轻松方便地控制文本样式。下面对常用的文本样式属性进行详细讲解。

(1)CSS 字体样式属性

为了更方便地控制网页中各种各样的字体,CSS 提供了一系列的字体样式属性,具体如下:

①font-size:字号大小

font-size 属性用于设置字号,其值可以使用相对长度单位,也可以使用绝对长度单位,如表 9-1 所示。

表 9-1 CSS 长度单位

相对长度单位	说明	绝对长度单位	说明
em	相对于当前对象内文本的字体尺寸	in	英寸
px	像素,最常用,推荐使用	cm	厘米
		mm	毫米
		pt	点

其中,相对长度单位比较常用,推荐使用像素单位 px,绝对长度单位使用较少。例如将网页中所有段落文本的字号大小设为 12px,可以使用如下 CSS 样式代码:

p{font-size:12px;}

②font-family:字体

font-family 属性用于设置字体。网页中常用的字体有宋体、微软雅黑、黑体等,例如将网页中所有段落文本的字体设置为微软雅黑,可以使用如下 CSS 样式代码:

p{ font-family:"微软雅黑";}

可以同时指定多个字体,中间以逗号隔开,表示如果浏览器不支持第一个字体,则会尝试下一个,直到找到合适的字体,来看一个具体的例子:

body{font-family:"华文彩云","宋体","黑体";}

当应用上面的字体样式时,会首选华文彩云,如果用户电脑上没有安装该字体则选择宋体,也没有安装宋体则选择黑体。当指定的字体都没有安装时,就会使用浏览器默认字体。

使用 font-family 设置字体时,需要注意以下几点:

- 各种字体之间必须使用英文状态下的逗号隔开。
- 中文字体需要加英文状态下的引号,英文字体一般不需要加引号。当需要设置英文字体时,英文字体名必须位于中文字体名之前。
- 如果字体名中包含空格、#、$ 等符号,则该字体必须加英文状态下的单引号或双引号,例如 font-family:"Times New Roman"。
- 尽量使用系统默认字体,以保证在任何用户的浏览器中都能正确显示字体。

③font-weight:字体粗细

font-weight 属性用于定义字体的粗细,其可用属性值如表 9-2 所示。

表 9-2 font-weight 属性值

属性值	描述
normal	默认值,定义标准的字符
bold	定义粗体字符
bolder	定义更粗的字符
lighter	定义更细的字符
100~900 (100 的整数倍)	定义由细到粗的字符。其中 400 等同于 normal,700 等同于 bold,值越大字体越粗

在实际工作中,常用的 font-weigh 的属性值为 normal 和 bold,用来定义正常或加粗显示的字体。下面通过一个案例演示它们的效果图,如例 9-6 所示。

【例 9-6】在 HTML 文档中使用 font-weight 属性值。

```
<html xmlns="http://www.w3.org/1999/xhtml">
<head>
  <meta http-equiv="Content-Type" content="text/html"; charset="utf-8" />
  <title>使用 font-weight 属性值</title>
  <style type="text/css">
    .one{ font-weight:bold;}
  </style>
</head>
<body>
   <p>将 font-weight 的值设置为 normal,可以将默认加粗的标题文字定义为正常字体。</p>
   <p class="one">将 font-weight 的值设置为 bold,可以实现段落文本的加粗。</p>
 </body>
 </html>
```

运行例 9-6,效果如图 9-6 所示。

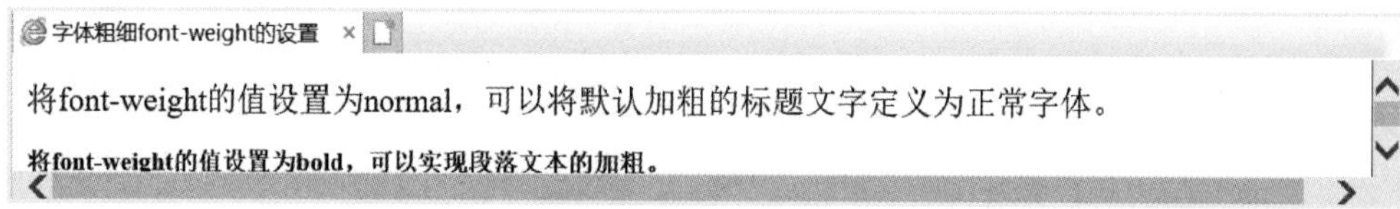

图 9-6 设置字体粗细

④font-variant:变体

font-variant 属性用于设置变体(字体变化),一般用于定义小型大写字母,仅对英文字符有效。其可用属性值如下:

- normal:默认值,浏览器会显示标准的字体。
- small-caps:浏览器会显示小型大写的字体,即所有的小写字母均会转换为大写。但是所有使用小型大写字体的字母与其余文本相比,其字体尺寸更小。

所有使用小型大写字体的字母与其余文本相比,其字体尺寸更小。

了解了 font-variant 的两个属性值之后,下面通过一个案例演示它们的显示效果,如例 9-7 所示。

【例 9-7】在 HTML 文档中使用 font-variant 属性值。

```
<html xmlns="http://www.w3.org/1999/xhtml">
  <head>
    <meta http-equiv="Content-Type" content="text/html; charset=utf-8" />
    <title>font-variant 属性</title>
    <style type="text/css">
      .one{ font-variant:normal;}
      .two{ font-variant:small-caps;}
    </style>
  </head>
```

```
    <body>
        <p class="one">使用 normal 值的段落:This Is A Paragraph. </p>
        <p class="two">使用 small-caps 值的段落:This Is A Paragraph. </p>
    </body>
</html>
```

运行例 9-7,效果如图 9-7 所示。

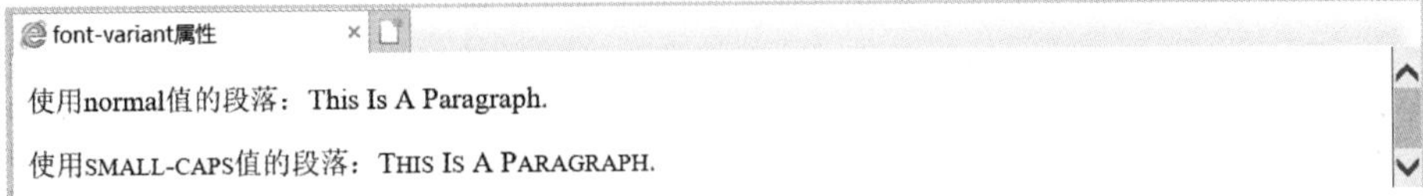

图 9-7 设置小型大写字母

⑤font-style:字体风格

font-style 属性用于定义字体风格,如设置斜体、倾斜或正常字体,其可用属性值如下:

- normal:默认值,浏览器会显示标准的字体样式。
- italic:浏览器会显示斜体的字体样式。
- oblique:浏览器会显示倾斜的字体样式。

提示 italic 是字体(如宋体、微软雅黑、楷体等)的一个属性,font-style:italic 是使用了字体的 italic 属性。但并不是所有的字体都有 italic 属性,这时候就需要使用 oblique 属性。

font-style:oblique 是单纯地使文字倾斜,不管该字体有没有 italic 属性。

了解了 font-style 的几个属性值之后,下面通过一个案例来演示它们的显示效果,如例 9-8 所示。

【例 9-8】在 HTML 文档中使用 font-style 属性值。

```
<html xmlns="http://www.w3.org/1999/xhtml">
    <head>
        <meta http-equiv="Content-Type" content="text/html; charset=utf-8" />
        <title>font-style 属性</title>
        <style type="text/css">
            em{ font-style:normal;}
            .one{ font-style:italic;}
            .two{ font-style:oblique;}
        </style>
    </head>
    <body>
        <em>设置 font-style 的属性值为 normal,可以将 em 标记定义的斜体更改为正常显示的字体。
        </em>
        <p class="one">设置字体样式,值为 italic。</p>
        <p class="two">设置字体样式,值为 oblique。</p>
    </body>
```

```
</html>
```

运行例 9-8,效果如图 9-8 所示。

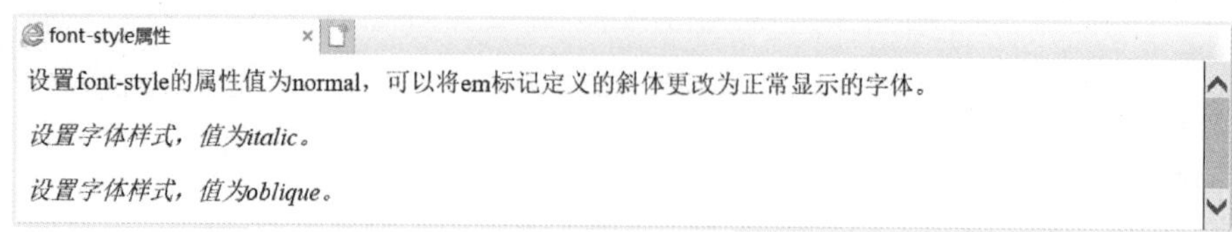

图 9-8　设置字体风格

(2)CSS 文本对象样式

文本对象往往是由文字组成的各种单位,如段落、标题等。设置文本对象的样式往往与文本的排版密切相关,包括文本的行高、对齐文本、段首缩进等。

①行高

使用 line-height 属性可以指定文本的行高。行高是指文本所在行的高度。其属性值单位可以是像素 px,也可以是相对单位 em 或%,通常使用相对单位。

例如,设置网页文档中所有段落的行高为 150%(字体大小的 1.5 倍)。代码如下:

```
p{
  line-height:150% /* 相当于 line-height:1.5em */
}
```

②段首缩进

段首缩进是段落排版的常用方法,在 CSS 中可以使用 text-indent 属性来设置段落的首行缩进。

例如,设置网页文档中所有段落首行缩进 2 个字符,代码如下:

```
p { text-indent :2em;}
```

③水平对齐方式

使用 text-align 属性可以设置文本的水平对齐方式,常用属性值有 left(默认值,左对齐)、right(右对齐)和 center(居中对齐)。

例如,设置网页中 h1 元素的文本(文章标题)居中对齐,代码如下:

```
h1 {text-align:center; }
```

④垂直对齐方式

使用 vertical-align 属性可以设置元素所在行的垂直对齐方式。属性值有 sub(下标)、super(上标)、top(与顶端对齐)、middle(居中)、bottom(与底端对齐)等。常用于表格单元格(th、td 标签)内文本对齐,图像(img 标签)对齐。

⑤字符间距

使用 letter-spacing 属性可以设置字符之间的间距,常用这个属性设置标题文本每个字之间的距离。

例如,设置标题(h1 标签)文字间距为 0.5 倍字体大小,代码如下:

```
h1 { letter-spacing:0.5em;}
```

⑥超链接样式

超链接的默认样式是蓝色带下划线的文本。通过伪类选择器可以改变网页中超链接默认样式，和超链接有关的 4 种伪类选择器如表 9-3 所示。

表 9-3　伪类选择器

伪类选择器	作用
:link	未被访问过的超链接
:hover	鼠标滑过（经过）超链接时
:visited	已被访问过的超链接
:active	被激活的超链接（鼠标按下没有松开时）

了解 4 种伪类选择器之后，下面通过一个案例来演示它们的显示效果，如例 9-9 所示。

【例 9-9】改变网页中超链接的 4 种默认样式，改变这 4 种状态的默认颜色，在超链接默认和已被访问过时不显示下划线，在鼠标经过和被激活时显示下划线，代码如下：

```
a:link {
  text-decoration:none;
  color:gray;
}
a:visited {
  text-decoration:none;
  color:#2f2;
}
a:hover {
  text-decoration:underline;
  color:#f22;
}
a:active {
  text-decoration:underline;
  color:#22f;
}
```

提示　要严格按照上述伪类选择器的顺序来定义超链接的 4 种状态样式。

9.1.6　CSS 高级特性

(1) CSS 复合选择器

书写 CSS 样式表时，可以使用 CSS 基础选择器选中目标元素。但是在实际网站开发中，一个网页可能包含成千上万的元素，如果仅使用 CSS 基础选择器，不能满足实际开发的需求。为此 CSS 提供了几种复合选择器，实现了更强、更方便的选择功能。

复合选择器是由两个或多个基础选择器，通过不同的方式组合而成的，具体如下：

①标签指定式选择器

标签指定式选择器又称交集选择器，由两个选择器构成，其中第一个为标记选择器，第二个为 class 选择器或 id 选择器,两个选择器之间不能有空格,如 h3. special 或 p#one。

下面通过一个案例进一步理解标签指定式选择器,如例 9-10 所示。

【例 9-10】在 HTML 文档中使用标签指定式选择器。

```
<html xmlns="http://www.w3.org/1999/xhtml">
  <head>
    <meta http-equiv="Content-Type" content="text/html; charset=utf-8" />
    <title>标签指定式选择器的应用</title>
    <style type="text/css">
        p{ color:blue;}
        .special{ color:green;}
        p.special{ color:red;}      /*标签指定式选择器*/
    </style>
   </head>
 <body>
   <p>普通段落文本(蓝色)</p>
   <p class="special">指定了.special 类的段落文本(红色)</p>
   <h3 class="special">指定了.special 类的标题文本(绿色)</h3>
  </body>
 </html>
```

运行例 9-10,效果如图 9-9 所示。

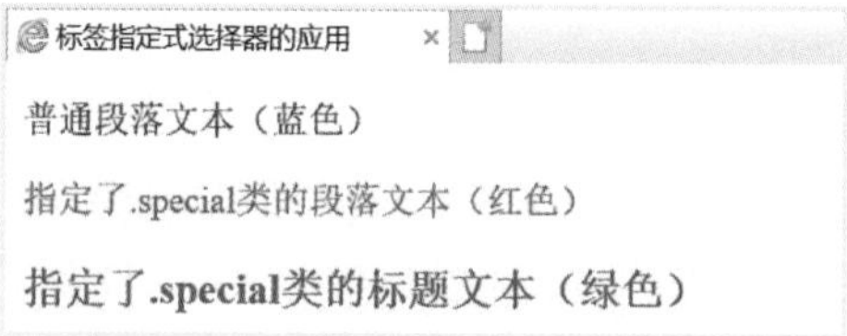

标签指定式选择器的应用

普通段落文本(蓝色)

指定了.special类的段落文本(红色)

指定了.special类的标题文本(绿色)

图 9-9　标签指定式选择器的应用

②后代选择器

后代选择器用来选择元素或元素组的后代,其写法就是把外层标记写在前面,内层标记写在后面,中间用空格分隔。当标记发生嵌套时,内层标记就成为外层标记的后代。

例如,当<p>标记内嵌套<strong>标记时,就可以使用后代选择器对其中的<strong>标记进行控制,如例 9-11 所示。

【例 9-11】在 HTML 文档中使用后代选择器。

```
<html xmlns="http://www.w3.org/1999/xhtml">
  <head>
    <meta http-equiv="Content-Type" content="text/html; charset=utf-8" />
    <title>后代选择器的应用</title>
    <style type="text/css">
      p strong{ color:red;}      /*后代选择器*/
      strong{ color:blue;}
    </style>
  </head>
```

```
<body>
  <p>段落文本<strong>嵌套在段落中,使用 strong 标记定义的文本(红色)。</strong></p>
  <strong>嵌套之外由 strong 标记定义的文本(蓝色)。</strong>
</body>
</html>
```

在例 9-11 中,定义了两个< strong >标记,并将第一个< strong >标记嵌套在<p>标记中,然后分别设置 strong 标记和 p strong 的样式。

运行例 9-11,效果如图 9-10 所示:

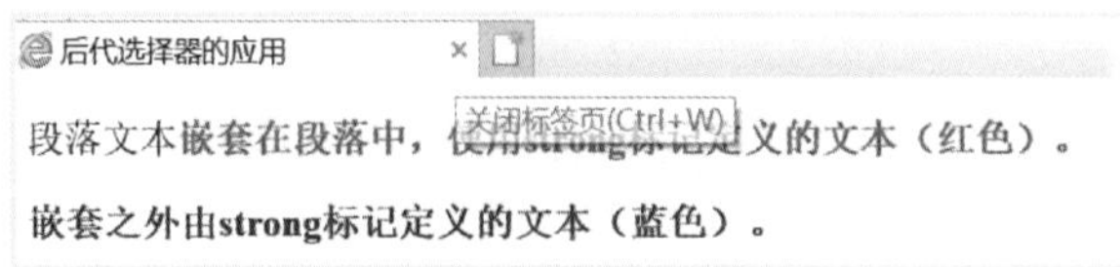

图 9-10　后代选择器的应用

由图 9-10 可以看出,后代选择器 p strong 定义的样式仅仅适用于嵌套在<p>标记中的<strong >标记,其他的< strong >标记不受影响。

后代选择器不限于使用两个元素,如果需要加入更多的元素,只需在元素之间加上空格即可。在例 9-10 中,如果标记中还嵌套有一个<em>标记,要想控制这个<em>标记,就可以使用 p strong em 选中它。

③并集选择器

并集选择器是各个选择器通过逗号连接而成的,任何形式的选择器(包括标记选择器、class 类选择器、id 选择器等),都可以作为并集选择器的一部分。如果某些选择器定义的样式完全相同,或部分相同,就可以利用并集选择器为它们定义相同的 CSS 样式。

例如,在页面中有 2 个标题和 3 个段落,它们的字号和颜色相同。同时,其中 1 个标题和 2 个段落文本有下划线效果,这时就可以使用并集选择器定义 CSS 样式,如例 9-12 所示。

【例 9-12】在 HTML 文档中使用并集选择器。

```
<html xmlns="http://www.w3.org/1999/xhtml">
  <head>
    <meta http-equiv="Content-Type" content="text/html; charset=utf-8" />
    <title>并集选择器的应用</title>
    <style type="text/css">
      h2,h3,p{ color:red; font-size:14px;}            /*不同标记组成的并集选择器*/
      h3,.special,#one{ text-decoration:underline;}      /*标记、类、id 组成的并集选择器*/
    </style>
  </head>
  <body>
    <h2>二级标题文本。</h2>
    <h3>三级标题文本,加下划线。</h2>
    <p class="special">段落文本 1,加下划线。</p>
    <p>段落文本 2,普通文本。</p>
    <p id="one">段落文本 3,加下划线。</p>
  </body>
```

```
</html>
```

在例 9-12 中，首先使用由不同标记通过逗号连接而成的并集选择器 h2、h3、p 控制所有标题和段落的字号和颜色，然后使用由标记、类、id 通过逗号连接而成的并集选择器 h3、special、#one 定义某些文本的下划线效果。

运行例 9-12，效果如图 9-11 所示。

图 9-11　并集选择器的应用

由图 9-11 可以看出，使用并集选择器定义样式与对各个基础选择器单独定义样式效果完全相同，而且这种方式书写的 CSS 代码更简洁、直观。

（2）CSS 层叠性和继承性

CSS 是层叠式样式表的简称，层叠性和继承性是其基本特征。对于网页设计师来说，应深刻理解和灵活使用这两个概念。接下来，将具体介绍 CSS 的层叠性和继承性。

①层叠性

所谓层叠性，是指多种 CSS 样式的叠加。例如，当使用内嵌式 CSS 样式表定义<p>标记字号大小为 12 像素，链入式定义<p>标记颜色为红色，那么段落文本将显示为 12 像素红色，即这两种样式产生了叠加。

下面通过一个案例更好地理解 CSS 的层叠性，如例 9-13 所示。

【例 9-13】在 HTML 文档中使用并集选择器。

```
<html xmlns="http://www.w3.org/1999/xhtml">
  <head>
    <meta http-equiv="Content-Type" content="text/html; charset=utf-8" />
    <title>CSS 层叠性</title>
    <style type="text/css">
      p{ font-size:12px; font-family:"微软雅黑";}
      .special{ font-size:16px;}
      #one{ color:red;}
    </style>
   </head>
   <body>
     <p class="special" id="one">段落文本 1</p>
     <p>段落文本 2</p>
     <p>段落文本 3</p>
   </body>
</html>
```

在例 9-13 中，定义了 3 个标记，并通过标记选择器统一设置段落的字号和字体，然后通过类选择器和 id 选择器为第一个<p>标记单独定义字号和颜色。

运行例 9-13,效果如图 9-12 所示。

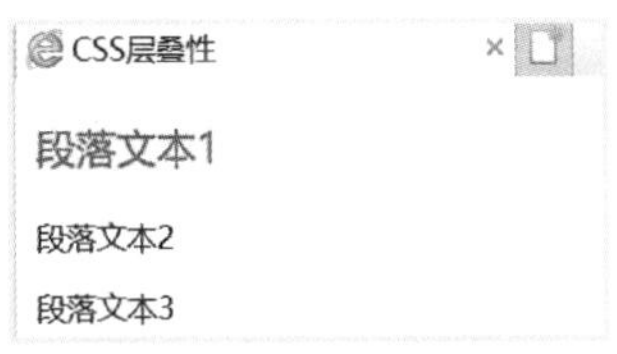

图 9-12　CSS 层叠性

从图 9-12 容易看出,段落文本 1 显示了标记选择器 p 定义的字体"微软雅黑",id 选择器#one 定义的颜色"红色",类选择器 special 定义的字号 16px,即这 3 个选择器定义的样式产生了叠加。

②继承性

继承性是指书写 CSS 样式表时,子标记会继承父标记的某些样式,如文本颜色和字号。想要设置一个可继承的属性,只需将它应用于父元素即可。例如下面的代码:

```
p,div,h1,h2,h3,h4,ul,ol,dl,li{ color:black;}
```

就可以写成:

```
body{ color:black;}
```

恰当地使用继承可以简化代码,降低 CSS 样式的复杂性。但是,如果在网页中所有的元素都大量继承样式,那么判断样式的来源就会很困难,所以对于字体、文本属性等网页中通用的样式可以使用继承。例如,字体、字号、颜色、行距等可以在 body 元素中统一设置,然后通过继承影响文档中所有文本。

并不是所有的 CSS 属性都可以继承,例如,边框属性、外边距属性、内边距属性、背景属性、定位属性、布局属性、元素宽高属性就不具有继承性。

(3)CSS 优先级

为了体验 CSS 优先级,首先来看一个具体的例子,其 CSS 样式代码如下:

```
p{ color:red;}                /* 标记样式 */
.blue{ color:green;}          /* class 样式 */
#header{ color:blue;}         /* id 样式 */
```

对应的 HTML 结构为:

```
<p id="header" class="blue">
    帮帮我,我到底显示什么颜色?
</p>
```

在上面的例子中,使用不同的选择器对同一个元素设置文本颜色,这时浏览器会根据选择器的优先级规则解析 CSS 样式。其实 CSS 为每一种基础选择器都分配了一个权重,其中,标记选择器具有权重 1,类选择器具有权重 10,id 选择器具有权重 100。这样 id 选择器#header 就具有最大的优先级,因此文本显示为蓝色。

对于由多个基础选择器构成的复合选择器(并集选择器除外),其权重为这些基础选择器权重的叠加。例如下面的 CSS 代码:

```
p strong{ color:black}                    /* 权重为:1+1 */
```

```
strong. blue{ color:green;}                /* 权重为:1+10 */
. father strong{ color:yellow}             /* 权重为:10+1 */
p. father strong{ color:orange;}           /* 权重为:1+10+1 */
p. father . blue{ color:gold;}             /* 权重为:1+10+10 */
#header strong{ color:pink;}               /* 权重为:100+1 */
#header strong. blue{ color:red;}          /* 权重为:100+1+10 */
```

对应的 HTML 结构为:

```
<p class="father" id="header" >
   <strong class="blue">文本的颜色</strong>
</p>
```

这时,页面文本将应用权重最高的样式,即文本颜色为红色。

此外,在考虑权重时,初学者还需要注意一些特殊的情况,具体如下:

- 继承样式的权重为 0。即在嵌套结构中,不管父元素样式的权重多大,被子元素继承时,它的权重都为 0,也就是说子元素定义的样式会覆盖继承的样式。

例如,下面的 CSS 样式代码。

```
strong{color:red;}
#header{color:green;}
```

对应的 HTML 结构如下:

```
<p id="header" class="blue">
<strong>继承样式不如自己定义</strong>
</p>
```

在上面的代码中,虽然 theader 具有权重 100,但被 strong 继承时权重为 0,而 strong 选择器的权重虽然仅为 1,但它大于继承样式的权重,所以页面中的文本显示为红色。

- 行内样式优先。应用 style 属性的元素,其行内样式的权重非常高,可以理解为远大于 100。总之,它拥有比上面提高的选择器都大的优先级。
- 权重相同时,CSS 遵循就近原则。也就是说靠近元素的样式具有最大的优先级,或者说排在最后的样式优先级最大。例如:

```
/* CSS 文档,文作名为 style. css */
#header{color:red;}
```

HTML 文档中代码结构如下:

```
<p id="header">权重相同时,就近优先</p>
```

上面的页面被解析后,段落文本将显示为灰色,即内嵌式样式优先,这是因为内嵌样式比链入的外部样式更靠近 HTML 元素。同样的道理,如果同时引用两个外部样式表,则排在下面的样式表具有较大的优先级。

如果此时将内嵌样式更改如下:

```
P{color:gray;}        /* 内嵌式样式 */
```

则权重不同,header 的权重更高,文字将显示为外高样式定义的红色。

9.2 CSS应用

9.2.1 CSS控制列表样式

定义无序或有序列表时，可以通过标记的属性控制列表的项目符号，但是这种方式实现的效果并不理想，为此CSS提供了一系列的列表样式属性。本节将对这些属性进行详细讲解。

(1) list-style-type属性

使用列表时，经常需要定义列表的项目符号。在CSS中，list-style-type属性用于控制无序和有序列表的项目符号，其取值有多种，它们的显示效果不同，具体如表9-4所示。

表9-4 list-style-type的属性值及显示效果

列表类型	属性值	显示效果
无序列表(ul)	disc	●
	circle	○
	square	■
有序列表(ol)	decimal	阿拉伯数字1,2,3…
	upper-alpha	大写英文字母A,B,C…
	lower-roman	小写英文字母a,b,c,…
	upper-roman	大写罗马数字Ⅰ,Ⅱ,Ⅲ,…
	lower-roman	小写罗马数字ⅰ,ⅱ,ⅲ,…
<ul>、<ol>公共属性	none	不显示任何符号

了解了list-style-type的常用属性及其显示效果，下面通过一个具体的案例来演示，如例9-14所示。

【例9-14】在HTML文档中使用list-style-type的常用属性。

```
<html xmlns="http://www.w3.org/1999/xhtml">
  <head>
    <meta http-equiv="Content-Type" content="text/html; charset=utf-8" />
    <title>list-style-type控制列表项目符号</title>
    <style type="text/css">
      ul{ list-style-type:circle;}
      ol{ list-style:upper-roman;}
    </style>
  </head>
   <body>
     <h3>运动</h3>
     <ul>
        <li>长跑</li>
        <li>瑜伽</li>
```

```
            <li class="last">篮球</li>
        </ul>
        <h3>国家</h3>
        <ol>
      <li>中国</li>
            <li>美国</li>
            <li class="last">英国</li>
        </ol>
    </body>
</html>
```

在例 9-14 中，定义了一个无序列表和一个有序列表，对无序列表 ul 应用”list-style-type：cicle；”，将其列表项目符号设置为“○”，同时，对有序列表 ol 应用”list-style：upper-roman；”，将其列表项目符号设置为大写罗马数字。运行例 9-13，效果如图 9-13 所示。

图 9-13　list-style-type 控制列表项目符号

注 意　如果在 IE 或谷歌浏览器中运行上例，效果可能会不同，这是因为各个浏览器对 list-style-type 属性的解析不同。因此，在实际网页制作过程中不推荐使用 list-style-type 属性。

单调的列表项目符号并不能满足网页制作的需求，为此 CSS 提供了 list-style-image 属性，其取值为图像的 URL（地址）。使用 list-style-image 属性可以为各个列表项设置项目图像，使列表的样式更加美观。为了使初学者更好地应用 list-style-image 属性，下面对无序列表<ul>定义列表项目图像，如例 9-15 所示。

【例 9-15】在 HTML 文档中使用无序列表<ul>定义列表项目图像。

```
<html xmlns="http://www.w3.org/1999/xhtml">
  <head>
    <meta http-equiv="Content-Type" content="text/html; charset=utf-8" />
    <title>list-style-image 控制列表项目图像</title>
    <style type="text/css">
      ul{list-style-image:url(images/book.png);}
    </style>
  </head>
  <body>
        <h2>前端设计与开发</h2>
```

```
        <ul>
            <li>网页设计与制作</li>
            <li>HTML5</li>
            <li>JavaScript</li>
            <li>JSP</li>
        </ul>
    </body>
</html>
```

在例 9-15 中,列表项目图像和列表项没有对齐,这是因为 list-style-image 属性对列表项目图像的控制能力不强。因此,实际工作中不建议使用 list-style-image 属性,常通过为<li>设置背景图像的方式实现列表项目图像。运行例 9-15,效果如图 9-14 所示。

图 9-14 list-style-image 控制列表项目图像

(2) list-style-position 属性

设置列表项目符号时,有时需要控制列表项目符号的位置,即列表项目符号相对于列表项内容的位置。在 CSS 中, list-style-position 属性用于控制列表项目符号的位置,其取值有 inside 和 outside 两种,对它们的解释如下:

- inside:列表项目符号位于列表文本以内。
- outside:列表项目符号位于列表文本以外(默认值)。

为了使初学者更好地理解 list-style-position 属性,下面通过一个具体的案例来演示其用法和效果,如例 9-16 所示。

【例 9-16】在 HTML 文档中使用 list-style-position 属性。

```
<html xmlns="http://www.w3.org/1999/xhtml">
  <head>
    <meta http-equiv="Content-Type" content="text/html; charset=utf-8" />
    <title>list-style-position 控制项目符号的位置</title>
    <style type="text/css">
        .in{list-style-position:inside;}
        .out{list-style-psition:outside;}
        li{ border:1px solid #CCC;}
    </style>
  </head>
  <body>
      <h2>程序开发语句</h2>
```

```
13            <ul class="in">
14                <li>HTML</li>
15                <li>JSP</li>
16                <li>jQuery</li>
17                <li>JavaScript</li>
18            </ul>
19            <ul class="out">
20                <li>C</li>
21                <li>JAVA</li>
22                <li>DB</li>
23                <li>Bootstrap</li>
24        </ul>
25    </body>
26  </html>
```

在例 9-16 中,定义了两个无序列表,对第一个无序列表应用"list-style-position:inside:",及其列表项目符号位于列表文本以内,对第二个无序列表应用"list-style-position:ioutide;",使其列表项目符号位于列表文本以外。为了使显示效果更加明显,在第 10 行代码中对<li>设置了边框样式。

运行例 9-16,效果如图 9-15 所示。在图 9-15 中,第一个无序列表的列表项目符号位于列表文本以内,第二个无序列表的列表项目符号位于列表文本以外。

图 9-15 标记位置属性效果展示

(3)list-style 属性

同盒子模型的边框等属性一样,在 CSS 中列表样式也是一个复合属性,可以将列表相关的样式都综合定义在一个复合属性 list- style 中。使用 list- style 属性综合设置列表样式的语法格式如下:

list-style:列表项目符号 列表项目符号的位置 列表项目图像;

使用复合属性 list-style 时,通常按上面语法格式中的顺序书写,各个样式之间以空格隔开,不需要的样式可以省略。

了解了列表样式的复合属性 list-style 之后,下面通过一个案例来演示其用法和效果,如例 9-17 所示。

【例 9-17】在 HTML 文档中使用 list-style 复合属性。

```
1   <html xmlns="http://www.w3.org/1999/xhtml">
```

```
2    <head>
3        <meta http-equiv="Content-Type" content="text/html; charset=utf-8" />
4        <title>list-style 属性综合设置列表样式</title>
5        <style type="text/css">
6            ul{list-style:circle inside;}
7            .special{list-style:square outside url(images/book.png);}
8        </style>
9    </head>
10   <body>
11       <h2>辽宁大连</h2>
12       <ul>
13           <li class="special">地处辽东半岛南端</li>
14           <li>有“东北之窗”之称</li>
15           <li>是重要的经济、港口、旅游城市</li>
16       </ul>
17   </body>
18   </html>
```

在例 9-17 中定义一个无序列表，通过复合属性 list-style 分别控制<ul>和第一个<li>的样式，如第 8 行和第 9 行代码所示。运行例 9-17，效果如图 9-16 所示。

图 9-16　列表综合属性效果展示

值得一提的是，在实际网页制作过程中，为了更高效地控制列表项目符号，通常将 list-style 的属性值定义为 none，然后通过为<li>设置背最图像的方式实现不同的列表项目符号。下面通过一个具体的案例来演示通过背景属性定义列表项目符号的方法，如例 9-18 所示。

【例 9-18】在 HTML 文档中使用背景属性定义列表项目符号。

```
<html xmlns="http://www.w3.org/1999/xhtml">
  <head>
    <meta http-equiv="Content-Type" content="text/html; charset=utf-8" />
    <title>背景属性定义列表项目符号</title>
    <style type="text/css">
      li{
      list-style:none;                                    /*清除默认列表样式*/
      height:26px;
      line-height:26px;
      background:url(images/book.png) no-repeat left center;/*通过背景图像自定义列表项目符号*/
      padding-left:25px;
```

```
12          }
13          </style>
14      </head>
15      <body>
16          <h2>辽宁</h2>
17          <ul>
18              <li>沈阳</li>
19              <li>大连</li>
20              <li>抚顺</li>
21              <li>盘锦</li>
22          </ul>
23      </body>
24  </html>
```

在例 9-18 中，定义了一个无序列表，其中第 9 行代码通过" list-style：none；"清除列表的默认显示样式，第 12 行代码通过为<li>设置背景图像的方式来定义列表项目符号。

运行例 9-18，效果如图 9-17 所示。在图 9-17 中，每个列表项前都添加了列表项目图像，如果需要调整列表项目图像，只需更改<li>的背景属性即可。

图 9-17　背景图定义列表项目符号

9.2.2　CSS 控制表格样式

虽然表格布局逐渐被 CSS 布局所替代，但是作为传统的 HTML 元素，表格在网页制作中的作用是不可取代的，它不仅是实现数据显示的最好方式，而且还可以轻松地对网页元素进行排版。本节将对 CSS 控制表格的样式进行详细讲解。

(1) CSS 控制表格边框

在前面的学习中，使用<lable>标记的 border 属性可以为表格设置边框，但是这种方式设置的边框效果并不理想，如果要更改边框的颜色，或改变单元格的边框大小，就会很困难。而使用 CSS 边框样式属性 border 可以轻松地控制表格的边框。

使用边框样式属性 border 设置表格边框时，要特别注意单元格边框的设置。下面通过一个具体的案例来说明，如例 9-19 所示。

【例 9-19】在 HTML 文档中使用边框样式属性 border 设置表格边框。

```
<html xmlns="http://www.w3.org/1999/xhtml">
    <head>
```

```
    <meta http-equiv="Content-Type" content="text/html; charset=utf-8" />
    <title>CSS 控制表格边框</title>
    <style type="text/css">
        table{
      width:280px;
      height:280px;
      border:1px solid #F00;      /*设置 table 的边框*/
        }
     </style>
   </head>
   <body>
     <table>
       <caption>2018-2020 年招生情况</caption>
     <tr>
     <th></th>
         <th>2018</th>
     <th>2019</th>
     <th>2020</th>
       </tr>
       <tr>
     <th>招生人数</th>
           <td>9800</td>
           <td>12000</td>
           <td>16000</td>
       </tr>
       <tr>
        <th>男生</th>
           <td>5000</td>
           <td>7000</td>
           <td>9000</td>
       </tr>
       <tr>
     <th>女生</th>
           <td>4800</td>
           <td>5000</td>
           <td>7000</td>
      </tr>
     </table>
   </body>
</html>
```

例 9-19 中，定义了一个 4 行 4 列的表格，然后使用内嵌式 CSS 样式表为表格定义宽、高和边框样式。

运行例 9-19,效果如图 9-18 所示。从图 9-18 容易看出,虽然对表格标<table>应用了边框样式属性 border,但是没有添加任何边框效果。所以,在设置表格的边框时,还要给单元格单独设置相应边框,在例 9-19 的 CSS 样式代码中添加如下代码,保存 HTML 文件,刷新网页,效果如图 9-18 所示。

```
td,th{border:lpx solid #F00;}        /*为单元格单独设置边框*/
```

	2018	2019	2020
招生人数	9800	12000	16000
男生	5000	7000	9000
女生	4800	5000	7000

图 9-18　对<table>标记应用 border 样式属性

	2018	2019	2020
招生人数	9800	12000	16000
男生	5000	7000	9000
女生	4800	5000	7000

图 9-19　对单元格添加 border 样式

在图 9-19 中,单元格添加了边框效果,这时单元格与单元格的边框之间有空白距离。如果要去掉单元格之间的空白距离,得到常见的细线边框效果,就需要使用<table>标记的 border-collapsle 属性,使单元格的边框合并。具体代码如下:

```
table{
width:280px;
height:280px;
border:1px sol1d F00;            /*设置 table 的边框*/
border-collapse:collapse;        /*边框合并*/
}
```

保存 HTML 文件,再次刷新网页,效果如图 9-20 所示。在图 9-20 中,单元格的边框发生了合并,出现了常见的细线边框效果。

注 意

- border-collapse 属性取值有 collapse(合并)和 separate(分离),默认为 separate(分离)。
- 当表格的 border-collapse 属性设置为 collapse 时,HTML 中设置的 cellspacing 属性值无效。
- 行标记<tr>无 border 样式属性。

(2)CSS 控制单元格边框

使用<table>标记的属性美化表格时,可以通过 cellpadding 和 cellspacing 分别控制单元格内容与边框之间的距离以及相邻单元格边框之间的距离。这种方式与盒子模型中设置内外边距非常类似,那么对单元格设置内边距 padding 和外边距 margin 样式能不能实现这种效果呢?下面做一个测试。

新建一个 2 行 2 列的表格,并用<table>标记的 border 属性对其添加 1 像素的边框,如例

9-20 所示。

【例 9-20】在 HTML 文档中使用边框样式属性 border 设置单元格边框。

```
<html xmlns="http://www.w3.org/1999/xhtml">
  <head>
      <meta http-equiv="Content-Type"  content="text/html; charset=utf-8"  />
      <title>CSS 控制单元格边距</title>
  </head>
  <body>
      <table border="1">
          <tr>
              <td>单元格 1</td><td>单元格 2</td>
          </tr>
          <tr>
              <td>单元格 3</td><td>单元格 3</td>
          </tr>
      </table>
  </body>
</html>
```

运行例 9-20,效果如图 9-20 所示。

图 9-20　简单的表格

在图 9-20 中,单元格内容紧贴边框,相邻单元格边框之间的距离比较小。为了拉开单元格内容与边框之间的距离以及相邻单元格边框之间的距离,对单元格标记<td>应用内边距属性 padding 和外边距属性 margin,内嵌式 CSS 样式代码如下:

```
<style type="text/css">
td{
padding:20px;
#margin:20px;
}
</style>
```

这时,保存 HTM. 文件,刷新网页,效果如图 9-21 所示。

从图 9-21 可以看出单元格内容与边框之间拉开了一定的距离,但是相邻单元格边框之间的距离没有任何变化,也就是说对单元格设置的外边距属性 margin 没有生效。

总结例 9-20 可以得出,设置单元格内容与边框之间的距离,可以对<td>标记应用内边距样式属性 padding,或对<table>标记应用 HTML 标记属性 cellpadding。而<td>标记无外边距属性 margin,要想设置相邻单元格边框之间的距离,只能对<table>标记应用 HTML 标记属性 cell-

图 9-21　设置单元格的内外边距

spacing。

注 意　行标记<tr>无内边距属性 padding 和外边距属性 margin，本书不再做具体的演示，初学者可以自己测试加深理解。

(3) CSS 控制单元格的宽度和高度

单元格的宽度和高度,有着和其他元素不同的特性,主要表现在单元格之间的互相影响上。下面通过一个具体的案例来说明,如例 9-21 所示。

【例 9-21】在 HTML 文档中设置单元格的宽度和高度。

```
<html xmlns="http://www.w3.org/1999/xhtml">
  <head>
      <meta http-equiv="Content-Type" content="text/html; charset=utf-8" />
      <title>CSS 控制单元格的宽高</title>
      <style type="text/css">
          table{ border:1px solid #F00;}
          td{ border:1px solid #F00;}
          .one{ width:60px; height:60px;}        /*定义单元格 1 的宽度与高度*/
            .two{ height:20px;}                  /*定义单元格 2 的高度*/
          .three{ width:100px;}                  /*定义单元格 3 的宽度*/
      </style>
  </head>
  <body>
      <table>
          <tr>
              <td class="one" >单元格 1</td><td class="two">单元格 2</td>
          </tr>
          <tr>
            <td class="three">单元格 3</td> <td>单元格 4</td>
          </tr>
      </table>
  </body>
</html>
```

在例 9-21 中,定义了一个 2 行 2 列的简单表格,将第一个单元格的宽度和高度均设置为

60px,同时将第二个单元格的高度设置为 20 px,第三个单元格的宽度设置为 100 px。

运行例 9-21,效果如图 9-22 所示。

图 9-22 设置单元格的宽高

从图 9-22 可以看出,单元格 1 和单元格 2 的高度相同,均为 60px,单元格 1 和单元格 3 的宽度相同,均为 100px。即对同一行的单元格定义不同的高度,或对同一列中的单元格定义不同的宽度时,最终的宽度或高度将取其中的较大者。

9.2.3 CSS 控制表单样式

使用表单的最终目的是提供更好的用户体验,因此在设计网页时,不仅需要表单提供相应的功能,同时还希望各种表单控件的样式更加美观。使用 CSS 可以轻松地控制表单控件的样式,主要体现在控制表单控件的字体、边框、背景和内边距等。本节将通过一个整体的案例来讲解 CSS 对表单样式的控制,其效果如图 9-23 所示。

账号/号码: itcast
密码:
确认

图 9-23 CSS 控制表单样式效果图

图 9-23 所示的表单界面可以分为左右两部分,其中左边为表单中的提示信息,右边为具体的表单控件对于这种排列整齐的界面,可以使用表格进行布局,HTML 结构代码如例 9-22 所示。

【例 9-22】应用 CSS 控制表单样式。

```
<html xmlns="http://www.w3.org/1999/xhtml">
  <head>
      <meta http-equiv="Content-Type" content="text/html; charset=utf-8" />
    <title>CSS 控制表单样式</title>
</head>
<body>
  <form action="#" method="post">
    <table class="content">
        <tr>
            <td class="left">账号/号码:</td>
            <td><input type="text" value="itcast" class="num" /></td>
```

```
            </tr>
            <tr>
                  <td class="left">密码:</td>
                  <td><input type="password" class="pas" /></td>
             </tr>
            <tr>
                  <td> </td>
                  <td class="btn"><input type="button"/></td>
              </tr>
         </table>
       </form>
     </body>
   </html>
```

在例 9-22 中,使用表格对页面进行布局,然后在单元格中体相应的表单控件,分别用于定义单行文本输入框、密码输入框和普通按钮。运行例 9-22,效果如图 9-24 所示。

图 9-24　搭建表单界面的结构

在图 9-24 中,出现了具有相应功能的表单控件。为了使表单界面更加美观, 下面使用 CSS 对其进行修饰,这里使用内嵌式 CSS 样式表,具体代码如下:

```
<style type="text/css">
  body{ font-size:12px;font-family:"宋体";}
  body,table,form,input{padding:0;margin:0;border:0;}
  .content{ width:300px;
            height:150px;
            padding-top:20px;
            margin:50px auto;              /* 使表格在浏览器中居中 */
            background:#DCF5FA;            /* 为表格添加背景颜色 */
          }
   .content td{ padding-bottom:10px;}          /* 拉开单元格的垂直距离 */
   .left{ width:300px;text-align:right;}       /* 使左侧单元格中的文本居右对齐 */
   .num,.pas{ width:100px;        /* 对前两个 input 控件设置共同的宽、高、边框、内边距 */
              height:18px;
              border:1px solid #38a1bf;
              padding:2px 2px 2px 22px;
            }
     .num{ background:url(images/1.jpg) no-repeat 5px center #FFF;
```

```
18              color:#999;                /* 定义第一个 input 控件的背景、文本颜色 */
19          }
20      .pas{ background:url(images/2.jpg) no-repeat 5px center #FFF;
21          }                              /* 定义第二个 input 控件的背景 */
22      .btn{ padding-top:10px;}           /* 使按钮和上面的内容拉开距离 */
23      .btn input{ width:87px;            /* 定义按钮的样式 */
24                  height:24px;
25                  background:url(images/5.jpg) no-repeat
26              }
27  </style>
```

上面使用 CSS,轻松实现了对表单控件的字体、边框、背景和内边距的控制。在使用 CSS 控制表单样式时,初学者还需要注意以下几个问题:

①由于 form 是块元素,重置浏览器的默认样式时,需要清除其内边距 padding 和外边距 margin,如上面 CSS 样式代码中的第 3 行代码所示。

②input 控件默认有边框效果,当使用<input/>标记定义各种按钮时,通常需要清除其边框,如上面 CSS 样式代码中的第 3 行代码所示。

③通常情况下需要对文本框和密码框设置 2~3 像素的内边距,以使用户输入的内容不会紧贴输入框,如上面 CSS 样式代码中的第 17 行代码所示。

单元小结

网页只有 HTML 时,只能实现简单的网页效果。用了 CSS 样式表后,网页排版有了天翻地覆的变化,可以实现精美的排版效果。Dreamweaver CSS 极大地简化了实现的过程,在熟练掌握了创建和应用样式的方法后,即可以通过实践逐步掌握各种各样的 CSS 效果。

本章重点介绍了 CSS 的基本语法和常用属性。选择器以及 CSS 控制列表、表格、表单样式的具体应用是 CSS 的核心和难点,只有通过不断地练习和思考,才能得心应手地使用 CSS 层叠样式表,使用最简洁的代码做出美观的网页。

第10章

盒子模型

学习目标

通过对本章的学习，学生应了解盒子模型的概念；理解元素的溢出与剪切、元素的显示与隐藏；熟悉元素类型、元素之间的转换；重点掌握盒子相关属性；能够熟练控制网页中各个元素所呈现效果。

核心要点

- 盒子模型的概念
- 盒子的相关属性
- 元素类型
- 元素的转换
- 元素的溢出与剪切
- 元素的显示与隐藏

一、单元概述

盒子模式是 CSS 网页布局的基础,只有掌握了盒子模型的各种规律和特征,才可以更好地控制网页中各个元素所呈现的效果。本章通过理论教学、案例教学等方法,循序渐进地向学生介绍盒子模型相关概念、盒子模型相关属性及元素的类型和转换、块级元素垂直外边框的合并、元素的溢出与剪切、元素的显示与隐藏。

二、教学重点与难点

重点:

重点掌握盒子相关属性、元素的类型与转换。

难点:

理解盒子模型概念、元素之间的转换、块级元素垂直外边距的合并。

解决方案:

在课程讲授时要注意多采用案例教学法进行相关案例的演示,元素类型可以通过类比方式加深记忆。

【本章知识】

本章首先介绍盒子模型概念、网页设计中常见的属性名:内容(content)、内边距(padding)、边框(border)、外边距(margin),CSS 盒子模型都具备这些属性。这些属性我们可以用日常生活中的常见事物——盒子做一个比喻来理解,所以称它为盒子模型。CSS 盒子模型就是在网页设计中经常用到的 CSS 技术所使用的一种思维模型。

理解了盒子模型的结构之后,要想随心所欲地控制页面中每个盒子的样式,还需要掌握盒子模型的相关属性。此外在前面章节中介绍 CSS 属性时,经常会提到“块级元素”,究竟何为“块级元素”,在 HTML 中元素又是如何分类的,本章 10.3 节将对元素的类型与转换进行详细讲解。

在普通文档流中,当两个相邻或嵌套的块元素相遇时,其垂直方向的外边距会自动合并,发生重叠。本章 10.4 节详细介绍了块级元素的这一特性,能够有助于更好地使用 CSS。

对于块级元素而言,除了可以设置溢出与剪切之外,还可以对整个块级元素设置显示或隐藏。当一个元素的大小无法容纳其中的内容时,就会产生溢出的情况,也就是元素中的内容会被越界显示在元素外面,而剪切的作用是只显示元素中的某一部分,把其余部分都剪切掉。

本章前三个小节重点讲解了盒子模型的概念、盒子相关特性以及元素的类型和元素之间转换。10.4 节介绍了块元素在垂直外边距上的合并,10.5 节与 10.6 节分别介绍了元素溢出与剪切、显示与隐藏内容。

10.1 盒子模型概念

盒子模型,英文即 Box Model。作为前端开发工程师入门技术来说,HTML 与 CSS 可以说是最为基础的内容，CSS 中的盒子模型也是比较经典的概念，大家都知道在 HTML 中存在很多标签，其实每一个标签都可以看成一个盒子，无论是 div、span 还是 a 标签都是盒子。但是图片、表单元素一律看作文本，它们并不是盒子。可以这样理解，比如说，一张图片里并不能放东西，图像就是其本身的内容。

学习盒子模型首先需要了解其概念。所谓盒子模型，就是把 HTML 页面中的元素看作一个矩形的盒子，也就是一个盛装内容的容器。每个矩形都由元素的内容(content)、内边距(padding)、边框(border)和外边距(margin)组成。

为了更形象地使学生认识 CSS 盒子模型，首先从生活中常见的快递盒子的构成说起，一个完整的快递盒子通常包含货品(手机)、填充泡沫和盛装货品的纸盒。如果把货品想象成 HTML 元素，那么快递包装盒子就是一个 CSS 盒子模型，其中货品为 CSS 盒子模型的内容，填充泡沫的厚度为 CSS 盒子模型的内边距，纸盒的厚度为 CSS 盒子模型的边框，如图 10-1 所示。当多个快递盒子放在一起时，它们之间的距离就是 CSS 盒子模型的外边距，如图 10-2 所示。

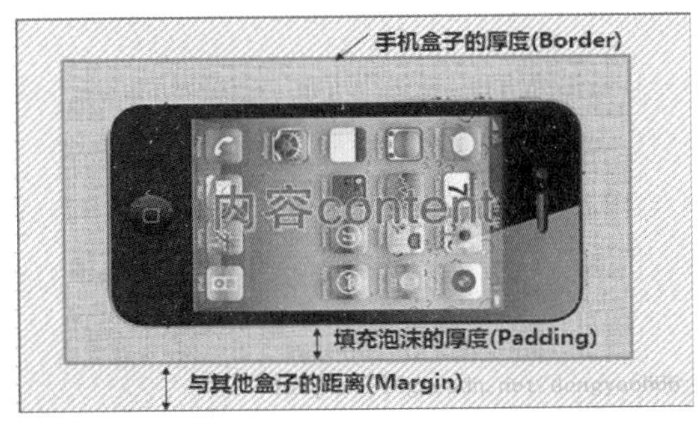

图 10-1　快递盒子的构成

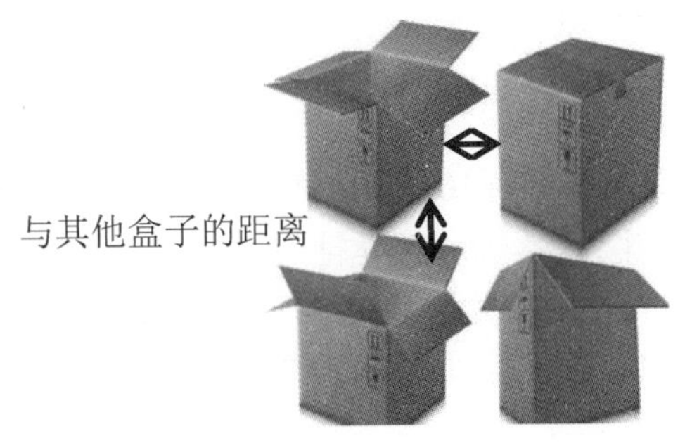

图 10-2　多个快递盒子之间的外边距

熟悉了盒子模型的概念之后，下面通过一个具体的案例来认识到底什么是盒子模型。建立【例 10-1】HTML 页面，并在页面中添加一个 div，然后通过盒子相关属性对该 div 进行控制。

【例 10-1】

```
<html>
<head>
<meta http-equiv="Content-Type" content="text/html; charset=utf-8" />
<title>认识盒子模型</title>
```

```
<style type="text/css">
.box{
    width:150px;                /*盒子模型的宽度*/
     height:50px;               /*盒子模型的高度*/
     border:20px solid red;     /*盒子模型的边框*/
      background:yellow;        /*盒子模型的背景*/
      padding:40px;             /*盒子模型的内边距*/
      margin:30px;              /*盒子模型的外边距*/
  }
  </style>
  </head>
  <body>
     <div class="box">盒子中包含的内容</div>
  </body>
  </html>
```

在【例 10-1】中,通过盒子模型的属性对 div 进行控制。运行【例 10-1】,效果如图 10-3 所示。在该例子中<div>标记就是一个盒子,其构成如图 10-4 所示。

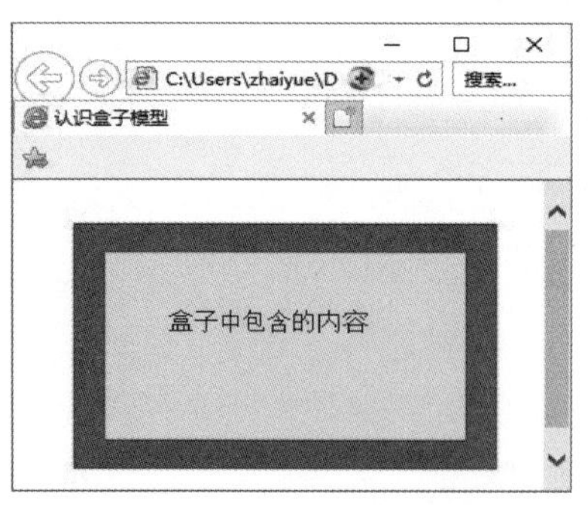

图 10-3 【例 10-1】盒子在浏览器中的效果

图 10-4 盒子模型结构

网页中所有的元素和对象都是由图 10-4 所示的盒子模型基本结构组成,并呈现出矩形盒子效果。在浏览器看来,网页就是多个盒子嵌套排列的结果。其中内边距出现在内容区域的周围,当给元素添加背景色或背景图像时,该元素的背景色或背景图像也将出现在内边距中,外边距是该元素与相邻元素之间的距离,如果给元素定义边框属性,边框将出现在内边距和外边距之间。

注 意 虽然盒子模型拥有内边距、边框、外边距、宽和高这些基本属性,但是并不要求每个元素都必须定义这些属性。

10.2　盒子模型相关属性

10.2.1　边框属性

为了分割页面中不同的盒子，常常需要给元素设置边框效果。CSS 边框是控制对象的边框线宽度、颜色、虚线、实线等样式的 CSS 属性。同时大家可以使用 CSS 手册查看 border 的用法。

提示　DIV+CSS5 提供 CSS 手册网址如下：
http://www.divcss5.com/shouce/c_border.shtml

(1)边框样式

边框样式在边框的众多属性里算是比较重要的，边框样式除了可以改变 HTML 里呆板的边框样式之外，在某些时候甚至还可以控制边框是否显示。在 CSS 中设置边框样式的属性为 border-style，该属性的语法为：

border-style：边框样式的值

在这里可以为边框设置多种线条效果，也就是边框的样式值，例如实线、点线、短线等，边框样式用于定义页面中边框的风格，常用属性值如表 10-1 所示。

表 10-1　边框样式常用属性值

属性值	含义
none	无边框。与任何指定的 border-width 值无关
hidden	隐藏边框。IE 不支持
dotted	在 MAC 平台上 IE4+与 WINDOWS 和 UNIX 平台上 IE5.5+为点线。否则为实线(常用)
dashed	在 MAC 平台上 IE4+与 WINDOWS 和 UNIX 平台上 IE5.5+为虚线。否则为实线(常用)
solid	实线边框(常用)
double	双线边框。两条单线与其间隔的和等于指定的 border-width 值
groove	画 3D 凹槽
ridge	画菱形边框
inset	画 3D 凹边
outset	画 3D 凸边

【例 10-2】下面例子中为段落标记 p 设置了不同类型的边框样式。

```
<html>
<head>
```

```
<meta http-equiv="Content-Type" content="text/html; charset=utf-8" />
<title>10-2.html——边框样式</title>
<style>
body{font-size: 18px;}
.a{border-style:none;}
.b{border-style:hidden;}
.c{border-style:dotted;}
 .d{border-style:dashed;}
 .e{border-style:solid;}
 .f{border-style:double;}
 .g{border-style:groove;}
 .h{border-style:ridge;}
 .i{border-style:inset;}
 .j{border-style:outset;}
 </style>
 </head>
 <body>
     <p class="a">none</p>
     <p class="b">hidden</p>
      <p class="c">dotted</p>
      <p class="d">dashed</p>
      <p class="e">solid</p>
      <p class="f">double</p>
      <p class="g">groove</p>
      <p class="h">ridge</p>
      <p class="i">inset</p>
      <p class="j">outset</p>
</body>
</html>
```

运行【例 10-2】后的效果如图 10-5 所示。

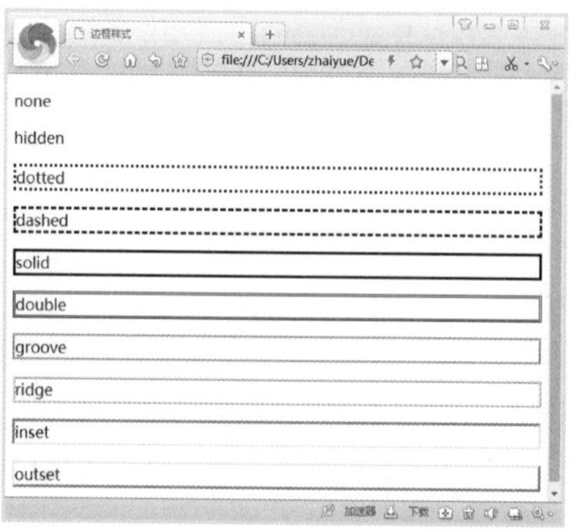

图 10-5 【例 10-2】设置边框样式效果图

使用 border-style 属性也可以为对象 4 个边框设置不同的样式，可以直接使用 border- style 属性设置 4 个边框的风格，它们对应的边框顺序依次是上边框、右边框、下边框和左边框。如果这里只设置了 1 个边框风格，则会对 4 个边框同时起作用；如果设置了 2 个值，则第 1 个用于上/下边框，第 2 个用于左/右边框；如果设置 3 个值，第 1 个用于上边框，第 2 个用于左/右边框，第 3 个用于下边框。

【例 10-3】下面例子为段落 p 分别设置了不同的边框样式，边框样式值分别使用 1 个值、2 个值、3 个值和 4 个值定义边框样式。

```
<html>
<head>
<meta http-equiv="Content-Type" content="text/html; charset=utf-8" />
<title>10-3. html 设置不同边框样式</title>
<style>
body{font-size: 18px;}
.a{border-style:dotted;}
.b{border-style:dashed solid;}
.c{border-style:double groove ridge;}
.d{border-style:solid dashed inset dotted;}
</style>
</head>
<body>
  <p class="a">none</p>
  <p class="b">hidden</p>
  <p class="c">dotted</p>
  <p class="d">dashed</p>
</body>
</html>
```

【例子 10-3】运行后的效果如图 10-6 所示。

图 10-6　【例 10-3】设置不同边框样式效果图

在本例中，可以看到 border-style 属性值的几种写法：

- 当 border-style 属性值为 1 个参数时，该参数为 4 个边框的样式，如第 1 个段落 p 所示。
- 当 border-style 属性值为 2 个参数时，第 1 个参数为上边框和下边框的样式，第 2 个参数为左边框与右边框的样式，如第 2 个段落 p 所示。
- 当 border-style 属性值为 3 个参数时，第 1 个参数为上边框的样式，第 2 个参数为左边框与右边框的样式，第 3 个参数为下边框的样式，如第 3 个段落 p 所示。

- 当 border-style 属性值为 4 个参数时，第 1 个参数为上边框的样式，第 2 个参数为右边框的样式，第 3 个参数为下边框的样式，第 4 个参数为左边框的样式，如第 4 个段落 p 所示。

提示

如何设置三边有边而一边没有边框?

CSS 代码: border:1px solid #000; border-top:none;

注意 “border:1px solid #000;” 和 “border-top:none;” 前后顺序不能调换。因为 CSS 读取时是从上到下、从左到右读取原理，而先设置了整个边框样式，后再加上声明顶部上边边框为 “none” 没有意义，即实现该实例要求的样式。无须分别设置下、左、右，从而节约一定代码。

(2)边框颜色

border-color 属性用于设置边框的颜色，其取值可为预定义的颜色值、十六进制#RRGGBB 或 RGB 代码 rgb(r,g,b)，还可以直接写颜色名称。实际工作中最常用的是十六进制#RRGG-BB。

提示

RGB 模式

R 代表的是红色，G 代表的是绿色，B 代表的是蓝色，红、绿、蓝三原色可以组成多种颜色。RGB 的取值范围在 0~255 之间，例如：RGB(255,0,0)。

边框的默认颜色为元素本身文本的颜色，对于没有文本的元素，例如只包含图像的表格，其默认边框颜色为父元素的文本颜色。

边框颜色的单边设置与综合设置如下：

- border-top-color 上边框颜色;(单边设置)
- border-right-color 右边框颜色;(单边设置)
- border-bottom-color 下边框颜色;(单边设置)
- border-left-color 左边框颜色;(单边设置)
- border-color 边框颜色。(综合设置)

综合设置四边颜色必须按顺时针顺序赋值，用法和设置边框样式一样，即一个值为四边，两个值为上下/左右，三个值为上/左右/下。例如设置段落的边框样式为点线，上下边灰色，左右边红色，代码如下：

```
p{
    border-style:dotted; /*综合设置边框样式*/
    border-color:#CCC #FF000; /*设置边框颜色:两个值为上下、左右*/
}
```

再如，设置二级标题边框样式为双实线，下边框为红色，其余边框采用默认文本的颜色，代码如下：

```
h2{
    border-style:double; /*综合设置边框样式*/
```

```
    border-bottom-color: red; /* 单独设置下边框颜色 */
}
```

注意 设置边框颜色时同样必须设置边框样式，如果未设置样式或设置为 none，则其他的边框颜色属性无效。

提示 多学一招：巧用边框透明色（transparent）

CSS2.1 将元素背景延伸到了边框，同时增加了 transparent 透明色。如果需要将已有的边框设置为暂时不可见，可使用“border-color: transparent”，这时如同没有边框，看到的是背景色，需要边框可见时再设置相应的颜色，这样可以保证元素的区域不发生变化。这种方式与取消边框样式不同，取消边框样式时，虽然边框也不可见，但是这时边框宽度为 0，即元素的区域发生了变化。

IE6 及以下版本不支持 transparent 透明色，必须将边框颜色设置为背景色，以保证元素区域不变。

（3）边框宽度

在 CSS 中可以使用 border-width 属性来设置边框宽度，但是 border-width 属性不仅可以设置元素的边框宽度，还可以设置任何一个有边框对象的边框宽度。border-width 属性的语法代码如下：

border-width: medium | thin | thick | 数值

以上代码的属性值所代表的含义如下：

- medium：默认宽度，该值为默认值；
- thin：比默认宽度小；
- thick：比默认宽度大；
- 数值：以绝对单位数值或相对单位数值来指定边框的宽度。

【例 10-4】下面的例子中为 input 元素设置了不同的边框宽度。

```
<html>
<head>
<meta http-equiv="Content-Type" content="text/html; charset=utf-8" />
<title>10-4.html 设置边框宽度</title>
<style>
body{font-size: 18px;}
.a{border-width: medium;}
.b{border-width: thin;}
.c{border-width:thick;}
.d{border-width:12px;}
</style>
</head>
<body>
    <input type="button" class="a" value="提交">
```

```
        <input type="button" class="b" value="提交">
        <input type="button" class="c" value="提交">
        <input type="button" class="d" value="提交">
    </body>
    </html>
```

【例 10-4】运行后的效果如图 10-7 所示。在该图中可以看出 border-width 属性值为 medium、thin、thick 和 12px 时的边框效果。

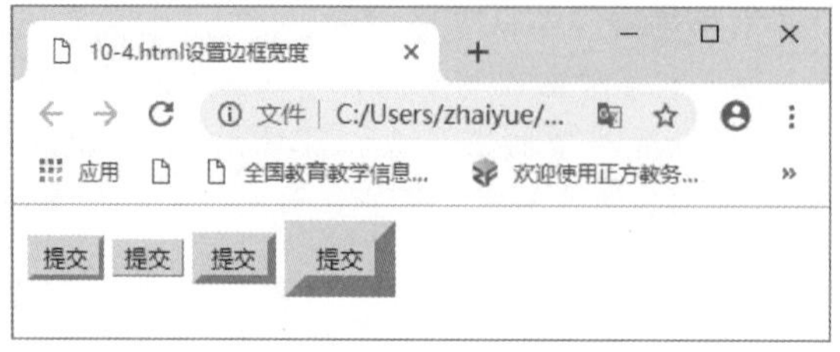

图 10-7 【例 10-4】设置整个边框宽度效果图

使用 border-width 属性不仅仅可以设置整个边框宽度,还可以设置单个边框的宽度。用法与设置边框样式相同。

【例 10-5】下面的例子中为同一个边框设置了不同的宽度。

```
<html>
<head>
<meta http-equiv="Content-Type" content="text/html; charset=utf-8" />
<title>10-4.html 设置边框宽度</title>
<style>
body{font-size: 18px;}
.a,.b,.c,.d,.e{border-style: solid;}
.a{border-width: 3px;}
.b{border-width: 3px 7px;}
 .c{border-width:3px 7px 11px;}
 .d{border-width:3px 7px 11px 15px;}
 .e{border-width:medium thin thick 15px;}
 </style>
 </head>
 <body>
 <div class="a">I do not know what is inside the box</div><br>
 <div class="b">I do not know what is inside the box</div><br>
 <div class="c">I do not know what is inside the box</div><br>
 <div class="d">I do not know what is inside the box</div><br>
 <div class="e">I do not know what is inside the box</div><br>
 </body>
 </html>
```

【例 10-5】运行后的效果如图 10-8 所示。

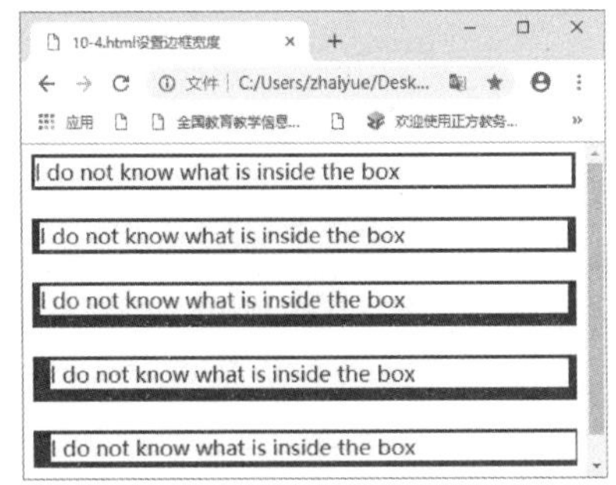

图 10-8　【例 10-5】设置不同边框宽度效果图

在本例中,可以看到 border-width 属性值的四种写法:

- 当 border-width 属性值为 1 个参数时,该参数为 4 个边框的宽度,如第 1 个 div 所示;
- 当 border-width 属性值为 2 个参数时,第 1 个参数为上边框和下边框的宽度,第 2 个参数为左边框与右边框的宽度,如第 2 个 div 所示;
- 当 border-width 属性值为 3 个参数时,第 1 个参数为上边框的宽度,第 2 个参数为左边框与右边框的宽度,第 3 个参数为下边框的宽度,如第 3 个 div 所示;
- 当 border-width 属性值为 4 个参数时,第 1 个参数为上边框的宽度,第 2 个参数为右边框的宽度,第 3 个参数为下边框的宽度,第 4 个参数为左边框宽度,如第 4 个 div 所示。

注意　设置边框宽度时必须设置边框样式，如果未设置样式或设置为 none，则边框宽度属性无效。

(4)综合设置边框

在 CSS 中,还可以使用 border 属性直接设置边框的整体效果,其设置语法是:

border:边框宽度 边框样式 边框颜色。

在这里可以只设置其中的一项或几项,但如果要正常显示设置的边框效果,需要设置边框的样式,即使是采用默认的 solid。

提示　border 属性一般用于综合设置统一的边框风格，即使用该属性设置边框后，元素的边框都采用该效果。即使设置了多个宽度值，也只取最后一个值。如果要为元素的说明边框单独设置不同的效果，还是要分别进行设置。

【例 10-6】下面的例子演示边框综合设置的效果。

```
<html>
<head>
<meta http-equiv="Content-Type" content="text/html; charset=utf-8" />
<title>例 10-6-综合设置边框</title>
<style type="text/css">
h2{
    border-bottom:5px double blue;          /* border-bottom 复合属性设置下边框 */
```

```
        text-align:center;
}
.text{                                          /*单侧复合属性设置各边框*/
        border-top:3px dashed #F00;
        border-right:10px double #900;
        border-bottom:3px dotted #CCC;
        border-left:10px solid green;
}
.pingmian{
        border:15px solid #CCC;                 /*border 复合属性设置各边框相同*/
}
</style>
</head>
<body>
<h2>设置边框属性</h2>
<p class="text">该段落使用单侧边框的综合属性,分别给上、右、下、左四个边设置不同的样式。
</p>
<img class="pingmian" src="img/design.jpg" alt="网页平面设计" />
</body>
</html>
```

在【例 10-6】中,使用边框的单侧复合属性设置二级标题和段落文本,其中二级标题添加下边框,段落文本的各个侧边框样式都不同,然后使用复合属性 border,为图像设置 4 条相同的边框。运行【例 10-6】,效果如图 10-9 所示。

图 10-9 【例 10-6】综合设置边框效果图

10.2.2 内边距属性

为了调整内容在盒子中的显示位置,常常需要给元素设置内边距。所谓内边距,指的是元素内容与边框之间的距离,也常常称为内填充。下面将对内边距相关属性进行详细讲解。

在 CSS 中,padding 属性用于设置内边距,同边框属性 border 一样,padding 也是复合属性,其相关设置如下:

- padding-top:上内边距;
- padding-right:右内边距;

- padding-bottom:下内边距;
- padding-left:左内边距;
- padding:上内边距[右内边距、下内边距、左内边距]。

在上面的设置中,padding 相关属性的取值可为 auto 自动(默认值)或不同单位的数值。如果取值单位设置为百分比,是指相对于父元素(或浏览器)宽度的百分比%,在实际工作中最常用的单位是像素值 px,不允许使用负值。

同边框属性一样,使用复合属性 padding 定义内边距时,必须按顺时针顺序赋值,属性值为 1 个值时定义四边、属性值为 2 个值时定义上下/左右,属性值为 3 个值时定义上/左右/下。

【例 10-7】新建 HTML 页面,在页面中添加一个图像 img 和一个段落 p,然后使用 padding 相关属性,控制它们的内边距。

```
<html>
<head>
<meta http-equiv="Content-Type" content="text/html; charset=utf-8" />
<title>例 10-7-设置内边距</title>
<style type="text/css">
.border{ border:5px solid black;}   /*为图像和段落设置边框*/
img{
      padding:80px;             /*图像4个方向内边距相同*/
      padding-bottom:0;         /*单独设置下边距*/
 /*上面两行代码等价于 padding:80px 80px 0;*/
 }
 p{ padding:5%;}         /*段落内边距为父元素宽度的5%*/
 </style>
 </head>
 <body>
 <img class="border" src="img/couser.jpg" alt="2019 课程马上升级" />
 <p class="border">段落内边距为父元素宽度的5%。</p>
 </body>
 </html>
```

在【例 10-7】中,使用 padding 相关属性设置图像和段落的内边距,其中段落内边距使用%数值。运行【例 10-7】,效果如图 10-10 所示。

由于段落的内边距设置为了%数值,当拖动浏览器窗口改变其宽度时,段落的内边距会随之发生变化,这时<p>标记的父元素为<body>,5%是指相对于父元素 body 宽度的百分比。

注 意　如果设置内外边距为百分比,不论上下或左右的内外边距,都是相对于父元素宽度(width)的百分比,随父元素宽度的变化而变化,和高度(height)无关。

10.2.3 外边距属性

网页是由多个盒子排列而成的,如果需要控制盒子与盒子之间的距离,合理地布局网页,

图 10-10 【例 10-7】设置内边距效果图

就需要为盒子设置外边距。所谓外边距,是指元素边框与相邻元素之间的距离。下面将对外边距的相关属性进行详细讲解。

在 CSS 中 margin 属性用于设置外边距,它是一个复合属性,与内边距 padding 用法类似,设置外边距的方法如下:

- margin-top:上外边距;
- margin- right:右外边距;
- margin-bottom:下外边距;
- margin-left:左外边距;

margin:上外边距[右外边距、下外边距、左外边距]。

margin 相关属性的值,以及复合属性 margin 取 1~4 个值的情况与 padding 相同。但是外边距是可以使用负值,使相邻元素重叠的。

提示　当对块级元素应用宽度属性 width, 并将左右的外边距都设置为 auto 时, 可使块级元素水平居中, 实际工作中常用这种方式进行网页布局, 示例代码如下:

header{ width: 960px; margin: 0 auto; }

关于块级元素以及网页布局这里了解即可,在后面的 10.3 节中将会详细介绍。

【例 10-8】新建 HTML 页面,在页面中添加一个图像和一个段落,然后使用 margin 相关属性,对图像和段落进行排版。

```
<html>
<head>
<meta http-equiv="Content-Type" content="text/html; charset=utf-8" />
<title>例 10-8-设置外边距</title>
<style type="text/css">
img{
    border:5px solid red;
    float:left;                  /*设置图像左浮动*/
    margin-right:50px;           /*设置图像的右外边距*/
    margin-bottom:30px;          /*设置图像的左外边距*/
    /*上面两行代码等价于 margin:0 50px 30px 0; */
```

```
}
p{ text-indent:2em;}
</style>
</head>
<body>
<img src="img/super_couser.jpg" alt="2019 全新优化升级课程" />
<p>2019 全新优化升级课程——响应式手机网站制作:该课程将学习互联网最前沿的 html5 与 css3 技术,并结合最流行的 JQueryMobile+PhoneGap 等框架,实现企业网站的响应式 web 设计。</p>
<p>其他增值课程:电子商务视觉营销设计、淘宝店铺装修设计、多媒体终端界面设计。</p>
<p>详情请见网页前端官方网站 www.suibian.cn</p>
</body>
</html>
```

在【例 10-8】中,使用浮动属性 float 使图像居左,同时设置图像的右外边距和下外边距,使图像和文本之间拉开一定的距离,实现常见的排版效果。对于浮动,这里了解即可,后面章节将会详细介绍。

运行【例 10-8】,效果如图 10-11 所示。

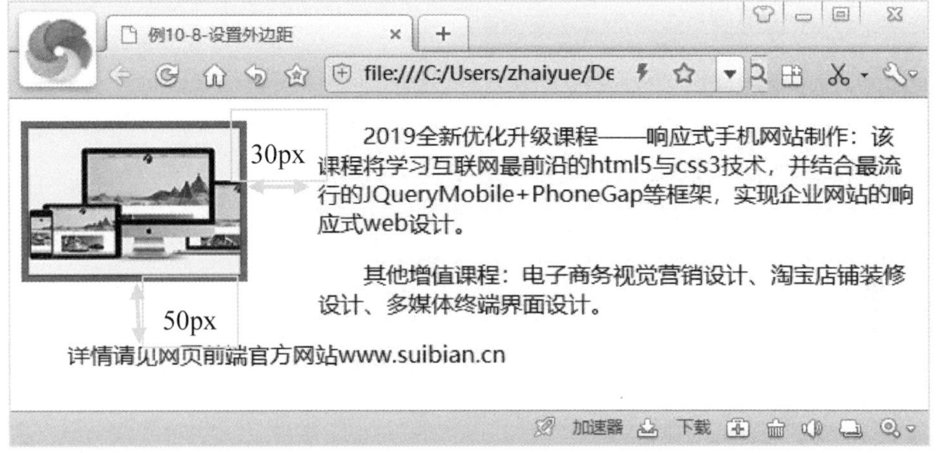

图 10-11 【例 10-8】设置外边距效果

提示 网页中默认就存在内外边距的元素有<body>、<h1>~<h6>、<p>等,网页布局时经常将元素的默认样式清除。

很明显,在图 10-11 中图像和段落文本之间拉开了一定的距离,实现了图文混排的效果,但是段落与段落之间,浏览器边界与网页内容之间也存在一定的距离,而并没有对<p>或<body>元素应用内边距或外边距,可见,这些元素默认就存在内边距和外边距样式。

为了更方便地控制网页中的元素,制作网页时,可使用如下代码清除元素的默认内外边距:

```
*{
    padding:0; /*清除内边距*/
```

```
    margin:0; /*清除内边距*/
}
```

注意　使用 margin 定义块级元素的垂直外边距时，可能会出现外边距的合并。

10.2.4　背景属性

网页能通过背景图像给人留下第一印象，如节日题材的网站一般采用喜庆祥和的图片来突出效果，所以在网页设计中，控制背景颜色和背景图像是一个很重要的步骤。下面将详细介绍 CSS 控制背景颜色和背景图像的方法。

（1）设置背景颜色

在 CSS 中网页元素的背景颜色使用 background-color 属性来设置，其属性值与文本颜色的取值一样，可使用预定义的色值、十六进制#RRGGBB 或 RGB 代码 rgb(r,g,b)。background-color 默认值为 transparent，即背景透明，这时子元素会显示其父元素的背景。

【例 10-9】背景色案例。

```
<html>
<head>
<title>例 10-9-背景色</title>
<style type="text/css">
    body {font-size:9pt;background-color:red;}
    h1 {background-color:#000000;text-align:center;color:#ffffff;}
    .c {background-color:rgb(50%,60%,70%);}
 </style>
 </head>
 <body>
    <h1>武林外传台词</h1>
    <div class="c">
人在江湖飘，谁能不挨刀？白驼山壮骨粉，内用外服均有奇效。挨了刀涂一包，还想再挨第二刀，闪了腰吃一包，活到二百不显老。白驼山壮骨粉，青春的粉，友谊的粉，华山论剑指定营养品，本镇各大药铺医馆均有销售，购买时，请认准黑蛤蟆防伪标志，呱，呱……
    </div>
 </body>
 </html>
```

【例 10-9】案例运行后的效果如图 10-12 所示。

（2）设置背景图像

页面中的元素背景除了可以设置为特殊的颜色外，还可以使用图像进行设置。使用图像作为元素背景，除了需要设置图像的源文件，同时还需要设置一些其他属性。

在 HTML 中设置网页背景图片的方式为< body background="图片 URL">，CSS 中设置背景图片的属性为 background-image，该属性不但可以设置网页背景图片，还可以设置表格、单元

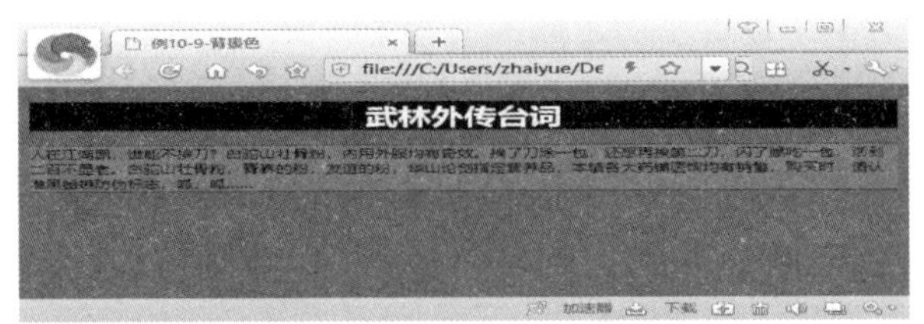

图 10-12 【例 10-9】设置背景颜色效果

格、按钮等元素的背景图片。

background-image 属性的语法代码如下：

background-image：none | url (uri) | inherit

以上代码的属性值所代表的含义如下：

- none：无背景图片，该值也是默认值；
- url(uri)：图片的 uri 地址，可以是绝对或相对地址；
- inherit：继承父级的样式。

以【例 10-9】为基础，准备一张背景图像，如图 10-13 所示，更改 body 元素的样式表代码：

```
body {
  background-color:red;   /* 设置背景颜色 */
  background-image:url(img/jianbian.jpg); /* 设置背景图像 */
}
```

在图 10-14 中，jianbian. jpg 背景图像自动沿着水平和竖直两个方向平铺，充满整个网页，并且覆盖<body>的背景颜色。

图 10-13 背景图像 jianbian. jpg

图 10-14 设置背景图像效果

(3)设置固定的背景图像

通常在网页上设置了背景图片之后，背景图片都会平铺在网页的下方，当网页内容比较多时，在拖动滚动条时，网页的背景会跟着网页的内容一起滚动。在 CSS 里使用 background-attachment 属性可以将背景图片固定在浏览器上，此时如果拖动滚动条，背景图片不会随着网页内容滚动面滚动，看起来好像文字是浮动在图片上似的。background-attachment 属性的语法代码如下：

background-attachment：scroll | fixed | inherit

以上代码的属性值所代表的含义为：

- scroll：背景图片随着内容滚动。该值为默认值；
- fixed：背景图片固定，不随着内容滚动；
- inherit：继承父级样式。

【例 10-10】下面的例子中设置了固定的网页背景图像。

```
<html>
<head>
<title>例 10-10-固定背景图片</title>
<style type="text/css">
    body {
        font-size:9pt;
        background-image:url(img/pic02.jpg);
        background-attachment:fixed ;}
    h5,p {text-align:center;}
 </style>
 </head>
 <body>
        <h5>武林外传台词</h5>
        <p>人在江湖飘,<br />谁能不挨刀？<br />华山论剑指定营养品,<br />本镇各大药铺医馆
        均有销售,<br />购买时,<br />请认准黑蛤蟆防伪标志,<br />呱,呱……
        </p>
 </body>
 </html>
```

注 意

background-attachment 属性不能单独使用，一定要与背景属性搭配使用。

(4)背景图像平铺

默认情况下,背景图像会自动向水平和竖直两个方向平铺,如果不希望图像平铺,或者只沿着一个方向平铺,可以通过 background-repeat 属性来控制,该属性的取值如下:

- repeat:沿水平和竖直两个方向平铺(默认值);
- no-repeat:不平铺(图像位于元素的左上角,只显示一次);
- repeat-x:只沿水平方向平铺;
- repeat-y:只沿竖直方向平铺。

例如,希望上面例子中的图像只沿着水平方向平铺,可以将 body 元素的 CSS 代码更改如下:

```
body {
background-color:red;                      /*设置网页的背景颜色*/
background-image: url(img/jianbian.jpg);   /*设置网页的背景图像*/
background-repeat: repeat-x;               /*设置背景图像的平铺*/
}
```

代码修改后查看效果,发现图像只沿着水平方向平铺,背景图像覆盖的区域就显示背景图像,图像没有覆盖的区域按照设置的背景颜色显示。也就是说,当背景图像和背景颜色同时设置时,背景图像优先显示。

提示 在上面的语法格式中，各个样式顺序任意，中间用空格隔开，不需要的样式可以省略。但实际工作中通常按照背景色、url（“图像”）、平铺、定位、固定的顺序来书写。

【例10-11】将背景图像的平铺属性 background-repeat 定义为 no-repeat，图像将显示在元素的左上角。

```
<html>
<head>
<meta http-equiv="Content-Type" content="text/html; charset=utf-8" />
<title>例10-11-设置背景图像的位置</title>
<style type="text/css">
body{
    background-image:url(img/wdjl.jpg);        /*设置网页的背景图像*/
    background-repeat:no-repeat;                /*设置背景图像不平铺*/
}
</style>
</head>
<body>
<h2>三个月主要学习哪些内容？</h2>
<p>网页平面设计学院课程:photoshop、illustrator、版式布局及配色技巧、UI用户界面设计、Flash互动广告动画设计、HTML/XHTML、CSS、Dreamweaver、Javascript 网页特效、平面设计综合实战、网站综合实战。</p>
</body>
</html>
```

在【例10-11】中，将主体元素 <body>的背景图像定义为 no-repeat 不平铺。在浏览器中运行效果如图10-15所示，背景图像位于 HTML 页面的左上角，即< body>元素的左上角。

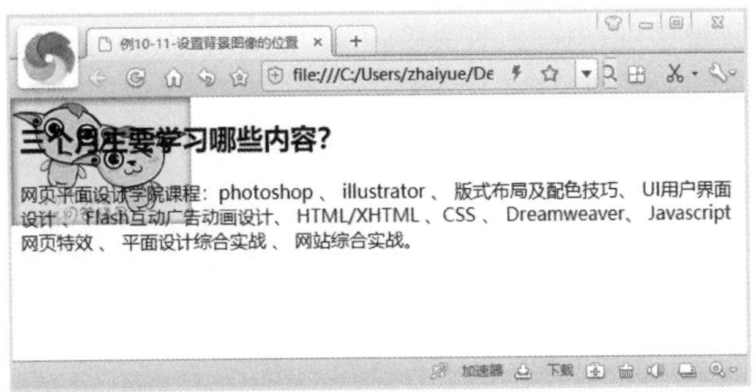

图10-15 【例10-11】设置背景图像不平铺

（5）背景图像位置

除了背景平铺与重复外，CSS 还提供了另一个强大的功能，即背景定位技术，能够精确控制背景在对象中的位置。默认情况下，背景图像都是从元素 padding 区域的左上角开始出现的，但设计师往往希望背景能够出现在任何位置。通过 background-position 属性，可以很轻松地控制背景图像在对象的背景区域中的起始显示位置。

如果希望背景图像出现在其他位置，就需要另一个 CSS 属性 background-position，设置背景图像的位置。例如，将【例 10-11】中的背景图像定义在页面的右下角，可以更改 body 元素的 CSS 样式代码如下：

```
1  body{
2      background-image:url(img/wdjl.jpg);     /*设置网页的背景图像*/
3      background-repeat:no-repeat;            /*设置背景图像不平铺*/
4      background-position: right bottom;      /*设置背景图像的位置*/
5  }
```

保存 HTML 文件并刷新网页，效果如图 10-16 所示，背景图像出现在页面的右下角。

图 10-16　设置背景图像在右下角

在 CSS 中，background-position 属性的值通常设置为两个，中间用空格隔开，用于定义背景图像在元素的水平和垂直方向的坐标，例如上面例子中第 4 行代码：background-position： right bottom;。background-position 属性的默认值为“0 0”或“top left"，即背景图像位于元素的左上角。

background- position 属性的取值可有多种，具体解释如下：

①使用不同单位（最常用的是像素 px）的数值：直接设置图像左上角在元素中的坐标，例如：background- position：20px 20px;。

②使用预定义的关键字：指定背景图像在元素中的对齐方式。

水平方向值：left、center、right；

垂直方向值：top、center、bottom。

两个关键字的顺序任意，若只有一个值则另一个默认为 center。center：相当于 center center（居中显示）。top：相当于 top center 或 center top（水平居中、上对齐）。

③使用百分比：按背景图像和元素的指定点对齐。

0% 0%：表示图像左上角与元素的左上角对齐。

50% 50%：表示图像 50%50%中心点与元素 50%50%的中心点对齐。

20% 30%：表示图像 20%30%的点与元素 20%30%的点对齐。

100% 100%：表示图像右下角与元素的右下角对齐，而不是图像充满元素。如果只有一个百分数，将作为水平值，垂直方向值则默认为 50%。

下面将 background-position 的值定义为像素值，来控制【例 10-11】中背景图像的位置。body 元素的 CSS 样式代码如下：

```
body{
    background-image:url(img/wdjl.jpg);          /*设置网页的背景图像*/
    background-repeat:no-repeat;                 /*设置背景图像不平铺*/
    background-position: 50px 80px;              /*用像素值控制背景图像*/
}
```

再次刷新网页,效果如图 10-17 所示,可以看到图像距离 body 元素的左边缘为 50 px,距离上边缘为 80 px。

图 10-17　使用像素设置背景图像位置

(6)综合设置元素背景

同边框属性一样,在 CSS 中背景属性也是一个复合属性,可以将背景相关的样式都综合定义在一个复合属性 background 中。使用 background 属性综合设置背景样式的语法格式如下:

background:背景色 url("图像") 平铺 定位 固定;

提示　在上面的语法格式中,各个样式顺序任意,中间用空格隔开,不需要的样式可以省略。但实际工作中通常按照背景色、url("图像")、平铺、定位、固定的顺序来书写。

例如将【例 10-11】中 body 的背景进行综合设置为:

```
background: url (img/wail. jpg) no-repeat 50px 80px fixed;
```

这时省略了背景颜色样式,等价于:

```
body
{
background- image:url(img/wail.jpg);       /*设置网页的背景图像*/
background-repeat: no-repeat;              /*设置背景图像不平铺*/
background-position: 50px 80px;            /*用像素值控制背景图像的位置*/
background-attachment: fixed;              /*设置背景图像的位置固定*/
}
```

10.2.5　盒子的宽与高

网页是由多个盒子排列而成,每个盒子都有固定的大小,在 CSS 中使用宽度属性 width 和高度属性 height 可以对盒子的大小进行控制。width 和 height 的属性值可以为不同单位的数值或相对于父元素的百分比，实际工作最常用的是像素值。

【例 10-12】使用盒子模型的宽度(width)与高度(height)属性。

```
<html>
<head>
<meta http-equiv="Content-Type" content="text/html; charset=utf-8" />
<title>例 10-12-盒子模型的宽度与高度</title>
<style type="text/css">
.box{
     width:200px;                    /*设置盒子的宽度*/
     height:80px;                    /*设置盒子的高度*/
     background:#CCC;                /*设置盒子的背景颜色*/
     border:8px solid #F00;          /*设置盒子的边框*/
     padding:15px;                   /*设置盒子的内边距*/
     margin:20px;                    /*设置盒子的外边距*/
 }
</style>
</head>
<body>
<p class="box">这是一个盒子</p>
</body>
</html>
```

在【例 10-12】中，通过 width 和 height 属性分别控制段落的宽度和高度，同时对段落应用了盒子模型的其他相关属性，例如边框、内边距、外边距等。运行【例 10-12】，效果如图 10-18 所示。在图 10-18 所示的盒子中，如果问盒子的宽度是多少，初学者可能会不假思索地说是 200 px。实际上这是不正确的，因为 CSS 规范中，元素的 width 和 height 属性仅指块级元素内容的宽度和高度，其周围的内边距、边框和外边距是另外计算的。

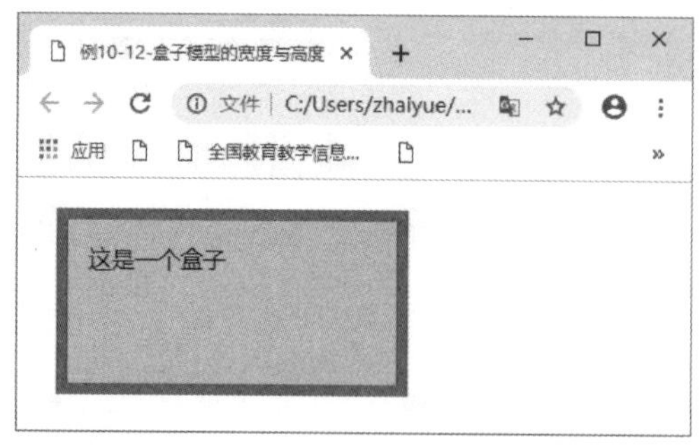

图 10-18　使用像素设置背景图像位置

注意

宽度属性(width)和高度属性(height)仅适用于块级元素，对行内元素无效果。

计算盒子模型的总高度时，还应考虑上下两个盒子垂直外边距合并的情况，详见 10.4。

10.2.6 盒子尺寸计算

在 CSS 中，为了方便设置元素的 CSS 属性和实现相应的布局，浏览器的首要任务就是判定元素大小。

在 HTML 文档中每个元素都被处理成一个矩形"盒子"，并且这个盒子由 4 部分构成，分别是 content（内容区域）、padding（内边距）、border（边框）、margin（外边距）。

与其对应 4 个 CSS 属性分别是：

- 内容区域：真正包含元素的区域，通过 width 和 height 进行设置（标准盒模型）；
- 内边距：内容与边框间的空白区域，通过 padding 进行设置，可分别设置 4 个方向的内边距；
- 边框：元素边框，通过 border 进行设置，可分别设置 4 个边框；
- 外边距：相邻盒子间的空白区域，通过 margin 进行设置，可分别设置 4 个方向的外边距。

所以说当改变盒子四个属性中的任何一个的时候，盒子的总面积都会有所改变。

在标准盒模型下，width 和 height 是内容区域，即 content 的 width 和 height，如图 10-19 所示，盒子总大小的计算公式为：

- 盒子的面积=盒子的实际高度×盒子的实际宽度；
- 盒子的宽度= width +padding+border+margin；
- 盒子的高度= height+padding+border+margin。

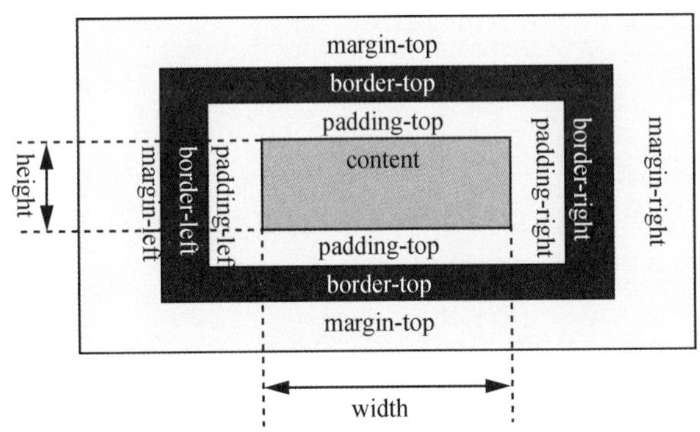

图 10-19 标准盒子模型下盒子的 width 和 height

如果使用 DOCTYPE 完整定义文档类型，会触发标准模式；如果 DOCTYPE 缺失，则在 IE6、IE7、IE8 下将会触发怪异模式（quirks 模式）。在怪异模式下：

- 盒子的宽度=width+margin；
- 盒子的高度=height+margin；
- 怪异模式下 width=内容区域的宽度+ padding + border；
- 怪异模式下 height=内容区域的高度+ padding + border。

可以看出盒子的总宽度和高度是包含内边距 padding 和边框 border 宽度在内的，如图 10-20 所示。

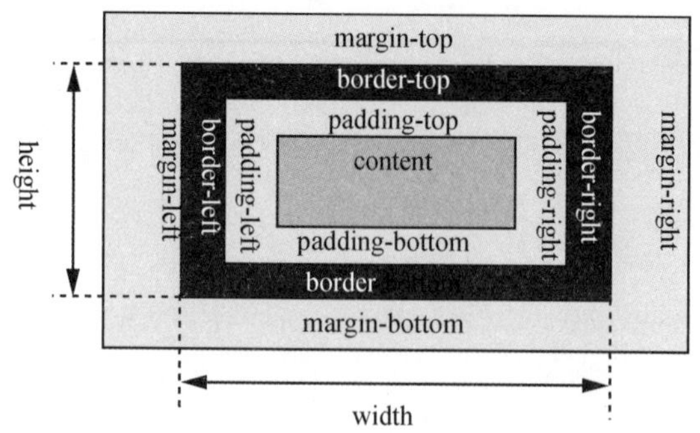

图 10-20　怪异模型下盒子的 width 和 height

提示　怪异模式，与 DTD 声明密切相关，如果 DTD 声明漏写，就会使浏览器按照怪异模式解析。为了避免浏览器按照怪异模式解析网页，应该为文档正确添加 DTD 声明。

10.3　元素的类型与转换

在前面的章节中介绍 CSS 属性时，经常会提到"仅适用于块级元素"，那么究竟何为"块级元素"？在 HTML 中元素又是如何分类的？本节将对元素的类型与转换进行详细讲解。

10.3.1　元素的类型

HTML 提供了丰富的标记，用于组织页面结构。为了使开发者能够更加轻松、合理地进行页面结构的组织，HTML 标记被定义成了三种不同的类型，一般分为块元素、行内元素和行内块元素。了解它们的特性可以为使用 CSS 布局打下基础。

(1)块元素

块元素在页面中以区域块的形式出现，其特点是：每个块元素通常都会独自占据一整行或多整行，可以对其设置宽度、高度、对齐等属性，常用于网页布局和网页结构的搭建。常见的块元素有<h1>-<h6>、<p>、<div>、<ul>、<ol>、<li>等，其中<div>标记是最典型的块元素。

(2)行内元素

行内元素也称内联元素或内嵌元素，其特点是：不必在新的一行开始，同时，也不强迫其他的元素在新的一行显示。一个行内元素通常会和它前后的其他行内元素显示在同一行中，它们不占有独立的区域，仅仅靠自身的字体大小和图像尺寸来支撑结构，一般不可以设置宽度、高度、对齐等属性，常用于控制页面中文本的样式。常见的行内元素有< strong>、<b>、<em>、<i>、<del>、<span>、<u>、<a>等，其中<span>标记是最典型的行内元素。

(3)行内块元素

行内块元素是块元素和行内元素的结合体，可以对盒子的任一构成部分进行设置，并且与相邻元素共享一行。常见行内块元素有 img、input、select 等。

【例 10-13】块元素、行内元素和行内块元素。

```
<html>
<head>
<meta http-equiv="Content-Type" content="text/html; charset=utf-8" />
<title>例 10-13-块元素和行内元素</title>
<style type="text/css">
h2{                                  /*定义 h2 的背景颜色、宽度、高度、文本水平对齐方式*/
    background:#FCC;
    width:350px;
    height:50px;
    text-align:center;
 }
 p{background:#090;}                /*定义 p 的背景颜色*/
 strong{                            /*定义 strong 的背景颜色、宽度、高度、文本水平对齐方式*/
       background:#FCC;
       width:360px;
       height:50px;
       text-align:center;
 }
 em{background:#FF0;}               /*定义 em 的背景颜色*/
 del{background:#CCC;}              /*定义 del 的背景颜色*/
 input{width:300px; height:50px;
 border:1px solid black;}
 </style>
 </head>
 <body>
 <h2>h2 标记定义的文本。</h2>
 <p>p 标记定义的文本。</p>
 <strong>strong 标记定义的文本。</strong>
 <em>em 标记定义的文本。</em>
 <del>del 标记定义的文本。</del>
 <input type="text" name="id">
 </body>
 </html>
```

在【例 10-13】中，首先使用块标记<h2>、<p>和行内标记< strong>、<em>、<del>定义文本，然后对它们应用不同的背景颜色，同时，对<h2>和< strong>应用相同的宽度、高度和对齐属性。

运行例【10-13】，效果如图 10-21 所示。

从图 10-21 可以看出不同类型的元素在页面中所占的区域不同。块元素<h2>和<p>各自占据一个矩形的区域，虽然<h2>和<p>相邻，但是它们不会排在同一行中，而是依次竖直排列，其中图 10-21 块元素和行内元素的显示效果设置了宽高和对齐属性，<h2>按照设置的样式显示，未设置宽高和对齐属性的<p>则左右撑满页面。但是，行内元素< strong>、<em>和<del>排列在同一行，遇到边界则自动换行，虽然对<strong>设置了和<h2>相同的宽高和对齐属性，但

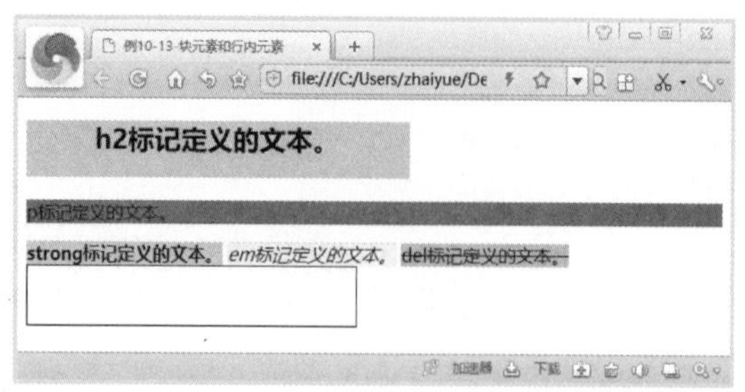

图 10-21 【例 10-13】三种元素的显示效果

是在实际的显示效果中并不会生效。对于行内块的< input>标记，可以对它们设置宽高和对齐属性。

提示 行内元素通常嵌套在块元素中使用，而块元素却不能嵌套在行内元素中。

例如，可以将【例 10-13】中的< strong>、<em>和<del>嵌套在<p>标记中，代码如下：

```
<p>
    <strong>strong 标记定义的文本。</strong>
    <em>em 标记定义的文本。</em>
    <del>del 标记定义的文本。</del>
</p>
```

保存 HTML 文件，刷新网页，效果如图 10-22 所示。从图 10-22 中可以看出，当行内元素嵌套在块元素中时，就会在块元素上占据一定的范围，成为块元素的一部分。

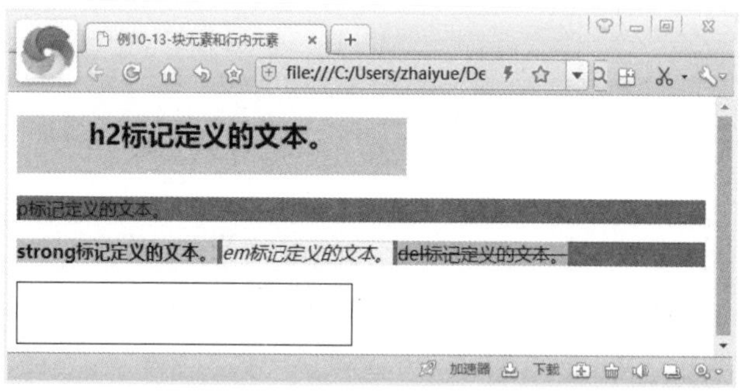

图 10-22 【例 10-13】添加代码后效果

总结【例 10-13】可以得出，块元素通常独占一行（逻辑行），可以设置宽高和对齐属性，而行内元素通常不独占一行，不可以设置宽度、高度和对齐属性。

10.3.2 元素的转换

网页是由多个块元素、行内元素和行内块元素构成的盒子排列而成的。如果希望行内元素具有块元素的某些特性，例如可以设置宽度、高度，或者需要块元素具有行内元素的某些特性，例如不独占行排列，可以使用 display 属性对元素的类型进行转换。display 属性常用的属性值及含义如下：

表 10-2　display 属性值及含义

属性值	含义	备注
none	此元素不会被显示	常用
block	此元素将显示为块级元素，此元素前后会带有换行符	常用
inline	默认。此元素会被显示为内联元素，元素前后没有换行符	常用
inline-block	行内块元素（CSS2.1 新增的值）	常用
list-item	此元素会作为列表显示	不常用
run-in	此元素会根据上下文作为块级元素或内联元素显示	不常用
table	此元素会作为块级表格来显示（类似 <table>），表格前后带有换行符	不常用
inline-table	此元素会作为内联表格来显示（类似 <table>），表格前后没有换行符	不常用
table-row-group	此元素会作为一个或多个行的分组来显示（类似 <tbody>）	不常用
table-header-group	此元素会作为一个或多个行的分组来显示（类似 <thead>）	不常用
table-footer-group	此元素会作为一个或多个行的分组来显示（类似 <tfoot>）	不常用
table-row	此元素会作为一个表格行显示（类似 <tr>）	不常用
table-column-group	此元素会作为一个或多个列的分组来显示（类似 <colgroup>）	不常用
table-column	此元素会作为一个单元格列显示（类似 <col>）	不常用
table-cell	此元素会作为一个表格单元格显示（类似 <td> 和 <th>）	不常用
table-caption	此元素会作为一个表格标题显示（类似 <caption>）	不常用
inherit	规定应该从父元素继承 display 属性的值	不常用
compact	CSS 中有值 compact，不过由于缺乏广泛支持，已经从 CSS2.1 中删除	已废除
marker	CSS 中有值 marker，不过由于缺乏广泛支持，已经从 CSS2.1 中删除	已废除

提示

在 CSS 中 visibility:hidden 和 display:none 有什么区别呢？

答：<div style="width:100px; height:100px;background:red;visibility:hidden"></div>

//对象隐藏后，还有占有相应的空间大小

<div style="width:100px; height:100px;background:red;display:none"></div>

//对象隐藏后，对象不占任何空间

【例 10-14】使用 display 属性可以对元素的类型进行转换，使元素以不同的方式显示。

```
<html>
<head>
<meta http-equiv="Content-Type" content="text/html; charset=utf-8" />
<title>例 10-14-元素的转换</title>
```

```
<style type="text/css">
div,span{                              /*同时设置 div 和 span 的样式*/
    width:200px;                /*宽度*/
    height:50px;               /*高度*/
    background:#FCC;      /*背景颜色*/
    margin:10px;               /*外边距*/
 }
 .d_one,.d_two{ display:inline;}       /*将前两个 div 转换为行内元素*/
 .s_one{ display:inline-block;}        /*将第一个 span 转换为行内块元素*/
 .s_three{ display:block;}             /*将第三个 span 转换为块元素*/
 </style>
 </head>
 <body>
 <div class="d_one">第一个 div 中的文本</div>
 <div class="d_two">第二个 div 中的文本</div>
 <div class="d_three">第三个 div 中的文本</div>
 <span class="s_one">第一个 span 中的文本</span>
 <span class="s_two">第二个 span 中的文本</span>
 <span class="s_three">第三个 span 中的文本</span>
 </body>
 </html>
```

在【例 10-14】中,定义了三对<div>和三对<span>标记,为它们设置相同的宽度、高度、背景颜色和外边距。同时对前两个<div>应用“display:inline;”样式,使它们从块元素转换为行内元素,对第一个和第三个<spam>分别应用“display:inline-block;”和“display:block;”样式,使它们分别转换为行内块元素和块元素。

运行【例 10-14】,效果如图 10-23 所示。从图 10-23 可以看出,前两个<div>排列在了同一行,靠自身的文本内容支撑其宽高,这是因为它们被转换成了行内元素,而第一个和第三个<span>则按固定的宽高显示,不同的是前者不会独占一行,后者独占一行,这是因为它们分别被转换成了行内块元素和块元素。仔细观察图 10-23 可以发现,前两个<div>与第三个<div>之间的垂直外边距,并不等于前两个<div>的 margin-bottom 与第三个<div>的 margin-top 之和,这是因为前两个<div>被转换成了行内元素,而行内元素只可以定义左右外边距,定义上下外边距时无效。

图 10-23 【例 10-14】元素的转换效果

在上面的例子中，使用 display 的相关属性值，可以实现块元素、行内元素和行内块元素之间的转换。如果希望某个元素不被显示，还可以使用“display：none;”进行控制。例如，希望上面例子中的第三个<div>不被显示，可以在 CSS 代码中增加如下样式：

```
.d_three{display：none；}/＊隐藏第三个＊/
```

保存 HTML 页面，刷新网页，效果如图 10-24 所示，从图 10-24 可以看出，当定义元素的 display 属性为 none 时，该元素将从页面消失，不再占用页面空间。

图 10-24　定义 display：none 后的效果

提示　元素的“display：none；”和“display：block；”样式，常常与 Javascript 脚本一起使用，用于制作默认隐藏鼠标悬浮时显示的菜单效果。

10.4　块元素垂直外边距的合并

在普通文档流中，当两个相邻或嵌套的块元素相遇时其垂直方向的外边距会自动合并，发生重叠。了解块元素的这一特性，有助于更好地使用 CSS 进行网页布局。本节将针对块元素垂直外边距的合并进行详细讲解。

10.4.1　相邻块元素垂直外边距塌陷

当上下相邻的两个块元素相遇时，如果上面的元素有下外边距 margin-bottom，下面的元素有上外边距 margin-top，则它们之间的垂直间距不是 margin-bottom 与 margin-top 之和，而是两者中的较大者。这种现象被称为相邻块元素垂直外边距塌陷。

【例 10-15】相邻块元素垂直外边距塌陷。

```
<html>
<head>
<meta http-equiv="Content-Type"  content="text/html; charset=utf-8"  />
<title>例 10-15-相邻块元素垂直外边距塌陷</title>
<style type="text/css">
div{                                      /＊定义页面中两个元素的宽度、高度、背景颜色＊/
     width:200px;
```

```
    height:60px;
    background:#FCC;
}
.one{ margin-bottom:20px;}       /*定义第一个 div 的下外边距*/
.two{ margin-top:40px;}          /*定义第二个 div 的上外边距*/
</style>
</head>
<body>
<div class="one">第一个 div</div>
<div class="two">第二个 div</div>
</body>
</html>
```

在【例 10-15】中,定义了两对<div>,为它们设置相同的宽度、高度和背景颜色,同时为第一个<div>定义下外边距 margin-bottom:20px;为第二个<div>定义上外边距 margin-top:40px;运行【例 10-15】,效果如图 10-25 所示。

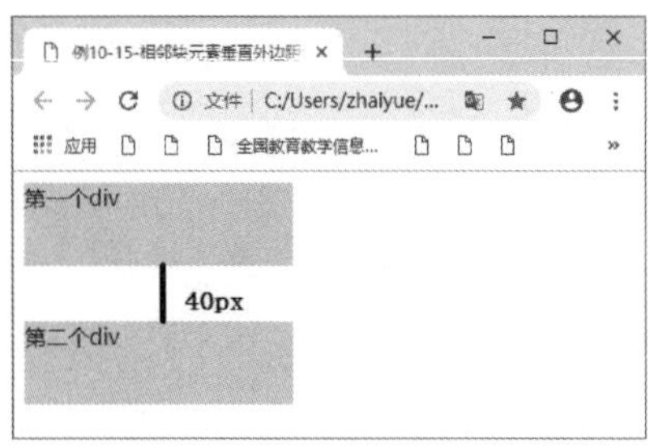

图 10-25 【例 10-15】相邻块元素垂直外边距塌陷效果

在图 10-25 中,两个<div>之间的垂直间距并不是第一个<div>的 margin-bottom 与第二个<div>的 margin-top 之和 60 px。如果用测量工具测量可以发现,两者之间的垂直间距是 40px,即为 margin-bottom 与 margin-top 中的较大者。

10.4.2 嵌套块元素垂直外边距塌陷

对于两个嵌套关系的块元素,如果父元素没有上内边距及边框,则父元素的上外边距会与子元素的上外边距发生合并,合并后的外边距为两者中较大者,即使父元素的上外边距为 0,也会发生合并。

【例 10-16】嵌套块元素上外边距塌陷。

```
<html>
<head>
<meta http-equiv="Content-Type" content="text/html; charset=utf-8" />
<title>例 10-16-嵌套块元素上外边距塌陷</title>
<style type="text/css">
 *{ margin:0; padding:0;}        /*将所有元素的默认内外边距归零*/
div.father{
    width:300px;
```

```
9        height:150px;
10       background:#FCC;
11       margin-top:20px;              /* 定义父 div 的上外边距 */
12   }
13   div.son{
14       width:150px;
15       height:75px;
16       background:#090;
17       margin-top:40px;              /* 定义子 div 的上外边距 */
18   }
19   </style>
20   </head>
21   <body>
22   <div class="father">
23      <div class="son"></div>
24   </div>
25   </body>
26   </html>
```

在【例 10-16】中,定义了两对<div>,它们是嵌套的父子关系,分别为其设置宽度、高度、背景颜色和上外边距,其中父<div>的上外边距为 20 px,子<div>的上外边距为 40 px。为了便于观察,在第 6 行代码中,使用通配符选择器将所有元素的默认内外边距归零。运行【例 10-16】,效果如图 10-26 所示。

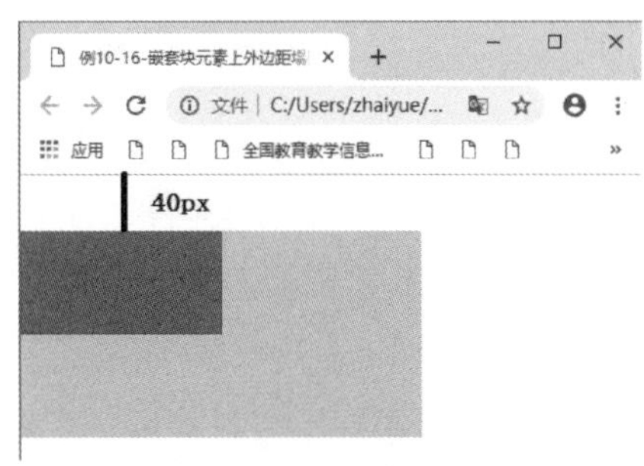

图 10-26　【例 10-16】嵌套块元素垂直外边距塌陷效果

在图 10-26 中,父<div>与子<div>的上边缘重合,这是因为它们的外边距发生了塌陷。如果使用测量工具测量可以发现,这时的外边距为 40 px,即取父<div>与子<div>上外边距中的较大者。如果希望外边距不合并,可以为父元素定义 1 像素的上边框或上内边距。这里以定义父元素的边框为例,在父<div>的 CSS 样式中增加如下代码:

```
border: 1px solid black;/ *定义父 div 的边框 */
```

保存 HTML 文件,刷新网页,效果如图 10-27 所示。在图 10-27 中,父<div>与浏览器上边缘的垂直间距为 20 px,子<div>与父<div>上边缘的垂直间距为 40 px,也就是说这时外边距正常显示,没有发生塌陷。

上面了解了嵌套块元素之间上外边距塌陷情况。值得一提的是,它们的下外边距也有可能发生,父元素有边框时外边距不发生塌陷。如果父元素没有设置高度及自适应子元素的高

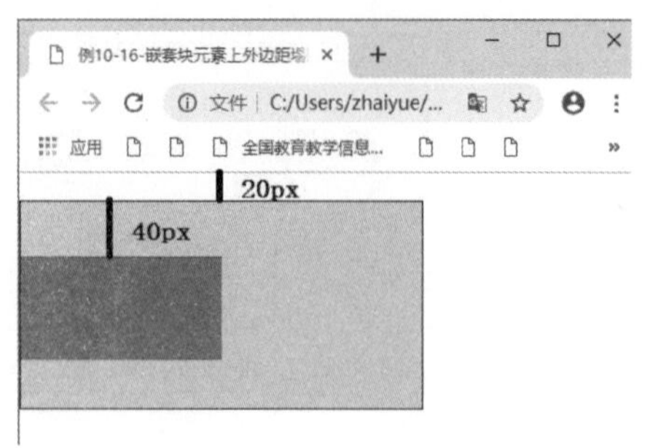

图 10-27　父元素有边框时外边距不塌陷效果

度，同时，也没有对其定义下内边距及下边框，则父元素与子元素下外边距也会发生塌陷，这就是父元素不适应子元素高度的问题。

提示　为了避免嵌套块元素外边距塌陷，常常我们需要为父元素设置边框，这里我们可以在设置边框颜色时，使其与父<div>的背景颜色一样，所以在实际显示效果中好像边框不存在一样。

10.5　元素的溢出与剪切

当一个元素的大小无法容纳其中的内容时，就会产生溢出的情况，也就是元素中的内容会溢出显示在元素外面，而剪切的作用是只显示元素中的某一部分，把其余部分都剪切掉。

10.5.1　溢出内容的设置

当盒子内的元素超出盒子自身的大小时，内容就会溢出，这时如果想要规范溢出内容的显示方式，就需要使用 CSS 的 overflow 属性，其基本语法格式如下：

选择器{overflow:属性值;}

在上面的语法中，overflow 属性的常用值有 5 个，分别表示不同的含义，如表 10-3 所示。

表 10-3　overflow 的常用属性值

值	描述
visible	默认值。内容不会被修剪，会呈现在元素框之外
hidden	内容会被修剪，并且其余内容是不可见的
scroll	内容会被修剪，但是浏览器会显示滚动条以便查看其余的内容
auto	如果内容被修剪，则浏览器会显示滚动条以便查看其余的内容
inherit	规定应该从父元素继承 overflow 属性的值

当了解 overflow 属性的常用属性值及其含义之后，下面通过一个案例来演示其具体的用法和效果。

【例 10-17】元素的溢出。

```
<html>
```

```
<head>
<meta http-equiv="Content-Type" content="text/html; charset=utf-8" />
    <title>例 10-17-元素溢出</title>
    <style type="text/css">
      div.a
           {width:200px;height:100px;background-color:#cccccc;
           position:absolute;left:10px;top:10px;
           overflow:visible;}
   div.b {width:200px;height:100px;background-color: #cccccc;
           position:absolute;left:300px;top:10px;
           overflow:hidden;}
   div.c {width:200px;height:100px;background-color: #cccccc;
           position:absolute;left:10px;top:250px;
           overflow:scroll;}
   div.d {width:200px;height:100px;background-color: #cccccc;
           position:absolute;left:300px;top:250px;
           overflow:auto;}
</style>
</head>
<body>
  <div class="a">
我喜欢欣赏郁郁葱葱、青翠欲滴、茵茵青青芳草坪,枝头繁花缤纷绽放的绚丽花朵,我更喜欢欣赏仰天伸张静默沧桑的老树……樱花园里,那一树树缤纷绽放地花儿,绽放得简直如梦如幻。
  </div>
  <div class="b">
我喜欢欣赏郁郁葱葱、青翠欲滴、茵茵青青芳草坪,枝头繁花缤纷绽放的绚丽花朵,我更喜欢欣赏仰天伸张静默沧桑的老树……樱花园里,那一树树缤纷绽放的花儿,绽放得简直如梦如幻。
  </div>
  <div class="c">
我喜欢欣赏郁郁葱葱、青翠欲滴、茵茵青青芳草坪,枝头繁花缤纷绽放的绚丽花朵,我更喜欢欣赏仰天伸张静默沧桑的老树……樱花园里,那一树树缤纷绽放的花儿,绽放得简直如梦如幻。
  </div>
  <div class="d">
我喜欢欣赏郁郁葱葱、青翠欲滴、茵茵青青芳草坪,枝头繁花缤纷绽放的绚丽花朵,我更喜欢欣赏仰天伸张静默沧桑的老树……樱花园里,那一树树缤纷绽放的花儿,绽放得简直如梦如幻。
  </div>
</body>
</html>
```

【例 10-17】运行后效果如图 10-28 所示,可以看出 overflow 的四个不同属性值的不同处理效果。

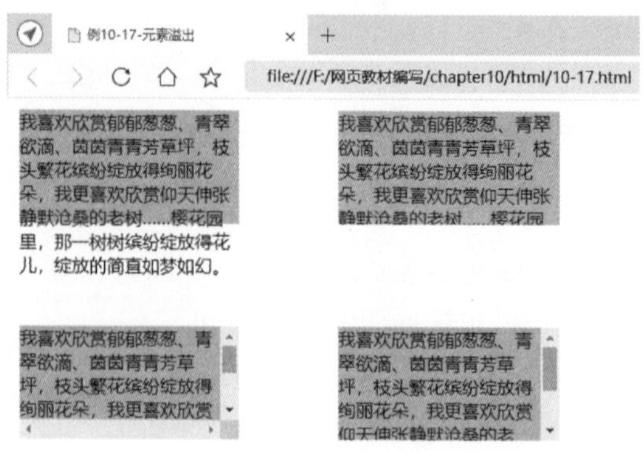

图 10-28 【例 10-17】元素溢出设置效果

提示 overflow 属性只工作于指定高度的块元素上。

10.5.2 水平方向超出范围的处理方式

使用 overflow 属性可以设置超出范围时的内容处理方式，但是一旦设置 overflow，则对水平方向和垂直方向同时起作用。如果只需要设置其中一个方向，可以单独进行设置。使用 overflow-x 可以设置水平方向上的处理方式，其语法是：

overflow-x：visible /auto /hidden / scroll；

在这里包括 4 个取值：

- visible 表示可见，即使内容超出了范围依然完整显示；
- auto 表示自动根据情况显示滚动条；
- hidden 表示裁切超出范围的内容；
- scroll 表示显示滚动条。

【例 10-18】水平方向上设置超出范围时的处理方式

```
<html>
<head>
<meta http-equiv="Content-Type" content="text/html; charset=utf-8" />
  <title>例 10-18-设置超出范围时的处理方式</title>
  <style type="text/css">
          h2{font-family:"方正姚体"}
        .exam{
              padding:20px;
              width:350px;
               height:220px;
               overflow-x:scroll;
               }
         .exam2{width:450px}
      </style>
```

```
</head>
<body>
  <h2>花朵介绍</h2>
  <div name=out class="exam">
    <div class="exam2">
    <p>玫瑰,别名徘徊花,蔷薇科,属落叶丛生灌木。它可以高达 2 米,茎枝上密生毛刺,叶椭圆形,花单生或数朵丛生,花期 5-6 个月,单瓣或重瓣。</p>
    <p>牡丹为花中之王,有"国色天香"之称。每年 4-5 月开花,朵大色艳,奇丽无比,有红、黄、白、粉紫、墨、绿、蓝等色。花多重瓣,花香袭人,被看作富丽繁华的象征,称为"富贵花"。</p>
    </div>
  </div>
</body>
</html>
```

【例 10-18】中,为了说明超出范围的处理方式、将 name 属性值为 out 的层处理为一个整体,即在其中嵌套一个层。这个嵌套层的宽度为 450 px,超出了 name 属性为 out 层的水平宽度 350 px 的范围。这里将其设置成了 scroll,表示出现滚动条,运行后效果如图 10-29 所示。

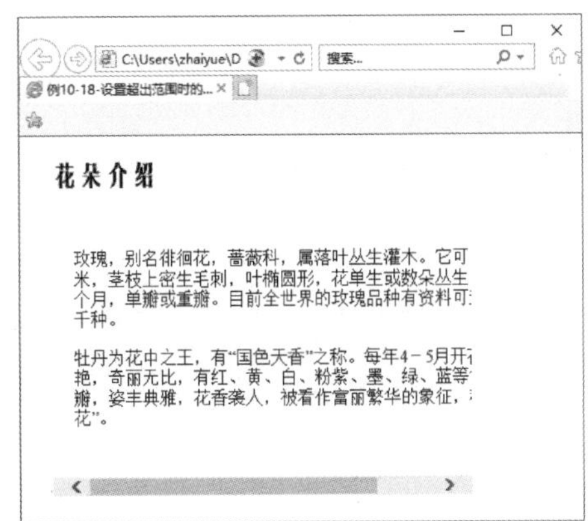

图 10-29　【例 10-18】设置了元素内容水平方向超出范围的处理方式效果

可以看到,设置了属性值为 scroll 之后,只有水平方向出现了滚动条,而垂直方向并没有自动出现滚动条。

10.5.3　垂直方向超出范围的处理方式

使用 overflow-y 可以设置当内容超出元素范围时,在垂直方向上的处理方式,其设置的语法是:

overflow-y:visible/auto /hidden / scroll

在这里同样包括 4 个取值:

- visible 表示可见,即使内容超出了范围依然完整显示;
- auto 表示自动根据情况显示滚动条;
- hidden 表示裁切超出范围的内容;
- scroll 表示显示滚动条。

【例 10-19】设置了元素内容的垂直方向超出范围的处理方式。

```
<html>
<head>
<meta http-equiv=" Content-Type"  content=" text/html; charset=utf-8"  />
  <title>例 10-19-设置超出范围时的处理方式</title>
  <style type=" text/css" >
   h2{font-family:" 方正姚体" }
   . exam{
                padding:5 px 20 px;
                width:400 px;
                  height:200 px;
                  overflow-y:scroll;
                  }
     . exam2{height:240px}
     </style>
     </head>
     <body leftmargin=" 30px" >
        <h2>花朵介绍</h2>
        <div name=out class=exam>
           <div class=exam2>
           <p>玫瑰,别名徘徊花,蔷薇科,属落叶丛生灌木。它可以高达 2 米,茎枝上密生毛刺,花单生或数朵丛生,花期 5-6 个月,单瓣或重瓣。目前全世界的玫瑰品种有资料可查的已达七千种。</p>
           <p>牡丹为花中之王,有“国色天香”之称。每年 4-5 月开花,朵大色艳,奇丽无比,有红、黄、白、粉紫、墨、绿、蓝等色。花多重瓣,花香袭人,被看作富丽繁华的象征,称为“富贵花”。</p>
           </div>
        </div>
     </body>
  </html>
```

【例 10-19】中 name 属性值为 out 的层高度是 200 像素,而层内的内容高度是 240 像素,超出了 name 属性值为 out 的层的垂直方向的范围。这里将其设置成了 scroll,表示出现滚动条,其运行效果如图 10-30 所示。

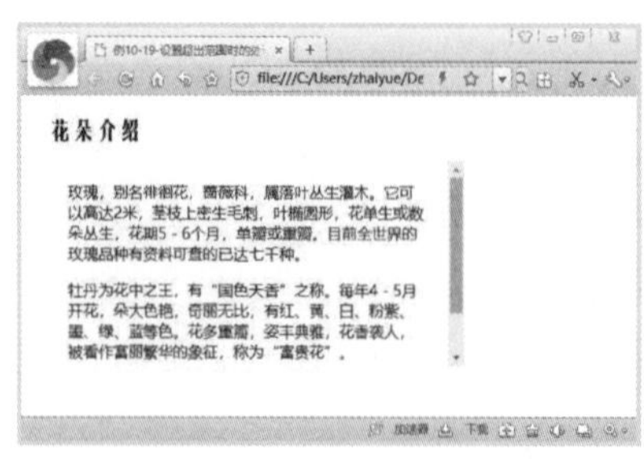

图 10-30 【例 10-19】设置垂直方向超出范围的处理方式效果图

可以看到,【例 10-19】第 11 行代码设置了属性值为 scroll 之后,只有垂直方向出现了滚动条,而水平方向并没有出现滚动条。

10.5.4　内容的剪切

在 CSS 中可以使用 clip 属性来剪切对象,所谓“剪切”,只是在对象上划分一个矩形的区域,属于该区域中的部分则显示出来,不属于该区域的部分则隐藏。clip 属性的语法代码为:

clip: auto | rect(上 右 下 左) | inherit

以上代码的属性值所代表的含义为:

- auto:不剪切。该值为默认值。
- rect:根据上、右、下、左的次序划分一个区域,属于该区域内的部分则显示,不属于该区域内的部分则隐藏。rect 的四个参数分别代表上、右、下、左四个边距。需要注意的是,这四个边距并不是指与上边框、右边框、下边框、左边框之间的距离,而是相对该对象的左上角而言的距离。
- inherit:继承父元素的 clip 属性值。

注 意　clip 属性可以作用在任何对象上,但该对象必须是使用 position 属性定位的对象,并且 position 属性值不能为 static 或 relative。

【例 10-20】对图片进行了剪切显示。

```
<html>
<head>
<meta charset="UTF-8">
<title>例 10-20-图片的剪切</title>
<style type="text/css">
    .a {clip:rect(50px 350px 150px 50px);}
    .b {position:absolute;clip:rect(50px 350px 150px 50px);}
</style>
</head>
 <body>
    <img src="img/wulin.jpg" class="a" />
    <img src="img/wulin.jpg"  class="b" />
 </body>
 </html>
```

【例 10-20】例子运行后的效果如图 10-31 所示。

在【例 10-20】中,创建了两个图片,虽然两个图片都设置了 clip 属性,但第一张图片没有设置 position 属性,因此 clip 属性不起作用。有关 position 属性内容将在下一章节详细介绍。

图 10-31　剪切图片效果

10.6　元素的显示与隐藏

对于块状对象而言，除了可以设置溢出与剪切之外，还可以对整个块设置显示或隐藏。显示、隐藏与溢出、剪切不同，溢出与剪切所影响的只是对象的局部，而显示与隐藏影响的是整个对象。在 CSS 中可以使用 visibility（可见性）来设置对象是否可见。

visibility 属性的语法代码为：

visibility：visible | hidden |collapse

以上代码的属性值所代表的含义为：

- visible：对象为可见的；
- hidden：对象为不可见的。

【例 10-21】设置对象的显示方式。

```
<html>
<head>
<meta http-equiv="Content-Type" content="text/html; charset=utf-8" />
<title>例 10-21-对象的可见性</title>
<style type="text/css">
        p {width:300px;background-color:red; color:#FFFFFF}
        .a {visibility:visible;}
        .b {visibility:hidden;}
</style>
```

```
</head>
<body>
    <p>
      这是一个按钮<input type="button" value="提交" class="a" />一个普通的按钮。
    </p>
    <p>
      这是一个按钮<input type="button" value="提交" class="b" />一个普通的按钮。
    </p>
    <table border="1">
      <tr>
        <td colspan="2">春晓</td>
      </tr>
      <tr>
        <td class="a">春眠不觉晓</td>
        <td class="b">处处闻啼鸟</td>
      </tr>
      <tr>
        <td class="b">夜来风雨声</td>
        <td>花落知多少</td>
      </tr>
    </table>
</body>
</html>
```

【例 10-21】运行后效果如图 10-32 所示。

图 10-32　【例 10-21】对象不同显示方式效果

在本例中首先创建了两个按钮：

第一个按钮的 visibility 属性值为 visible，该按钮会显示在网页上。

第二个按钮的 visibility 属性值为 hidden，该按钮将会隐藏，在网页上不会有任何部分的显示。虽然按钮被隐藏了，但是按钮在网页中所占据的位置还存在，对整个网页的布局并没有什么影响，然后在例子中创建了一个表格，并且对表格的不同行和单元格设置了不同的显示方式，效果如图 10-32 所示。

单元小结

本章讲述了盒子模型的基本概念,包括盒子模型的概念与相关属性,介绍了元素的类型与转换、块级元素垂直外边距合并、元素的溢出与剪切以及元素的显示与隐藏。

第11章 浮动与定位

学习目标

通过对本章的学习，学生应理解元素的浮动和定位；掌握如何使用CSS将每个元素都精确定位到合理的位置；能够使用浮动和定位方法准确控制元素的位置。

核心要点

- 元素浮动的方法
- 清除浮动的方法
- 元素的定位

一、单元概述

通过前面几章的学习,初学者不难发现,默认情况下,网页中的元素会在浏览器窗口中从上到下或从左到右罗列。如果仅仅按照这种默认的方式进行排版,网页将会单调、混乱。为了使网页的排版更加丰富、合理,在 CSS 中可以对元素设置浮动和定位样式。在 CSS 中,定位可以将一个元素精确地放在页面上用户所指定的位置,而布局是将整个页面的元素内容整洁且完美地摆放。定位的实现是布局成功的前提,如果清晰地掌握了定位原理,那么就能够创建各种高级而精确的布局,并会让网页的实现更加完美。

本章通过理论教学、案例教学等方法,循序渐进地向学生介绍定位与浮动方法。

二、教学重点与难点

重点:

重点掌握元素的浮动和元素的定位。

难点:

精准定位元素。

解决方案:

在课程讲授时要注意多采用案例教学法进行相关案例的演示,深入理解元素浮动,元素定位方式可以通过类比方式加深记忆,每一个浮动与定位属性介绍后均提供相关案例,希望同学亲自动手实践。

【本章知识】

本章由标准文档流进行内容导入,文档流就是按照页面元素书写的顺序,将页面元素按从左到右、从上至下的一般顺序进行排列,也就可以理解成上面所说的一个二维平面的概念。如果想要实现更丰富的效果,就需要脱离文档流,在一个新的平面上去显示,这样就可以在屏幕上有多个平面叠加显示的效果了,这就是浮动和定位的工作。

随后本章详细讲解了浮动内容,浮动允许将页面元素浮动起来,脱离文档流向左或者向右移动,直到它的外边缘碰到包含框或另一个浮动框的边框为止。由于浮动元素会脱离文档流显示,所以在浮动元素后面的块级元素会默认占据这些元素的位置,就会造成这些块级元素在浮动元素的下层显示,出现浮动元素盖住后面正常文档流元素的现象,但这往往不是我们想要的结果,于是就需要清除浮动。清除浮动的作用为改变使用清除浮动的这个元素与前一个声明的浮动元素之间的默认布局规则,让使用清除浮动的这个元素在新的一行中显示。

本章还详细介绍了另一种脱离文档流的方式——定位,需要使用 position 属性,将一个元素相对于它自身或者它的祖先元素甚至是浏览器窗口通过 top、left、right、bottom 属性进行偏移。根据 position 属性的取值,元素可以分为静态定位元素 static(默认值)、相对定位元素 relative、绝对定位元素 absolute 和固定定位元素 fixed。当我们使用定位时,需要 position 属性和 top、left、right、bottom 这两类属性共同参与来决定一个元素的定位类型和偏移量。

11.1　元素浮动

11.1.1　标准文档流

标准文档流是指元素排版布局过程中，元素会默认自动从左往右、从上往下的流式排列方式，并最终窗体自上而下分成行，并在每行中从左至右的顺序排放元素。标准文档流是指在不使用其他的与排列和定位相关的特殊 CSS 规则时，各种元素默认的排列规则。比如网页的 div 标记它默认占用的宽度位置是一整行，p 标记默认占用宽度也是一整行，因为 div 标记和 p 标记是块状对象。网页中大部分对象默认是占用文档流，也有一些对象是不占用文档流的，比如表单中隐藏域。当然也可以将占用文档流的元素转换成不占用文档流，这就要用到 CSS 中属性 position 来控制。

标准文档流等级森严，它将标记分为三种等级：行内元素、块级元素和行内块元素。行内元素不占据单独的空间，依附于块级元素，行内元素没有自己的区域。它同样是 DOM 树中的一个节点，在这一点上行内元素和块级元素是没有区别的。块级元素总是以块的形式表现出来，并且跟同级的兄弟块依次竖直排列，左右自动伸展，直到包含它的元素的边界，在水平方向不能并排。如果想要让行内元素和块级元素不在遵循于本身的特性，除了转换(display)以外，还可以使用 float(浮动)和 position(定位) 可以让元素脱离“标准文档流”。

提示　文档一旦脱离文档流，则元素不再按照文档流的排列方式进行排列，如块级元素脱离文档流后，该块级元素不再接着上个元素从上到下排列，而是成为第一个元素，从顶部开始排列。

例如：初学者在设计一个页面时，通常会按照标准文档流的排版方式，将页面中的块级元素从上到下一一罗列，如图 11-1 所示。

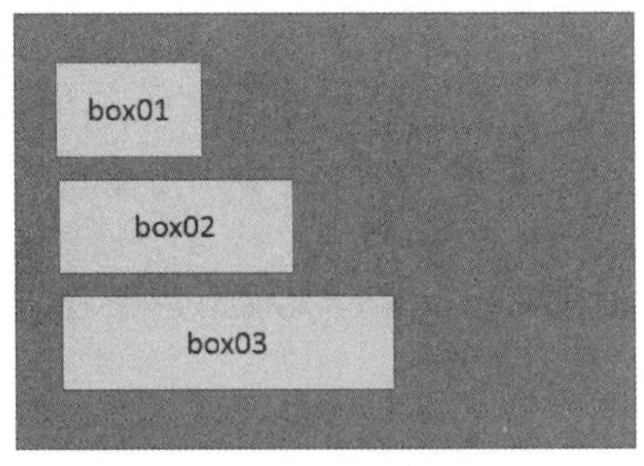

图 11-1　块级元素默认排列方式

通过这样的布局制作出来的页面看起来呆板、不美观，然而大家在浏览网页时，会发现页面中的块级元素通常会按照左、中、右的结构进行排版，如图 11-2 所示。

通过这样的布局，页面会变得整齐、有节奏。如果希望实现图 11-2 所示的效果，就需要为元素设置浮动。所谓元素的浮动，是指设置了浮动属性的元素会脱离标准文档流的控制，移动

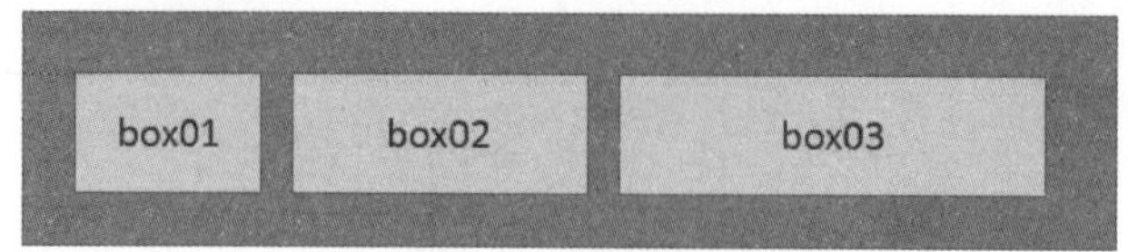

图 11-2　块级元素浮动后的排列方式

到其父元素中指定位置的过程。

11.1.2　浮动属性

浮动属性(float)作为 CSS 的重要属性,被频繁地应用在网页制作中。所谓元素的浮动,是指设置了浮动属性的元素会脱离标准文档流的控制,移动到其父元素中指定位置的过程。在 CSS 中,通过 float 属性来定义浮动。

float 语法格式如下所示:

float: none | left | right

CSS 中 float 属性,默认为 none。将 float 属性的值设置为 left 或 right,元素就会向其父元素的左侧或右侧靠紧。同时默认情况下,盒子的宽度不再伸展。

浮动可以使元素向左或向右偏移,会给每个元素产生一个块级元素框,直到这个块级元素框遇到边界框或者另一个元素的边框,且浮动使得元素脱离文档流,后面的元素会直接在其原来的位置上进行定位。

当元素在浮动的方向上没有足够的宽度来容纳它时,元素就会下坠到下一行;当然,如果浮动元素的高度是不相同的话,那么下坠的元素可能会将空缺的位置补齐。

【例 11-1】浮动属性用法。

```
<html>
<head>
<meta http-equiv="Content-Type" content="text/html; charset=utf-8" />
<title>例 11-1-浮动</title>
<style type="text/css">
body{ margin:0px; padding:0px; font-size:18px; font-weight:bold;}
.father{
    margin:10px auto;
    width:300px;
    height:300px;
    padding:10px;
    background:#ccc;
    border:1px solid #000;
 }
 .child01,.child02,.child03{
    height:50px;
    line-height:50px;
    background:#ff0;
    border:1px solid #000;
```

```
    margin:10px 0px;
    text-align:center;
}
.child01,.child02{float:left;}
.child03{float:right;}
</style>
</head>
<body>
<div class="father">
    <div class="child01">child-01</div>
    <div class="child02">child-02</div>
    <div class="child03">child-03</div>
</div>
</body>
</html>
```

【例 11-1】运行效果如图 11-3 所示。

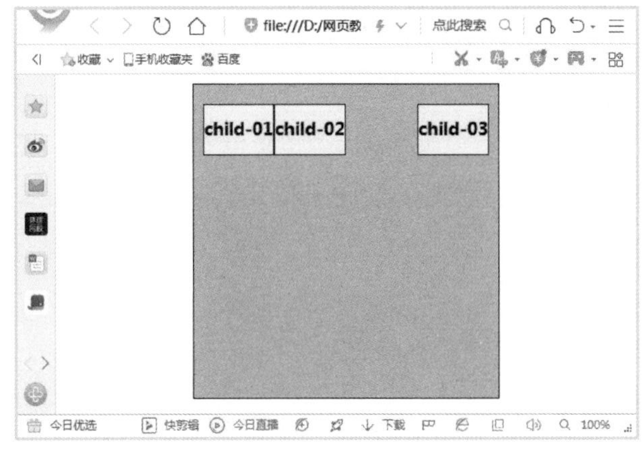

图 11-3　【例 11-1】float 属性浮动范例 1 效果

11.1.3　浮动方法

浮动定位具有如下特点：

- 将元素排除在文档流之外，即元素脱离文档流，不受默认排列方式（从上到下或者从左往右）的控制。
- 浮动起来的元素将不再占用页面的空间。元素从浏览器上原地拔起，从上往下依旧能看到浮动元素，有可能会压住其他的元素。
- 元素会停靠在包含框（父层元素）的左边或左边，或者停靠在已经浮动的元素的左边或者右边。
- 元素无论怎么浮动，最终还是在包含框之内。
- 块级浮动之后，宽度自适应不是 100%。
- 行内元素浮动后，除了具备以上特点，它将变成块级元素，行内元素设置浮动多数是为了改变宽度和高度。

【例 11-2】浮动特点举例。

```
<html>
<head>
    <meta http-equiv="Content-Type" content="text/html; charset=utf-8" />
    <title>例 11-2-浮动特点</title>
<style type="text/css">
.father{                          /*定义父元素的样式*/
    background:#ccc;
    border:1px dashed #999;
}
 .box01,.box02,.box03{            /*定义 box01、box02、box03 三个盒子的样式*/
 ”  height:50px;
     line-height:50px;
     background:#f9c;
     border:1px dashed #999;
     margin:15px;
     padding:0px 10px;
 }
 p{                               /*定义段落文本的样式*/
     background:#ccf;
     border:1px dashed #999;
     margin:15px;
     padding:0px 10px;
 }
 </style>
 </head>
 <body>
 <div class="father">
     <div class="box01">box01</div>
     <div class="box02">box02</div>
     <div class="box03">box03</div>
     <p>
 这里是浮动块外围的文字,这里是浮动块外围的文字,这里是浮动块外围的文字,这里是浮动块外围的文字,这里是浮动块外围的文字,这里是浮动块外围的文字,这里是浮动块外围的文字</p>
 </div>
 </body>
 </html>
```

在【例 11-2】中,所有元素均不应用 float 属性,也就是说元素的 float 属性值都是为其默认值 none。

运行【例 11-2】,效果如图 11-4 所示。

在图 11-4 中,box01、box02、box03 以及段落文本从上到下一一罗列。可见如果不对元素

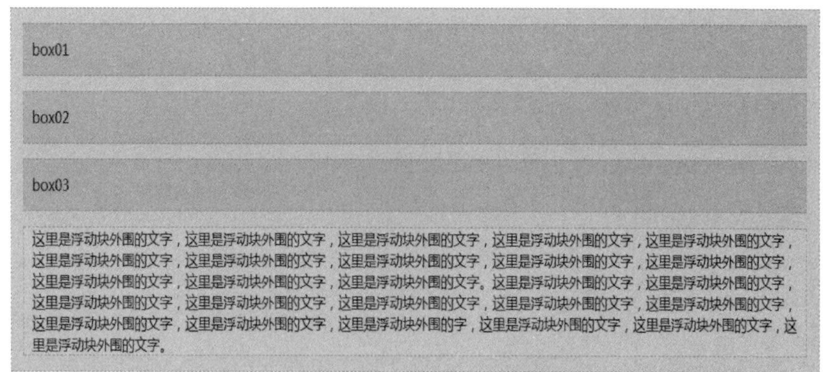

图 11-4　不设置浮动时元素的默认排列效果

设置浮动，则该元素及其内部的子元素将按照标准文档流的样式显示，即块元素占页面整行。

下面在【例 11-2】基础上演示元素的左浮动效果。以 box01 为设置对象，对其设置左浮动样式，具体 CSS 代码如下：

```
.box01{    /*定义 box01 左浮动*/
    float:left;
}
```

保存 HTML 文件，刷新页面，效果如图 11-5 所示。

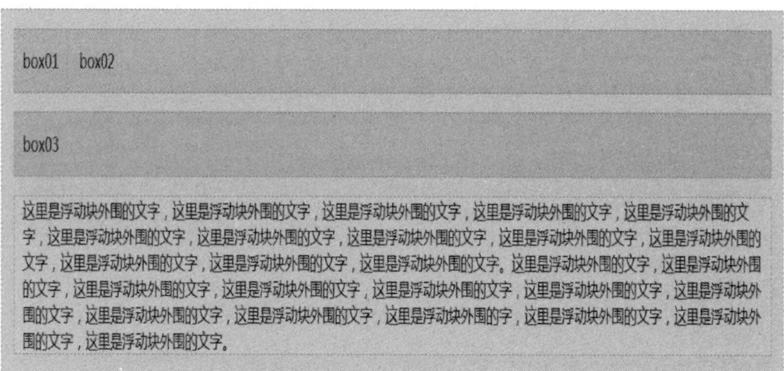

图 11-5　box01 左浮动效果

通过上图容易看出，设置左浮动的 box01 漂浮到了 box02 的左侧，也就是说 box01 不再受文档流控制，出现在一个新的层次上。

在上述案例的基础上，继续为 box02 设置左浮动，具体 CSS 代码如下：

```
.box01,.box02{    /*定义 box01、box02 左浮动*/
    float:left;
}
```

保存 HTML 文件，刷新页面，效果如图 11-6 所示。

在图 11-6 中，box01、box02、box03 三个盒子整齐地排列在同一行，可见通过应用“float:left;”样式可以使 box01 和 box02 同时脱离标准文档流的控制向左漂浮。

在上述案例的基础上，继续为 box03 设置左浮动，具体 CSS 代码如下：

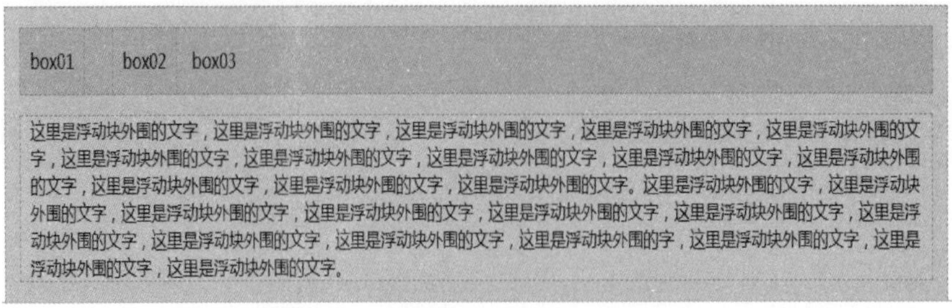

box01 box02 box03

这里是浮动块外围的文字，这里是浮动块外围的文字，这里是浮动块外围的文字，这里是浮动块外围的文字，这里是浮动块外围的文字，这里是浮动块外围的文字，这里是浮动块外围的文字，这里是浮动块外围的文字，这里是浮动块外围的文字，这里是浮动块外围的文字，这里是浮动块外围的文字，这里是浮动块外围的文字，这里是浮动块外围的文字。这里是浮动块外围的文字，这里是浮动块外围的文字，这里是浮动块外围的文字，这里是浮动块外围的文字，这里是浮动块外围的文字，这里是浮动块外围的文字，这里是浮动块外围的文字，这里是浮动块外围的文字，这里是浮动块外围的字，这里是浮动块外围的文字，这里是浮动块外围的文字，这里是浮动块外围的文字。

图 11-6　box1 和 box2 同时左浮动效果

```
.box01,.box02,.box03{     /*定义 box01、box02、box03 左浮动*/
        float:left;
}
```

保存 HTML 文件，刷新页面，效果如图 11-7 所示。

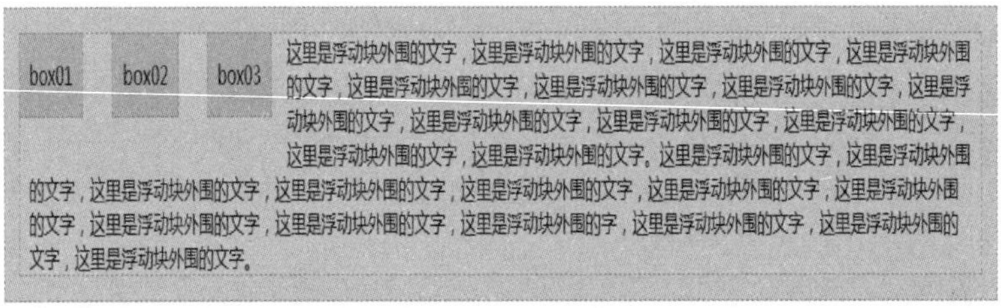

box01 box02 box03

这里是浮动块外围的文字，这里是浮动块外围的文字，这里是浮动块外围的文字，这里是浮动块外围的文字，这里是浮动块外围的文字，这里是浮动块外围的文字，这里是浮动块外围的文字，这里是浮动块外围的文字，这里是浮动块外围的文字，这里是浮动块外围的文字，这里是浮动块外围的文字，这里是浮动块外围的文字，这里是浮动块外围的文字。这里是浮动块外围的文字，这里是浮动块外围的文字，这里是浮动块外围的文字，这里是浮动块外围的文字，这里是浮动块外围的文字，这里是浮动块外围的文字，这里是浮动块外围的文字，这里是浮动块外围的文字，这里是浮动块外围的字，这里是浮动块外围的文字，这里是浮动块外围的文字，这里是浮动块外围的文字。

图 11-7　box1、box2、box3 同时左浮动效果

在图 11-7 中，box01、box02、box03 三个盒子排列在同一行，同时，周围的段落文本将环绕盒子，出现了图文混排的网页效果。

值得一提的是，float 的另一个属性值“right”在网页布局时也会经常用到，它与“left”属性值的用法相同但方向相反。

11.2　清除浮动

11.2.1　为什么要清除浮动

我们通常使用浮动来实现某些元素的布局，但是往往这些元素浮动会影响其他元素的布局，因此会产生副作用。由于浮动元素会脱离文档流显示，所以在浮动元素后面的块级元素会默认占据这些元素的位置，就会造成这些块级元素在浮动元素的下层显示，出现浮动元素盖住后面正常文档流元素的现象，但这往往不是我们想要的结果。例如，对子元素设置浮动时，如果不对其父元素定义高度，则子元素的浮动会对父元素产生影响。

【例 11-3】浮动元素的父元素坍缩。

```
<html>
<head>
```

```
    <meta http-equiv="Content-Type" content="text/html; charset=utf-8" />
    <title>例 11-3-浮动对行内元素的影响</title>
<style type="text/css">
.outer{border: 1px solid #ccc;background: yellow;color: #fff; margin: 50px auto;padding: 50px;}
.div1{width: 80px;height: 80px;background: red;float: left;margin-top:50px;}
.div2{width: 80px;height: 80px;background: blue;float: left;}
.div3{width: 80px;height: 80px;background: sienna;float: left;}
 </style>
<body>
 <div class="outer">
    <div class="div1">1</div>
    <div class="div2">2</div>
    <div class="div3">3</div>
 </div>
</body>
</html>
```

【例 11-3】运行效果如图 11-8 所示，范例中没有给最外层的 div. outer 设置高度，但是我们知道如果它里面的元素不浮动的话，那么这个外层的高度是会被自动撑开的。但是在制作网页时，经常会遇到一些特殊的浮动影响。对子元素设置浮动时，如果不对其父元素定义高度，则子元素的浮动会对父元素产生影响。例如，当内层元素浮动后，就出现了父级元素不能被子集元素撑开的影响。如果要避免浮动对其他元素的影响，就需要清除浮动。

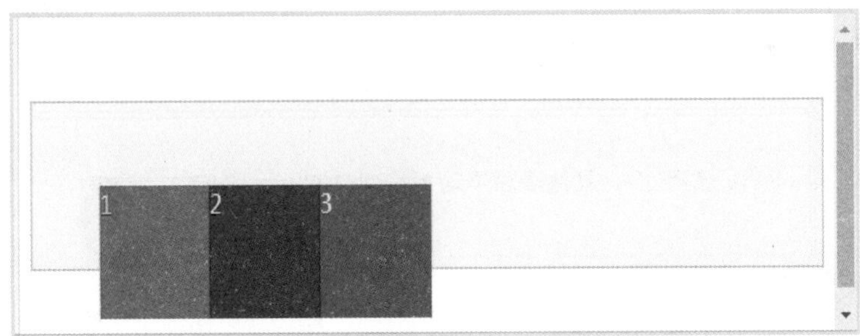

图 11-8　【例 11-3】浮动对行内元素的影响运行效果

11.2.2　清除浮动方法

(1)使用 clear 属性清除浮动

由于浮动元素不再占用原文档流的位置，所以它会对页面中其他元素的排版产生影响。这时，如果要避免浮动对元素的影响，就需要清除浮动。在 CSS 中，clear 属性用于清除浮动，其基本语法格式如下：

选择器{clear:属性值;}

在上面的语法中，clear 属性的常用值有五个分别表示不同的含义，如表 11-1 所示。

表 11-1　clear 属性的常用值

属性取值	描述
left	在左侧不允许有浮动元素(清除左侧浮动影响)
right	在右侧不允许有浮动元素(清除右侧浮动影响)
both	在左右两侧均不允许有浮动元素(同时清除两侧浮动影响)
none	默认值。允许浮动元素出现在两侧
inherit	规定应该从父元素继承 clear 属性的值

了解了 clear 属性的 5 个常用属性值及其含义之后,下面通过【例 11-4】中的增加 div 标记应用 clear 属性,来清除浮动元素的父元素坍缩。具体方法为:在浮动元素之后添加空标记,并对该标记应用“clear:both”样式,可清除元素浮动所产生的影响,这个空标记可以为<div>、<p>、<hr>等任何标记。在【例 11-3】的基础上,演示使用空标记清除浮动的方法,如【例 11-4】所示。

【例 11-4】为空标记添加 clear 属性清除浮动。

```
<html>
<head>
   <meta http-equiv=“Content-Type” content=“text/html; charset=utf-8” />
   <title>例 11-4-清除浮动方法 1:clear</title>
<style type="text/css">
.outer{border: 1px solid #ccc;background: yellow;color: #fff; margin: 50px auto;padding: 50px;}
.div1{width: 80px;height: 80px;background: red;float: left;}
.div2{width: 80px;height: 80px;background: blue;float: left;}
.div3{width: 80px;height: 80px;background: sienna;float: left;}
 .clear {
      clear: both; /*使用 clear 属性清除浮动*/
      height: 0;
      line-height: 0;
      font-size: 0
    }
 </style>
 <body>
  <div class="outer">
    <div class="div1">1</div>
    <div class="div2">2</div>
    <div class="div3">3</div>
    <div class="clear"></div>
  </div>
 </body>
 </html>
```

【例 11-4】浏览效果如图 11-9 所示,在图 11-9 中,父元素又被其子元素撑开了,即子元素浮动对父元素的影响已经不存在。

图 11-9　【例 11-4】清除浮动方法运行效果

(2)使用 overflow 属性清除浮动

对元素应用“overflow:hidden;”样式,也可以清除浮动对该元素的影响,该方法弥补了空标记清除浮动的不足。下面继续在【例 11-4】的基础上,演示使用 overflow 属性清除浮动的方法,如【例 11-5】所示。其运行结果也能够清除浮动影响。

【例 11-5】使用 overflow 属性清除浮动案例。

```
<html>
<head>
    <meta http-equiv="Content-Type" content="text/html; charset=utf-8" />
    <title>例 11-5-清除浮动方法 2:overflow</title>
<style type="text/css">
.outer{border: 1px solid #ccc;background: yellow;color: #fff; margin: 50px auto;padding: 50px;}
.div1{width: 80px;height: 80px;background: red;float: left;}
.div2{width: 80px;height: 80px;background: blue;float: left;}
.div3{width: 80px;height: 80px;background: sienna;float: left;}
 .outer {
        border: 1px solid #ccc;
        background: #fc9;
        color: #fff;
        margin: 50px auto;
        padding: 50px;
        overflow: auto;  /* 使用 overflow 属性清除浮动 */
      }
    </style>
 <body>
   <div class="outer">
     <div class="div1">1</div>
     <div class="div2">2</div>
     <div class="div3">3</div>
   </div>
 </body>
 </html>
```

注 意

使用 overflow 属性来清除浮动时需要注意，overflow 属性共有三个属性值：hidden、auto、visible。我们可以使用 hidden 和 auto 值来清除浮动，但切记不能使用 visible 值，如果使用这个值将无法达到清除浮动效果，其他两个值都可以，其中推荐使用 auto，因为其对 seo 比较友好，而 hidden 对 seo 不太友好。

【例 11-6】根据前面【例 11-2】，为 p 标记添加 overflow：auto 查看效果。

```
<html>
<head>
  <meta http-equiv="Content-Type" content="text/html; charset=utf-8" />
  <title>例 11-6-overflow 清除浮动</title>
<style type="text/css">
.father{                              /*定义父元素的样式*/
  background:#ccc;
  border:1px dashed #999;
}
 .box01,.box02,.box03{                /*定义 box01、box02、box03 三个盒子的样式*/
   height:50px;
   line-height:50px;
   background:#f9c;
   border:1px dashed #999;
   margin:15px;
   padding:0px 10px;
 }
 p{                                   /*定义段落文本的样式*/
   background:#ccf;
   border:1px dashed #999;
   margin:15px;
   padding:0px 10px;
 }
 .box01,.box02,.box03{                      /*定义 box01、box02 左浮动*/
   float:left;
 }
 </style>
 </head>
 <body>
 <div class="father">
   <div class="box01">box01</div>
   <div class="box02">box02</div>
   <div class="box03">box03</div>
   <p style="overflow:auto">
 这里是浮动块外围的文字，这里是浮动块外围的文字，这里是浮动块外围的文字……</p>
 </div>
```

```
</body>
</html>
```

【例 11-6】运行效果如图 11-10 所示，为 p 元素添加 overflow：auto，box01、box02、box03 三个盒子排列在同一行，因为浮动影响已经清除，故周围的段落文本不会出现图文混排的网页效果。

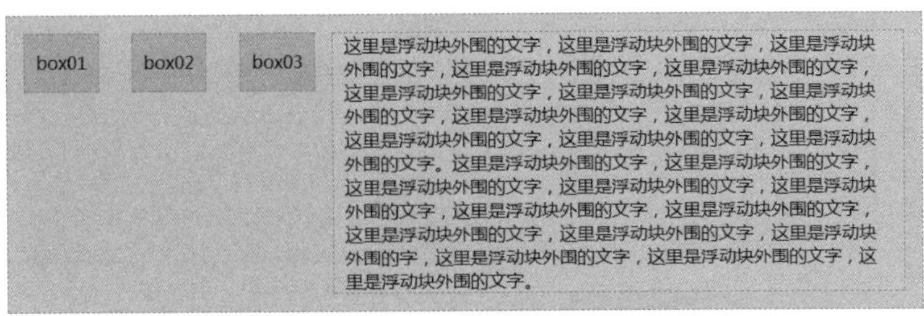

图 11-10　【例 11-6】overflow 属性清除浮动方法运行效果

11.3　元素定位

11.3.1　定位属性

在网页设计中，定位原理简单，就是用户精确地定义 HTML 元素所在页面中的位置，可以是页面绝对位置，也可以是对于其上级元素、另一个元素或浏览器窗口的相对位置。

可以认为每个元素都包含在一个矩形框内，称为元素框，而元素内容与元素框共同形成了元素块。所谓定位，就是定位元素块的位置和大小。要实现 CSS 定位，需要依赖定位属性才能够完成。

表 11-2 列出了 CSS 中全部有关的定位属性。

表 11-2　定位属性及其含义

定位属性	含义
position	定义类型
left	指定元素横向距左部距离
right	指定元素横向距右部距离
top	指定元素纵向距顶部距离
bottom	指定元素纵向距底部距离
z-index	指定一个元素的堆叠顺序

表 11-2 列出的为 position 属性是最主要的定位属性。它既可以定义元素框的绝对位置，又可以定义相对位置，而 left、right、top 、bottom 和 z-index 只有在 position 属性中使用才会发挥作用。

CSS 2.0 对 position 的定义：检索对象的定位方式，共有 5 个取值，如表 11-3 所示。

表 11-3 position 定位属性的常用值

值	描述
static	默认值。没有定位,元素出现在正常的流中(忽略 top、bottom、left、right 或者 z-index 声明)
absolute	生成绝对定位的元素,相对于 static 定位以外的第一个父元素进行定位。元素的位置通过 "left" "top" "right" 以及 "bottom" 属性进行规定
fixed	生成绝对定位的元素,相对于浏览器窗口进行定位。元素的位置通过 "left" "top" "right" 以及 "bottom" 属性进行规定
relative	生成相对定位的元素,相对于其正常位置进行定位。因此,"left:20px" 会向元素的 left 位置添加 20 像素
inherit	规定应该从父元素继承 position 属性的值

11.3.2 position 属性

网页中各种元素需要有自己合理的位置,从而搭建整个页面的结构。在 CSS 中,可以通过 position 属性,对页面中的元素进行定位。

position 属性规定元素的定位类型。这个属性定义建立元素布局所用的定位机制。任何元素都可以定位,不过绝对或固定元素会生成一个块级框,而不论该元素本身是什么类型。相对定位元素会相对于它在正常流中的默认位置偏移。

其语法格式如下所示:

position : static | absolute | fixed | relative

(1)静态定位

如果没有指定元素的 position 属性值,也就是默认情况下,元素是静态定位。只要是支持 position 属性的 html 对象都是默认为 static。static 是 position 属性的默认值,它表示块保留在原本应该在的位置,不会重新定位。任何元素在默认状态下都会以静态定位来确定自己的位置,所以当没有定义 position 属性时,并不说明该元素没有自己的位置,它会遵循默认值显示为静态位置。在静态定位状态下,无法通过边偏移属性(top、bottom、left 或 right)来改变元素的位置。

提示 平常我们根本就用不到"position:static",不过如果有时候我们使用 javascript 来控制元素定位的时候,如果想要使得其他定位方式的元素变成静态定位,就要使用"position:static;"来实现。

(2)绝对定位

设置为绝对定位的元素框从文档流完全删除,并相对于其包含块定位,包含块可能是文档中的另一个元素或者是初始包含块。元素原先在正常文档流中所占的空间会关闭,就好像该元素原来不存在一样。元素定位后生成一个块级框,而不论原来它在正常流中生成何种类型的元素。

绝对定位(absolute)是将元素依据最近的已经定位(绝对、固定或相对定位)的父元素进行定位,如果所有的父元素都没有定位,那么它的位置相对于最初的包含块 body 根元素(浏览器窗口)进行定位。当 position 属性的取值为 absolute 时,可以将元素的定位模式设置为绝对定位。绝对定位可以通过上、下、左、右来设置元素,使之处在任何一个位置。

绝对定位的语法格式如下所示:

position: absolute

只要将上面代码加入到样式中,使用样式的元素就可以根据绝对定位的方式显示了。

提示　绝对定位使元素的位置与文档流无关，因此不占据空间。

【例 11-7】绝对定位范例。

```
<html>
<head>
    <meta http-equiv="Content-Type" content="text/html; charset=utf-8" />
    <title>例 11-7-绝对定位</title>
    <style>
     * {margin:0;padding:0;}
    . father{
        width:200px;
        height:200px;
        border:1px solid black;
        margin:20px; }
     . son{
        width:110px;
        height:80px;
        position:absolute;
        border:1px solid black;
        left:80px;
        top:80px;
    }
  </style>
</head>
<body>
        <div class="father">
        " <div class="son">这是绝对定位</div>
    </div>
</body>
</html>
```

【例 11-7】在浏览器中预览效果如图 11-11 所示,由于<div class="son">的父级元素<div class="father">没有定位,所以<div class="son">的位置相对于最初的包含块 body,即是浏览器窗口进行定位,可以看到<div class="son">元素框以浏览器左上角为原点,坐标位置为

(80px,80px)。

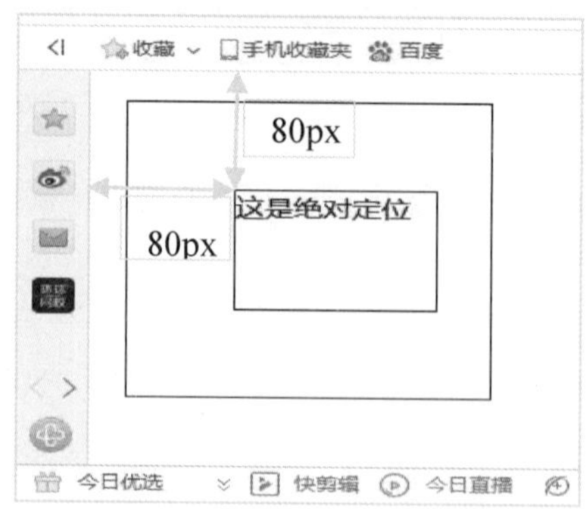

图 11-11　绝对定位范例 1 效果

注 意

如果仅设置绝对定位，不设置边偏移，则元素的位置不变，但其不再占用标准文档流中的空间，与上移后的元素重叠。

绝对定位：该元素相对于其父元素，偏移一定距离。相对的是父元素，重点是这个父元素也需要设置 position 属性。从最近的父元素开始找，直到找到 body 位置为止。

(3)相对定位

优秀的页面设计能够适用于各种屏幕分辨率，并且要能够保证正常的显示。要解决这个问题，在定位时最好使用相对定位。

相对定位的语法格式如下所示：

position：relative

如果对一个元素进行相对定位，首先它将出现在它所在的原始位置上。然后通过设置垂直或水平位置，将这个元素“相对于”它的原始起点进行移动，也就是说相对定位，相对位置的坐标参考系是以自己上一次的位置(x,y)作为原点(0,0)。另外，进行相对定位时，无论是否进行移动，元素仍然占据原来的空间。因此，移动元素会导致它覆盖其他框。

提示

绝对定位与相对定位的区别在于：绝对定位的坐标原点为父级元素的原点，与父级元素有关；相对定位的坐标原点为本身偏移前的原点，与父级元素无关。

【例 11-8】相对定位范例。

```
<html>
<head>
    <meta http-equiv="Content-Type" content="text/html; charset=utf-8" />
    <title>例 11-8-相对定位 1</title>
    <style type="text/css">
    . div1{
        height:150px;
```

```
            width:200px;
            background:red;
            position:relative;
             left:100px;
    }
           .div1 span{
            width:20px;
            height:60px;
               line-height:20px;
               background:blue;
               position:relative;
               right:-20px;
               top:70px;
       }
        </style>
</head>
<body>
       <div class="div1">
           <span>span</span>
     </div>
 </body>
</html>
```

【例 11-8】运行后的效果如图 11-12 所示,span 的位置以它最初的位置为准,因为 div 是它的父类,所以它最初位置是在 div1 内,然后现在会在 div1 内部距离右边 20 px,距离 div 顶部 70 px 处出现 span。

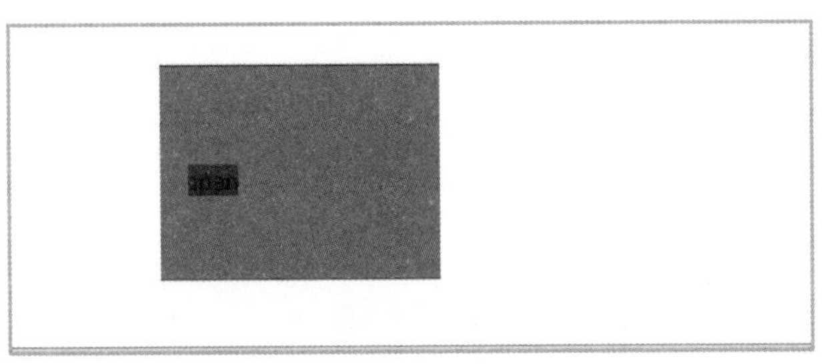

图 11-12 【例 11-8】相对定位范例效果

相对定位与绝对定位的区别在于它的参照点不是左上角的原点,而是该元素本身原先的起点位置。并且即使该元素偏移到了新的位置,也仍然从原始的起点处占据空间。

在进行元素排版的时候,采用定位方式来进行排版是很常见的,我们常常使用“子绝父相”的方式来进行布局,即父元素的定位属性为 relative,子元素的定位设置为 absolute,绝对定位的元素,相对于距该元素最近的已定位的祖先元素进行定位。此元素的位置可通过 left、top、right 以及 bottom 属性来规定。如果父元素设置了 padding、border、margin 等属性,则子元素定位的参考坐标是父元素 padding 的左上角,而不是父元素 content 的左上角。

(4)固定定位

固定定位(fixed)是绝对定位的一种特殊形式,它以浏览器窗口作为参照物来定义网页元素。当 position 属性的取值为 fixed 时,即可将元素的定位模式设置为固定定位。当对元素设置固定定位后,它将脱离标准文档流的控制,始终依据浏览器窗口来定义自己的显示位置。不管浏览器滚动条如何滚动,也不管浏览器窗口的大小如何变化,该元素都会始终显示在浏览器窗口的固定位置。

固定定位是最直观而最容易理解的定位方式,当元素的 position 属性设置为 fixed 时,这个元素就被固定了,被固定的元素不会随着滚动条的拖动而改变位置。在视野中,固定定位元素的位置是不会改变的。

固定定位的语法格式如下所示:

position: fixed;

"position:fixed;"是结合 top、bottom、left 和 right 这 4 个属性一起使用的,其中"position:fixed;"使得元素成为固定定位元素,接着使用 top、bottom、left 和 right 这 4 个属性来设置元素相对浏览器的位置。top、bottom、left 和 right 这 4 个属性不一定全部都用到。需要注意的是:这 4 个值的参考对象是浏览器的 4 条边。在初学者阶段,都是使用"像素"作为单位。

【例 11-9】固定定位范例。

```
<html>
<head>
    <meta http-equiv="Content-Type" content="text/html; charset=utf-8" />
    <title>例 11-9-固定定位</title>
   <style type="text/css">
        #first{
            width:120px;
            height:600px;
            border:1px solid gray;
             line-height:600px;
             background-color:#B7F1FF;
        }
        #second{
             position:fixed;/*设置元素为固定定位*/
             top:30px;/*距离浏览器顶部 30px*/
             left:160px;/*距离浏览器左部 160px*/
             width:60px;
             height:60px;
             border:1px solid silver;
             background-color:#FA16C9;
        }
    </style>
</head>
<body>
    <div id="first">无定位的 div 元素</div>
```

```
26          <div id="second">固定定位的 div 元素</div>
27      </body>
28      </html>
```

【例 11-9】运行效果如图 11-13 所示，如果尝试拖动浏览器的滚动条，固定定位的 div 元素不会有任何位置改变，但是无定位的 div 元素会改变。这里需要注意，【例 11-9】中 15 行与 16 行只使用了 top 和 left 属性来设置元素相对于浏览器顶边和左边的距离就可以设置该元素的位置了，所以说实际应用中 top、bottom、left 和 right 这 4 个属性不必全部用到。

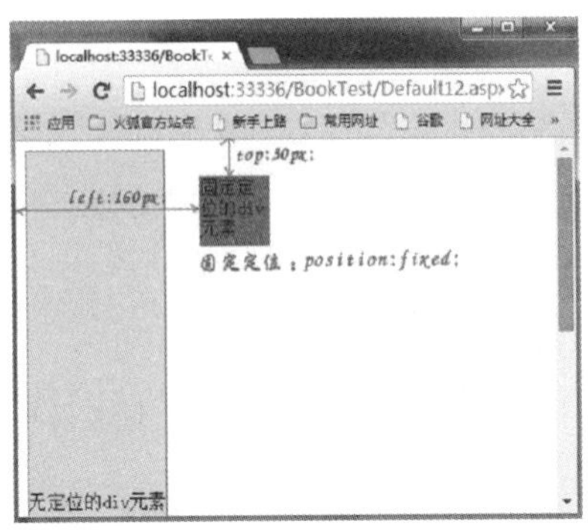

图 11-13　固定定位效果

固定定位其实很简单，就是使用“position：fixed”设置某一个元素为固定定位，接着使用 top、bottom、left 和 right 这 4 个属性来设置一下元素相对浏览器的位置就可以了。

提示　固定定位用途也很多，一般用于“回顶部”特效和固定栏目的设置。

11.3.3　层叠顺序

当对多个元素同时设置定位时，定位元素之间有可能会发生重叠，在 CSS 中，要想调整重叠定位元素的堆叠顺序，可以对定位元素应用 z-index 层叠等级属性，z-index 属性决定了一个 HTML 元素的层叠级别。元素层叠级别是相对于元素在 *Z* 轴上的位置而言。一个更高的 z-index 值意味着这个元素在叠层顺序中会更靠近顶部。这个层叠顺序沿着垂直的线轴被呈现。在 CSS2.1 规范中，每个盒模型的位置是三维的，分别是平面画布上的 *X* 轴、*Y* 轴与表示层叠的 *Z* 轴。一般情况下，元素在页面上沿 *X* 轴、*Y* 轴平铺，我们察觉不到它们在 *Z* 轴上的层叠关系，而一旦元素发生堆叠，这时就能发现某个元素可能覆盖了另一个元素或者被另一个元素覆盖。

对 HTML 元素进行定位时，可以从其高度、宽度和深度 3 个方面入手，设置高度时使用 height、宽度使用 width、深度使用 z-index。z-index 属性指定一个元素的堆叠顺序。拥有更高堆叠顺序的元素总是会处于堆叠顺序较低的元素的前面。其方法是为每个元素指定一个数字，数字较大的元素将叠加在数字较小的元素之上。z-index 语法格式如下所示：

```
z-index: auto |number
```

其参数值 auto 表示遵循父对象的定位，number 是一个无单位的整数值，可以为负值。如果两个绝对定位元素的 z-index 属性具有相同的 number 值，则依据该元素在 HTML 文档中声明的顺序进行层叠。如果绝对定位的元素没有指定 z-index 属性，则此属性的 number 值为正数的元素会叠加在该元素之上，而 number 值为负数的对象在该元素之下。如果将参数设置为 null，可以消除此属性。该属性只作用于 position 的属性值为 relative、absolute 或 fixed 的对象，不能作用在窗口组件上。

注 意 z-index 只能工作在被明确定义了 absolute、fixed 或 relative 这三个定位属性的元素中。

【例 11-10】层叠顺序范例。

```
<html>
<head>
        <meta http-equiv="Content-Type" content="text/html; charset=utf-8" />
        <title>例 11-10-层叠顺序</title>
    <style type="text/css">
.blue,.green,.red{
        width:200px;
        height:200px;
        position:relative;
      }
      .blue{
         background:blue;
         z-index:999;
      }
      .green{
         background:green;
         margin-top:-100px;
         margin-left:50px;
         z-index:99;
      }
      .red{
         background:red;
         margin-top:-100px;
         margin-left:100px;
         z-index:9;
      }
      </style>
 </head>
 <body>
      <div class="blue"></div>
      <div class="green"></div>
```

```
        <div class="red"></div>
    </body>
    </html>
```

【例 11-10】层叠顺序范例运行效果如图 11-14 所示。

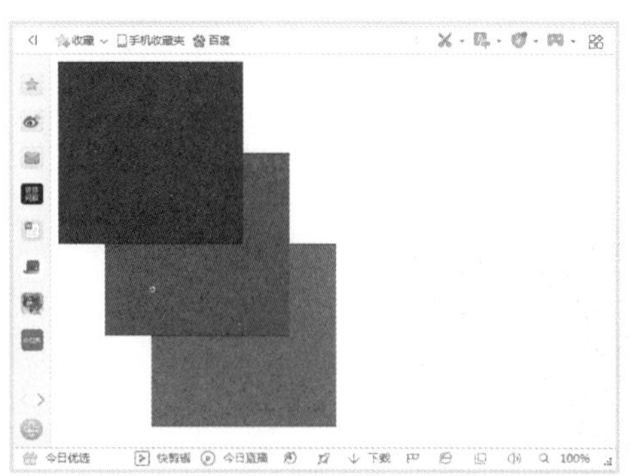

图 11-14　【例 11-10】层叠顺序范例运行效果显示

11.3.4　边偏移属性

边偏移属性包含 left、right、top 和 bottom 属性。所谓边偏移属性，就是用来描述元素块与包含元素块最近的边线之间偏移量的属性。其中 left 描述元素块最左边与包含其的边框最左边边线的距离，如果 left 属性值为正，则会偏右移；如果为负，则会使它更向左移，甚至移除边线。其他依次类推。

left、right、top 和 bottom 4 个属性取值非常相似，这里以 left 为例介绍。left 语法格式如下所示：

left：auto | length

上面参数值中 auto 表示系统自动取值，length 表示由浮点数字和单位标识符组成的长度值或百分数。直接设定数值用来设置元素的绝对位置，一旦该位置确定，那么该元素将始终处于页面中的该位置。使用百分比设置元素位置，是相对于其上级元素的位置而设定的。如果取值为 auto，则在定位中允许元素刚好有显示其内容所需的宽度及高度，而不必再指明宽度及高度的值。

【例 11-11】边偏移属性范例。

```
<html>
<head>
    <meta http-equiv="Content-Type" content="text/html; charset=utf-8" />
<title>例 11-11-边偏移属性</title>
</head>
<body>
  <div style="background-color: Black; width:200px; height:200px">
    <p style=" position:relative; left:50%; top:50%; width:100px; height:100px;
        background-color:Red;">
 hello
     </p>
```

```
        </div>
    </body>
</html>
```

【例 11-11】在浏览器中效果如图 11-15 所示，可以看到红色正方形框在指定位置显示，其底侧和右侧分别和大的矩形框对应。

图 11-15 【例 11-11】边偏移量效果显示

单元小结

本章首先介绍了元素的浮动、不同浮动方向所呈现的效果、清除浮动的常用方法，然后讲解了元素的定位属性以及网页中常见的几种定位模式。在本章的最后，运用浮动和定位技术进行网页制作，分析并实现了大连科技学院首页的 banner。通过本章的学习，初学者应该能够熟练地运用浮动和定位对网页中的元素进行精准定位，掌握清除浮动的几种常用方法，为后面学习网页布局打下良好的基础。

第 12 章 网页布局

学习目标

通过对本章的学习，学生应能够熟练应用网页中常见的几种布局方式；掌握通栏布局的技巧。

核心要点

- DIV+CSS 布局

一、单元概述

大家都知道从平面设计人员拿来的 PS(图片)给 CSS 编写人员重构时,需要对网页美工图片进行分析,只有进行良好的分析才能有良好的 CSS 布局,因此 DIV+CSS 布局在分析中占很大部分。我们分析网页美工图片不是分析图片好看与否,而是从 CSS 布局出发分析网页的美工图片,CSS 布局分析直接影响以后的 CSS 重构 html 页面。

CSS 布局是 html 网页通过 DIV 标签+CSS 样式表代码开发制作的 html 网页的统称。DIV+CSS 布局好处为便于维护,有利 SEO(Search Engine Optimization),网页打开速度更快,符合 Web 标准等。SEO 可低成本地获取大量稳定、长期有效且高质量的流量。

本章通过理论教学、案例教学等方法,循序渐进地向学生介绍 DIV+CSS 方法。

二、教学重点与难点

重点:

重点掌握 DIV+CSS 布局。

难点:

灵活运用 DIV+CSS 布局。

解决方案:

在课程讲授时要注意多采用案例教学法进行相关案例的演示,使学生能够熟练应用网页中常见的布局。

【本章知识】

前面章节描述定位可以将一个元素精确地放在页面上用户所指定的位置。网页布局是将整个页面的元素内容整洁且完美地摆放。定位的实现是布局成功的前提,如果清晰地掌握了定位原理,那么就能够创建各种高级而精确的布局,并会让网页的实现更加完美。DIV+CSS 页面布局技术能够精准控制网页中的元素,控制它们相对正常文档布局流、周边元素、父容器的位置。

布局(layout)即对事物的全面规划和安排,页面布局是对页面的文字、图像或表格进行格式化版式排列。网页布局对改善网站的外观非常重要,又称版式布局。本章中介绍常见的布局结构:单列布局、两列布局、三列布局和通栏布局等,其中使用最多的是混合布局,即按照网站的实际需求使用多列进行布局。

12.1 版心和布局流程

阅读报纸时容易发现,虽然报纸中的内容很多,但是经过合理地排版,版面依然清晰、易读。同样,在制作网页时,要想使页面结构清晰、有条理,也需要对网页进行“排版”。

“版心”(可视区)是指网页中主体内容所在的区域。一般在浏览器窗口中水平居中显示,常见的宽度值为 960px、980px、1000px、1200px 等。

为了提高网页制作的效率,布局时通常需要遵守一定的布局流程,具体如下:

- 确定页面的版心(可视区);
- 分析页面中的行模块,以及每个行模块中的列模块;
- 制作 HTML 结构;
- CSS 初始化,然后开始运用盒子模型的原理,通过 DIV+CSS 布局来控制网页的各个模块。

12.2　单列布局

常见的单列布局有两种:一种为固定宽度等宽的单列布局;另一种为 header 与 footer 等宽,content 略窄单列布局。

对于第一种,先通过对 header、content、footer 统一设置 width:1000 px;或者 max-width:1000 px(这两者的区别是当屏幕小于 1000 px 时,前者会出现滚动条,后者则不会,显示出实际宽度);然后设置 margin:auto 实现居中即可得到。【例 12-1】案例效果如图 12-1 所示。

【例 12-1】固定宽度等宽的单列布局。

```
<html>
<head>
        <meta http-equiv="Content-Type" content="text/html; charset=utf-8" />
        <title>12-1-单列固定宽度布局</title>
        <style>
        .header{
        margin:0 auto;
        max-width: 960 px;
        height:100 px;
        }
        .content{
        margin: 0 auto;
        max-width: 960 px;
        height: 400 px;
        }
        .footer{
        margin: 0 auto;
        max-width: 960 px;
        height: 100 px;
        }
        </style>
 </head>
 <body>
        <div class="header"></div>
        <div class="content"></div>
```

```
        <div class = " footer" ></div>
</body>
</html>
```

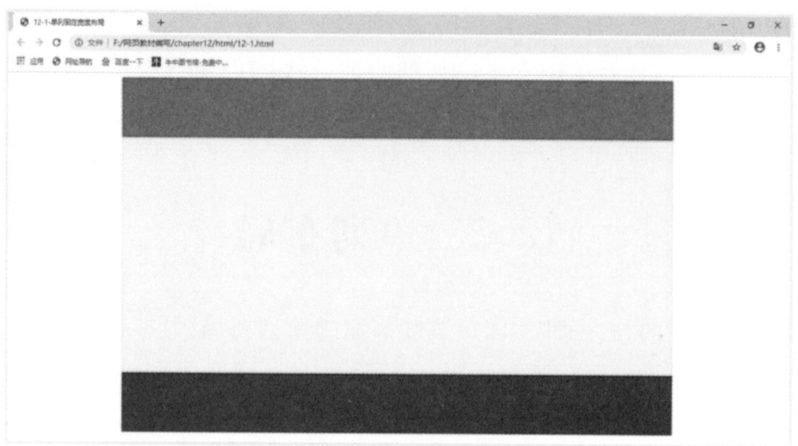

图 12-1 【例 12-1】固定宽度等宽的单列布局

对于第二种,需要将 header 和 footer 的宽度一起设置,如果不设置 header、footer 的内容宽度,块级元素会自动充满整个屏幕。见【例 12-2】,运行效果如图 12-2 所示。

【例 12-2】header 与 footer 等宽,content 略窄的单列布局。

```
<html>
<head>
        <meta http-equiv = "Content-Type" content = "text/html; charset = utf-8" />
        <title>12-2-header 与 footer 等宽,content 略窄的单列布局</title>
        <style>
        . header{
            margin:0 auto;
            max-width: 960 px;
            height:100 px;
            background-color: blue;
        }
        . nav{
            margin: 0 auto;
            max-width: 800 px;
            background-color: darkgray;
            height: 50 px;
        }
        . content{
            margin: 0 auto;
            max-width: 800 px;
            height: 400 px;
            background-color: aquamarine;
        }
```

```
        .footer{
            margin: 0 auto;
            max-width: 960 px;
            height: 100 px;
            background-color: aqua;
        }
        </style>
</head>
<body>
        <div class="header">
            <div class="nav"></div>
        </div>
        <div class="content"></div>
        <div class="footer"></div>
</body>
</html>
```

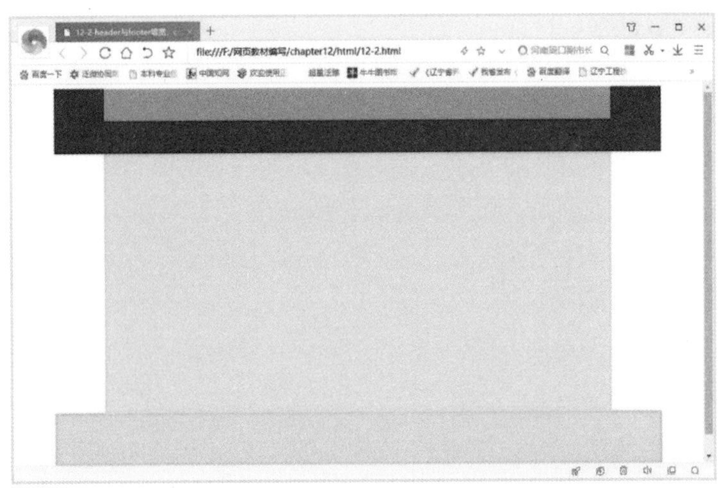

图12-2　【例12-2】header与footer等宽，content略窄的单列布局

12.3　两列布局

单列布局虽然统一、有序，但会让人觉得呆板，所以，在实际网页制作过程中，通常使用另一种布局方式——两列布局。该布局和一列布局类似，只是网页内容被分为左右两部分，通过这样的分割，打破了统一布局的呆板，让页面看起来更加活跃。下面对于两列布局提供5种常用实现方式以供参考。

【例12-3】左侧定宽，右侧自适应，采用inline-block实现。

```
<html>
<head>
<meta http-equiv="Content-Type" content="text/html; charset=utf-8" />
```

```
4  <title>12-3-左侧定宽,右侧自适应-</title>
5        <style>
6        . wrap{
7           width: 100%;
8           font-size: 0;
9        }
10       . left{
11          width: 200 px;
12          height: 200 px;
13          display: inline-block;
14          background:red;
15       }
16         . right{
17          height: 200px;
18          width: calc(100% - 200px);
19          display: inline-block;
20          background:blue;
21       }
22         </style>
23  </head>
24  <body>
25          <div class="wrap">
26          <div class="left"></div>
27          <div class="right"></div>
28  </div>
29  </body>
30  </html>
```

【例 12-3】运行后的效果如图 12-3 所示,采用 inline-block 这种实现方式存在如下缺点:为消除 html 中空格的影响,需要把父级元素的 font-size 设为 0(第 8 行代码),如果两边高度不一样,需要加 vertical-align: top。

图 12-3 【例 12-3】运行效果

提示 calc 是 css3 提供的一个函数，可以用于对任意的长度单位进行四则运算，这里是指宽度 100%的基础上减去 200 像素。注意：calc 表达式内运算符两边要有空格。

【例 12-4】左侧定宽，右侧自适应，采用 float 方式实现。

```
<html>
<head>
<meta http-equiv="Content-Type" content="text/html; charset=utf-8" />
<title>12-4-左侧定宽，右侧自适应-float 方式实现</title>
      <style>
      .wrap{
          clear:both;
    }
    .left{
        float: left;
        width: 200 px;
        height: 100 px;
      }
      .right{
          float: left;
      height: 100 px;
          width: calc(100% - 200px);
      }
      </style>
  </head>
  <body>
      <div class="wrap">
          <div class="left"></div>
           <div class="right"></div>
  </div>
  </body>
  </html>
```

【例 12-4】方案和双 inline-block 方案原理相同，都是通过动态计算宽度来实现自适应。但是，由于浮动的 block 元素在有空间的情况下会依次紧贴，排列在一行，所以无须设置"display: inline-block;"，自然也就少了顶端对齐，空格字符占空间等问题。该方案的缺点为父元素需要清除浮动。

【例 12-5】左侧定宽，右侧自适应，采用 float+margin-left 方式实现。

```
<html>
<head>
 <meta http-equiv="Content-Type" content="text/html; charset=utf-8" />
<title>12-5-左侧定宽，右侧自适应-float+margin-left 方式实现</title>
```

```
<style>
. left{
    float: left; /* 左侧 div 向左浮动 */
     width: 200 px;
     height: 100 px;
    }
 . right{
    height:100px; /* 右侧 div 为块级元素,会认为左侧浮动元素不存在 */
    margin-left: 200px;/* 通过 margin-left 为左侧浮动元素腾出位置  */

 }
   </style>
 </head>
 <body>
  <div class="wrap">
    <div class="left"></div>
    <div class="right"></div>
 </div>
 </body>
 </html>
```

之前两种方案都是利用了 CSS 的 calc( )函数来计算宽度值。而【例 12-5】这种方案则是利用了 block 级别的元素盒子的宽度具有填满父容器,并随着父容器的宽度自适应的流动特性。block 级别的元素会认为浮动的元素不存在,但是 inline 级别的元素能识别到浮动的元素。<div class="right">元素为块级元素,会认为<div class="left"></div>这个浮动的元素不存在,我们为<div class="right">元素添加“margin-left: 200px;”,是为了将左侧浮动元素让出相应位置,该方法缺点为需要计算 margin-left。

【例 12-6】左侧定宽,右侧自适应,采用 absolute+margin-left 方式实现。

```
<html>
<head>
 <meta http-equiv="Content-Type" content="text/html; charset=utf-8" />
<title>12-6-左侧定宽,右侧自适应-absolute+margin-left 方式实现</title>
<style>
. left{
    position: absolute;
    width: 200 px;
    height: 100 px;
    }
 . right{
    height: 100 px;
    margin-left: 200 px;
      }
 </style>
```

```
</head>
<body>
   <div class="wrap">
       <div class="left"></div>
       <div class="right"></div>
 </div>
</body>
</html>
```

这种方法使用了绝对定位,若是用在某个 div 中,需要更改父容器的 position 定位方式。

传统的布局解决方案是基于盒子模型原理,依赖 display 属性+position 属性+float 属性。它对于那些特殊布局非常不方便,比如,垂直居中就不容易实现。2009 年,W3C 提出了一种新的方案——Flex 布局,可以简便、完整、响应式地实现各种页面布局。目前,它已经得到了所有浏览器的支持,这意味着,现在就能很安全地使用这项功能。Flex 布局将成为未来布局的首选方案。Flex 是 Flexible Box 的缩写,意为“弹性布局”,用来为盒状模型提供最大的灵活性。任何一个容器都可以指定为 Flex 布局。

注 意

设为 Flex 布局以后, 子元素的 float、clear 和 vertical-align 属性将失效。

【例 12-7】左侧定宽,右侧自适应,采用 flex 方式实现。

```
<html>
<head>
 <meta http-equiv="Content-Type" content="text/html; charset=utf-8" />
<title>12-7-左侧定宽,右侧自适应-flex 方式实现</title>
<style>
.wrap{
   display: flex;
}
.left{
   width: 200 px;
   height: 100 px;
     }
.right{
    height: 100 px;
   flex: 1;
     }
</style>
</head>
<body>
   <div class="wrap">
      <div class="left"></div>
```

```
        <div class=" right" ></div>
 </div>
</body>
</html>
```

采用 flex 布局的元素，称为 flex 容器。它的所有子元素自动成为容器成员，称为 flex 项目。right 块级 div 元素的 flex：1 代表有两个 div 被应用到同一行后，可以直接给第二个 div 应用 flex：1，即把此行所有的剩余空间都给第二个 div。

12.4 三列布局

在前端开发中，三列布局是非常基础的一种场景。三列布局的要求一般为：左右两边宽度固定，中间宽度自适应。中间列的内容可以完整显示。常用三种方法分别为：定位、浮动和弹性盒布局。

定位方法是最直观和容易理解的一种方法，左右两栏可以选择绝对定位，固定于页面的两侧，中间的主体选择用 margin 确定位置。具体范例代码见【例 12-8】，运行效果如图 12-4 所示。

【例 12-8】三列布局采用定位方法实现。

```
<html>
<head>
 <meta http-equiv="Content-Type" content="text/html; charset=utf-8" />
<title>12-8 定位方法创建三列布局</title>
<style>
. left{
   width: 200 px;
    height: 500 px;
    background-color: yellow;
    position: absolute; /* 绝对定位,使位置固定 */
    left: 0;
    top: 0;
 }
 . center{
    height: 600 px;
    background-color: purple;
    margin: 0 300 px 0 200 px;  /* 通过外边距确定宽度 */
 }
 . right{
 width: 300 px;
 height: 500 px;
 background-color: red;
 position: absolute; /* 绝对定位,使位置固定 */
```

```
 right: 0;
 top: 0;
}
</style>
</head>
<body>
    <div class="left">Left</div>
    <div class="center">Center</div>
    <div class="right">Right</div>
</body>
</html>
```

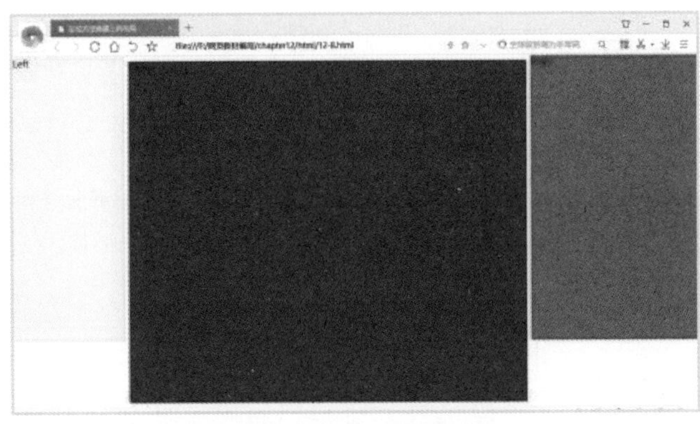

图 12-4 【例 12-8】运行效果图

还有一种使用浮动方法实现的方法，让左右两边部分浮动，脱离文档流后对中间部分使用 margin 属性来自适应。具体范例代码见【例 12-9】。

【例 12-9】三列布局采用 float 方法实现。

```
<html>
<head>
 <meta http-equiv="Content-Type" content="text/html; charset=utf-8" />
<title>12-9 浮动法创建三列布局</title>
<style>
 * {
margin: 0;
padding: 0;
}
 .left{
      width: 200 px;
      height: 500 px;
      background-color: yellow;
      float: left;
         }
 .center{
      height: 600 px;
```

```
    background-color: purple;
    margin: 0 300px 0 200 px;
    min-width: 100px; /* 最小宽度,防止浏览器缩小后中间部分被隐藏 */
    }
.right{
    width: 300 px;
    height: 500 px;
    background-color: red;
    float:right;
}
</style>
</head>
<body>
    <div class="left">Left</div>
    <div class="center">Center</div>
    <div class="right">Right</div><! -- 左右部分脱离文档流,中间部分平铺 -->
</body>
</html>
```

注意 很多浏览器在显示未指定 width 属性的浮动元素时会出现 bug，所以，一定要为浮动的元素指定 width 属性，同时需要注意 IE6 的显示效果是否正常。初学者在制作网页时，一定要养成实时测试页面的好习惯，避免完成页面的制作后，出现难以调试的兼容性问题。

下面【例 12-10】使用弹性盒布局方式完成三列布局,使用容器包裹三栏,并将容器的 display 设置为 flex,左右两部分宽度设置为固定,中间 flex 设置为 1,左右两边的值固定,所以中间的自适应。

【例 12-10 】三列布局采用弹性盒布局方法实现。

```
<html>
<head>
 <meta http-equiv="Content-Type" content="text/html; charset=utf-8" />
<title>12-10 弹性盒子创建三列布局</title>
<style>
 *{
margin: 0;
padding: 0;
}
 .wrap{
    display: flex;
 }
 .left{
    width: 200px;
```

```
    height: 500px;
    background-color: yellow;
    }
. center{
    height: 600px;
    flex: 1;
    background-color: purple;
    }
. right{
    width: 300px;
    height: 500px;
    background-color: red;
}
</style>
</head>
<body>
<div class=" wrap" >
    <div class=" left" >Left</div>
    <div class=" center" >Center</div>
    <div class=" right" >Right</div>
</div>
</body>
</html>
```

12.5　通栏布局

为了网站的美观,网页中的一些模块,例如头部、导航、焦点图或页面底部等经常需要通栏显示。将模块设置为通栏后,无论页面放大或缩小,该模块都将横向平铺于浏览器窗口中。

【例 12-11】通栏布局。

```
<html>
<head>
 <meta http-equiv="Content-Type" content="text/html; charset=utf-8" />
<title>12-11 通栏布局</title>
<style type=" text/css" >
body{margin:0; padding:0;font-size:24 px; text-align:center;}
. top{                    /*宽度 980 px、高度 50 px、居中显示*/
    width:980 px;
    height:50 px;
     background-color:#CCC;
     margin:0 auto;
}
```

```
.topbar{              /*通栏显示宽度为100%,此盒子为nav导航栏盒子的父盒子*/
    width:100%;
    height:30 px;
    margin:5 px auto;
    background-color:#CCC;
}
.nav{                 /*宽度980 px、高度30 px、居中显示*/
    width:980 px;
    height:30 px;
    background-color:#CEFFFF;
    margin:0 auto;
}
.banner{              /*宽度980 px、高度80 px、居中显示*/
    width:980 px;
    height:80 px;
    background-color:#CCC;
    margin:0 auto;
}
.content{             /*宽度是980 px、高度300 px、居中显示*/
    width:980 px;
    height:300 px;
    background-color:#CCC;
    margin:5 px auto;
}
.footer{              /*通栏显示宽度为100%,此盒子为inner盒子的父盒子*/
    width:100%;
    height:120 px;
    background-color:#CCC;
}
.inner{               /*宽度980 px、高度120 px、居中显示*/
    width:980 px;
    height:120 px;
    background-color:#CEFFFF;
    margin:0 auto;
}
</style>
</head>
<body>
<div class="top">头部</div>
<div class="topbar">
  <div class="nav">导航栏</div>
</div>
<div class="banner">焦点图</div>
```

```
56 <div class="content">内容</div>
57 <div class="footer">
58     <div class="inner">页面底部</div>
59 </div>
60 </body>
61 </html>
```

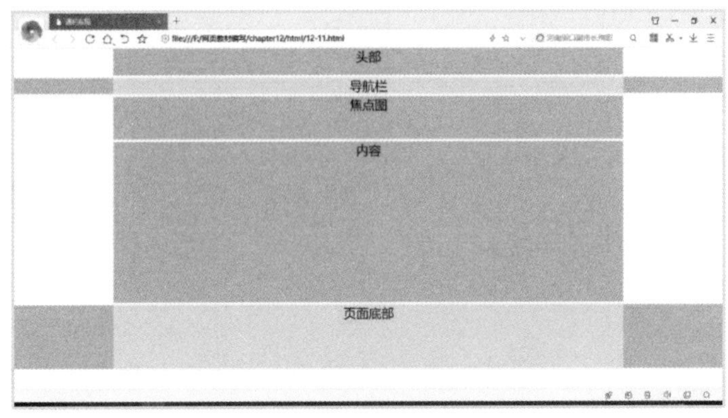

图 12-5 【例 12-11】运行效果图

【例 12-11】运行效果如图 12-5 所示，在图 12-5 中，导航栏和页面底部为通栏模块，它们将始终横铺于浏览器窗口中。通栏布局的关键在于在相应模块的外面添加一层 div，并且将外层 div 的宽度设置为 100%。使用相应的 HTML 标记搭建页面结构，第 52~54 行代码定义了 class 为 topbar 的一对<div></div>，用于将导航模块设置为通栏。第 57~59 行代码定义了一对 class 为 footer 的<div></div>，用于将页面底部设置为通栏。在该例的 CSS 代码中，第 14 行和第 38 行代码用于将两个父盒子的宽度设置为 100%，面对于其内部的子盒子，只需要固定宽度并且居中对齐即可。

注 意　前面所讲的几种布局是网页中的基本布局。在实际工作中，通常需要综合运用这几种基本布局，实现多行多列的布局样式。

单元小结

本章讲述了网页常见布局的实现方式，通过本章的学习，初学者应该能够熟练地应用网页中常见的几种布局方式。

第 13 章

综合案例——制作企业网站

学习目标

通过对本章的学习，学生应了解网站制作的步骤；理解 Dreamweaver 建立模板；重点掌握站点的建立、模板的使用；能够更好地控制网页中各个元素所呈现的效果，更深入理解网页中盒子模型、列表、浮动、定位等技术。

核心要点

- 网页制作前的准备工作
- 站点的建立
- 首页及子页面的建立
- 模板的建立及使用
- 盒子模型的使用
- 网页的布局
- 网页的浮动和定位

一、单元概述

综合案例的制作是对前12章所学知识的巩固和梳理。了解网站开发的步骤,并能通过案例,掌握如何完成一个完整页面的分析、布局和样式设置,最终制作出一个完美的网页页面。

本章通过案例教学等方法,循序渐进地向学生介绍如何完成一个网站的建立。包括首页面和子页面的建立、站点的建立、切片的使用、模板的建立和引用、盒子模型在网页布局中的应用、定位和浮动的应用、列表的使用、图文混排、CSS样式属性等。都通过“中国保利集团”首页面的制作和“关于我们”子页面制作的案例演示具体的应用。

二、教学重点与难点

重点:

重点掌握站点的建立、模板的建立及使用、网页中各元素的应用。

难点:

理解模板建立及使用、网页中各元素的应用。

解决方案:

在教学过程中,注重把知识融入案例中进行讲授,让学生通过反复动手实践操作来加深对知识的巩固和应用。在讲授过程中,注重引导式教学,培养学生主动思考的习惯,并且鼓励学生多多动手操作。

【本章知识】

本章首先介绍完成一个网站制作的准备工作:从开始的建立站点,其中包括创建网站根目录,在根目录下新建文件、新建站点、完成站点建立工作,到站点初始化设置,以及首页面的效果图分析,主要包括HTML结构分析和CSS样式分析;然后做出网站的切片,这里应用Photoshop工具;最终对网页进行整体布局,页面布局对于网站的外观非常重要,能使网站页面结构更加清晰、有条理。

建好站点,做好网站制作的准备工作,接下来对网站的首页面制作,在制作首页的过程中,需要大家掌握头部和导航栏的制作,主体和版权的制作,每部分的制作都通过分析效果图、准备图片素材、搭建结构、控制样式四个步骤完成制作。最后完成首页面的制作。

模板的使用在网页制作中非常重要,13.3节首先介绍了Dreamweaver模板的作用、如何建立及引用模板。然后,分步骤分析了“保利集团”子页面“集团介绍”的制作思路及流程,最后完成关于我们详情页面的制作。

13.1 准备工作

作为一个专业的网页制作人员,当拿到一个页面的效果图时,首先要做的就是准备工作,主要包括建立站点、效果图的分析、切片和网站的布局等分析。下面就对网站制作的相关准备工作进行详细的讲解。

13.1.1　建立站点

“站点”对于制作维护一个网站很重要，它能够帮助我们系统地管理网站文件。一个网站通常由 HTML 网页文件、图片、CSS 样式表等构成。简单地说，建立站点就是定义一个存放网站中零散文件的文件夹。这样，可以形成明晰的站点组织结构图，方便增减站内文件夹及文档等，这对于网站本身的上传维护，内容的扩充和移植都有着重要的影响。下面将以“中国保利集团”网站为例详细讲解建立站点的步骤。

(1)创建网站根目录

在本地磁盘任意盘符下创建网站根目录。这里在 E 盘“网页制作”文件夹下新建一个文件夹作为网站根目录，命名为第 13 章，如图 13-1 所示。

(2)在根目录下新建文件

打开网站根目录第 13 章，在根目录下新建 html 文件夹、css 文件夹和 images 文件夹，分别用于存放网站所需的结构文档、CSS 样式表和图像文件，如图 13-2 所示。

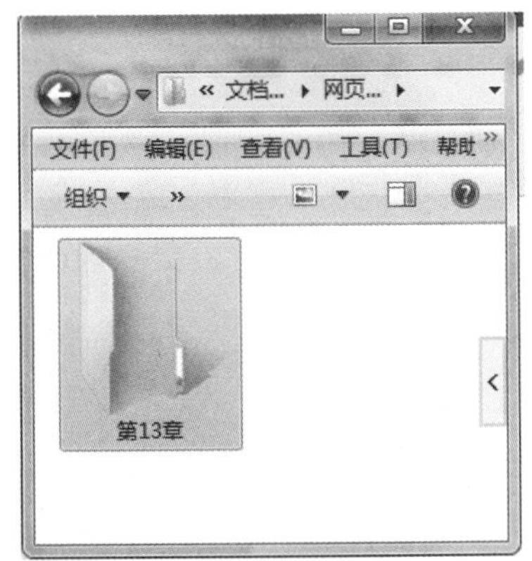

图 13-1　建立根目录

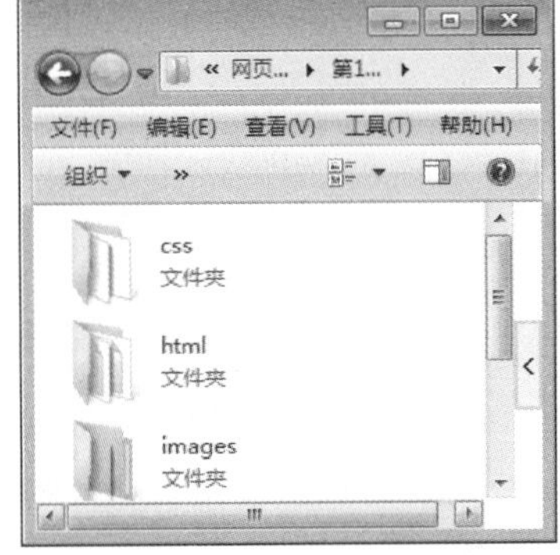

图 13-2　根目录下新建文件夹

(3)新建站点

关于站点的相关知识在 1.5.3 中已经讲解过，在此就不赘述了。

注意　新建站点的站点名称既可以使用中文也可以使用英文，但名称一定要有很高的辨识度。例如，从事本项目开发的是“中国保利集团”，所以站点名称设为”中国保利集团”。

13.1.2　站点初始化设置

下面开始创建网站首页。首先，在网站根目录文件夹下创建 2 个 HTML 文件，分别为 index. html 和 about_us. html。然后，在 CSS 文件夹内创建各个页面对应的样式表文件，分别为 index. css、about_us. css。另外，由于不同页面中相同的样式可以循环调用，所以需要建立一个公用样式表文件 style. css。为了使文件的命名与网站中对应页面的关系更加清晰，下面逐一介绍本项目中各个页面的命名。

- index. html：首页面；

- about_us. html:“关于我们”页面;
- index. css:首页面 CSS 文件;
- about_us. css:“关于我们”页面 CSS 文件;
- style. css:公用样式表文件。

页面创建完成后,网站形成了明晰的组织结构关系,站点根目录文件夹结构如图 13-3 所示。

图 13-3　根目录文件夹结构图

为了清除各浏览器的默认样式,使得网页在各浏览器中的显示效果一致,在创建好所需的 HTML 和 CSS 样式文件后,首先要做的就是对 CSS 样式进行初始化,并声明一些通用的样式。

打开页面公用样式文件 style. css,编写公用样式,具体如下:

```
/* style */
body{font-size:12px; font-family:Arial, Helvetica, sans-serif,"宋体";}
body,p,ul,li,h3,span,img,dl,dt,dd,h1,h2,h3,h4,h5,h6{margin:0; padding:0;border:0;list-style:none; }
.container{ margin:0px; padding:0px; width:100%; text-align:center;}
.main{ margin:0 auto; clear:both; width:1000px; text-align:left;}
a:link,a:visited{color:#222;text-decoration:none;}
a:hover{color:#FD4913;}
```

13.1.3　首页面效果图分析

只有熟悉页面的结构及版式,才能更加高效地完成网页的布局和排版。下面对首页效果图的结构和样式进行分析,具体如下:

(1)HTML 结构分析

观察效果图 13-4,我们看出整个页面大致可分为头部、导航、banner 广告图、主体内容、版权信息等 5 个模块。

(2)CSS 样式分析

仔细观察页面的各个模块可以看出,页面导航和版权信息模块通栏显示,其他模块均宽 1 000 px 且居中显示。也就是说,页面的版心为 1 000 px。精细地分析页面,所有页面文字均为宋体。一些共同的样式可以做出 CSS 公用样式表文件供所有页面调用,以减少代码冗余。

另外,综合观察 about_us 页面,它的头部、导航、版权信息 3 个模块的结构和样式均相同。

图 13-4 首页页面效果图分析

所以,这 3 个模块可以制作成网页模板,以方便创建其他相同布局的页面。

13.1.4 切片

为了提高浏览器的加载速度,或是满足一些版面设计的特殊要求,通常需要把效果图中有用的部分剪切下来作为网页制作时的素材,这个过程被称为“切图”。切图的目的是把设计效果图转化为网页代码。常用的切图工具主要有 Photoshop 和 fireworks。本书以 Photoshop 的切片工具为例分步骤讲解切图技术。

PS 是一款非常实用的图片制作软件,我们可以使用切片工具,将图片制作成网站所需的图片。首先,我们打开 Photoshop,选择工具箱中的裁剪工具。鼠标长按,选择切片工具。如图 13-5 所示。

(1)绘制切片区域

点击鼠标左键即可在图片上拖拉、切片。

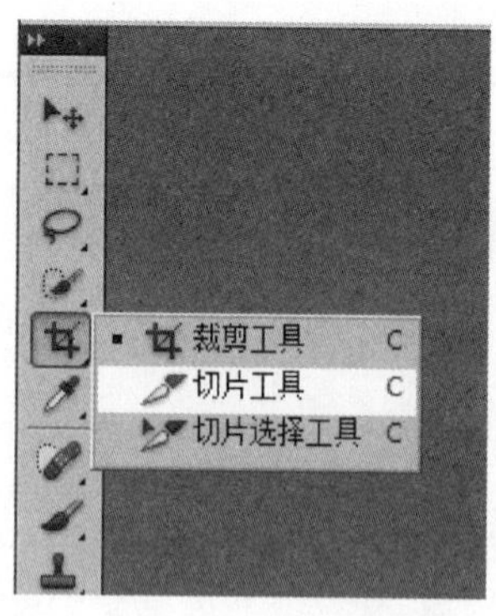

图 13-5　选择工具箱上的切片工具

再次长按裁剪工具，在弹出的菜单中选择“切片选择工具”，可对切好的图片选择。同时，在切片上右键，弹出菜单中可以删除或对切片进行编辑，如图 13-6 所示。

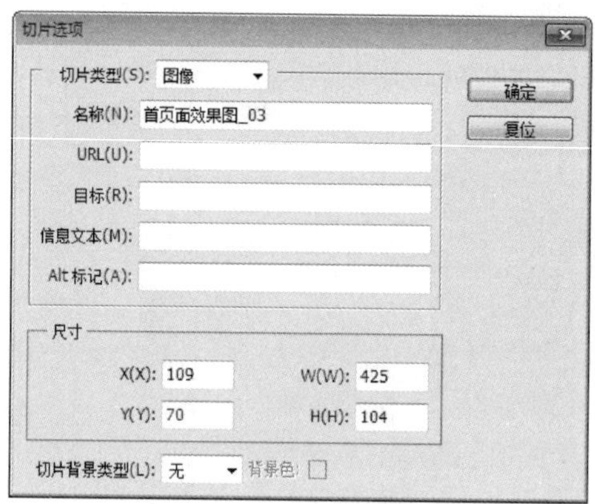

图 13-6　切片选项窗口

(2)导出图片

按住“Ctrl+Shift+Alt+S”键进行保存切片，点击“储存”。选择保存位置，输入名称，把格式改为“仅限图像”，切片设置为“所有用户切片”，存储切片。

点击“保存”，返回文件夹，点开 images 文件夹即可看到用 ps 切出来的图片了，如图 13-7 所示。

13.1.5　页面布局

页面布局对于改善网站的外观非常重要，是为了使网站页面结构清晰、有条理，而对页面进行的“排版”。下面根据 13.1.3 小节的设置对大连保利房地产首页进行整体布局，具体代码如下：

图 13-7　切片后的素材

```
<! DOCTYPE html PUBLIC "-//W3C//DTD XHTML 1.0 Transitional//EN"
"http://www.w3.org/TR/xhtml1/DTD/xhtml1-transitional.dtd">
<html xmlns="http://www.w3.org/1999/xhtml">
<head>
<meta http-equiv="Content-Type" content="text/html; charset=utf-8" />
<meta name="keywords" content="保利地产,项目展示" />
<meta name="description" content="大型国有房地产上市公司">
<title>中国保利房地产</title>
<link href="../css/style.css" rel="stylesheet" type="text/css" />
<link href="../css/index.css" rel="stylesheet" type="text/css" />
</head>
<body>
<div class="contianer">
<! --top begin-->
<div class="top"></div>
<! --top end-->
<! --nav begin-->
<div class="nav"></div>
<! --nav end-->
<div class="main">
<! --banner begin-->
<div class="banner"></div>
<! --banner end-->
<! --stages begin-->
<div class="stages"></div>
<! --stages end-->
<! --content begin-->
<div class="content"></div>
<! --content end-->
```

```
</div>
<! --footer begin-->
<div class="footer"></div>
<! --footer begin-->
</div>
</body>
</html>
```

13.2 首页面详细制作

上一节中,完成了制作网页所需的相关准备工作,本节将完成首页页面的制作,同前面章节的阶段案例一样,首页也要分为几部分进行制作。

13.2.1 制作头部和导航栏

(1)分析效果图

观察效果图 13-4 不难看出,网页的头部可以分为左(logo)、右(操作菜单)两部分。导航菜单结构清晰,可以通过无序列表来定义,同时由于其通栏显示,所以,还需要在无序列表的外边加上一层大盒子。网页头部和导航栏的具体结构如图 13-8 所示。

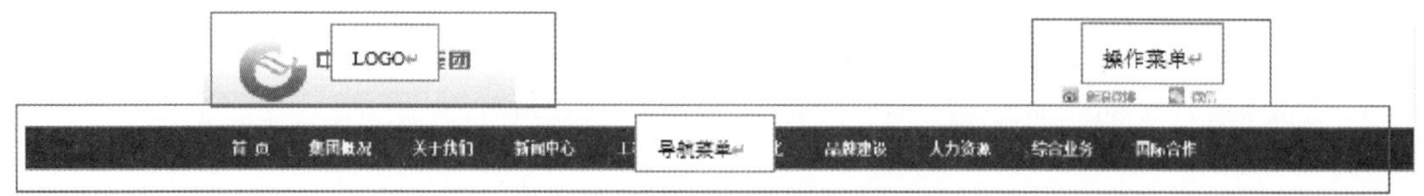

图 13-8 网页头部和导航栏分析图

(2)准备图片素材

准备头部和导航模块所需图片,包括 logo、pic 广告图、操作菜单图标、导航背景图、导航阴影图等。

(3)搭建结构

准备工作完成后,开始搭建网页的头部和导航结构。打开 index. html 文件,在 index. html 文件内书写头部和导航的 HTML 结构代码。具体如下:

```
<! DOCTYPE html PUBLIC "-//W3C//DTD XHTML 1.0 Transitional//EN"
"http://www.w3.org/TR/xhtml1/DTD/xhtml1-transitional.dtd">
<html xmlns="http://www.w3.org/1999/xhtml">
<head>
<meta http-equiv="Content-Type" content="text/html; charset=utf-8" />
<meta name="keywords" content="保利地产,项目展示" />
<meta name="description" content="大型国有房地产上市公司">
<title>中国保利房地产</title>
<link href="../css/style.css" rel="stylesheet" type="text/css" />
```

```
<link href="../css/index.css" rel="stylesheet" type="text/css" />
</head>
<body>
<div class="contianer">
<!--top begin-->
        <div class="top">
          <div class="logo"><img src="../images/logo.gif"></div>
          <div class="options">
            <div class="sina"><span></span><a href="#">新浪微博</a></div>
            <div class="chat"><span></span><a href="#">微信</a></div>
          </div>
        </div>
<!--top end-->
<!--nav begin-->
        <div class="nav">
           <div class="nav_con"><ul>
            <li><a href="#">首 页</a><span></span></li>
            <li><a href="#">集团概况</a><span></span></li>
            <li><a href="#">关于我们</a><span></span></li>
            <li><a href="#">新闻中心</a><span></span></li>
            <li><a href="#">工程项目</a><span></span></li>
            <li><a href="#">企业文化</a><span></span></li>
            <li><a href="#">品牌建设</a><span></span></li>
            <li><a href="#">人力资源</a><span></span></li>
            <li><a href="#">综合业务</a><span></span></li>
            <li><a href="#">国际合作</a><span></span></li>
          </ul></div>
        </div>
<!--nav end-->
</div>
</body>
</html>
```

在上面的代码中,定义了 class 为 top 和 nav 的两对<div></div>,分别用于定义头部模块和导航栏;在头部中嵌套了两个<div></div>,类名为 logo 和 option,用于定义头部模块的 logo 和链接新浪微博和微信。另外,在 nav 类中定义了一对<ul></ul>,用来搭建导航模块,同时,在<ul>的外部还添加了一层<div>用于实现导航的通栏显示效果。

运行上面的 HTML 代码,效果如图 13-9 所示。

(4)控制样式

由于“保利地产”案例中,所有的页面头部和导航栏均相同,因此需要在公用样式表 style.css 中书写对应的 CSS 样式代码。具体如下:

图 13-9　头部和导航页面布局图

```
1  /* top */
2  .top{ margin:5px auto 0px auto; padding:0px; width:1000px; height:78px; text-align:left;}
3  .logo{ width:307px; height:61px; float:left; margin-top:10px;}
4  .options{ float:right; margin:55px 0px 0px 0px;}
5  .sina,.chat{ float:left; margin:0 16px; display:inline;}
6  .sina span{ background:url(../images/wb.jpg) no-repeat 0 0; float:left; width:17px; height:14px;
   margin-right:6px; display:inline;}
7  .chat span{ background:url(../images/weixin.jpg) no-repeat 0 0; float:left; width:16px; height:15px;
   margin-right:6px; display:inline;}
8  .sina a,.chat a{ color:#9b9b9b; float:left;}
9  /* top */
10 /* nav */
11 .nav { margin:15px 0px 0px 0px; padding:0px; background:url(../images/nav_bg.gif) repeat-x;
   width:100%; height:40px; line-height:40px; vertical-align:middle; text-align:left;}
12 .nav_con{ margin:0px auto; padding:0px; width:1000px;}
13 .nav ul{ margin:0px 0px 0px 15px; padding:0px; width:1000px; list-style:none;}
14 .nav ul li{ margin:0px 2px 0 0; padding:0px; float:left;}
15 .nav ul li a{ color:#FFFFFF; font-family:"宋体"; font-size:14px; font-weight:bold; padding:0px
   13px; float:left; cursor:pointer;}
16 .nav ul li span{height:43px; width:12px;float:left;}
17 .nav ul li:hover a{ background:#FD4A12; height:40px; margin:-3px 0 0 0;padding-top:3px; float:left;
   color:#FFF;}
18 .nav ul li:hover span{ display:block; background:url(../images/right.png) no-repeat right bottom;
   height:43px; width:12px; float:left; margin:-3px 0 0 0;}
19 /* nav */
```

在上面的 CSS 代码中，第 3、4 行代码分别用于为 logo 和操作菜单设置浮动，以实现两个模块同行显示的效果。第 17~18 行代码运用滑动门技术实现导航菜单在鼠标经过时显示特殊背景的效果。

保存 style.css 样式文件，并在 index.html 静态文件中链入外部 CSS 样式文件。

页面对应样式表文件和公用样式表文件，具体代码如下：

```
<link href="index.css" rel="stylesheet" type="text/css" />
<link href="style.css" rel="stylesheet" type="text/css" />
```

保存 index. html 文件，在浏览器中运行，效果如图 13-10 所示。

图 13-10　头部和导航栏效果

13. 2. 2　banner 和通告制作

（1）分析效果图

仔细观察效果图 13-4，容易看出 banner 模块和通告模块均由左右两部分构成。其中，banner 模块左侧为广告图、右侧为保利网站群，通告模块的左侧为通知标题、右侧为通知内容。

（2）准备图片素材

banner 和通告两模块所需图片包括 banner 左侧广告图、右侧网站群链接的四个图标。

（3）搭建结构

根据步骤 1 中的分析，在首页文档 index. html 中添加 banner 和通告模块的结构代码。具体如下：

```
<! --banner begin-->
 <div class="banner">
   <! --left begin-->
   <div class="left">
     <div class="content_left">
       <p class="school_en">POLYDEVELOPMENTS<br />HOLDINGS</p>
       <p class="school_ch">保利集团</p>
       <p class="advertise">不动产生态发展平台<br />26 载初心不改，筑梦全球，保国利民，筑梦全球</p>
       <ul class="style_a">
          <li class="current"><a href="#">1</a></li>
          <li><a href="#">2</a></li>
          <li><a href="#">3</a></li>
          <li><a href="#">4</a></li>
        </ul>
      </div>
    </div>
 <! --left end-->
 <! --right begin-->
  <div class="right">
    <div class="content_right">
      <h2>保利网站群<br />POLYGROUP</h2>
      <ul class="style_icon">
```

```
            <li><a href="#"><img src="../images/国际贸易.png"/></a></li>
            <li><a href="#"><img src="../images/房地产开发.png" /></a></li>
            <li><a href="#"><img src="../images/文化艺术.png" /></a></li>
            <li><a href="#"><img src="../images/民爆业务.png"/></a></li>
          </ul>
          <p class="cl">保利集团,通过高品质的住宅与物业,创造幸福空间。</p>
        </div>
      </div>
    <! --right end-->
      </div>
    <! --banner end-->
    <! --stages begin-->
      <div class="stages">
        <div class="stages_title">通知公告</div>
        <div class="stages_con">
          <marquee>
            <ul>
              <li><a href="#">【保利快讯】保利集团大连分公司股票上市! </a></li>
              <li><a href="#">以人为本,以客为先,实实在在,脚踏实地。</a></li>
              </ul>
          </marquee>
        </div>
      </div>
    <! --stages end-->
```

在上面的代码中,定义了 class 为 left 和 right 的 2 对<div></div>,分别用于定义 banner 模块的左右两部分,同时在其内部嵌套<ul>用于制作图片列表。另外,定义了 class 为 stages_title 和 stages_con 的 2 对<div></div>,分别用于定义通告模块左侧标题和右侧内容,并采用无序列表<ul>搭建通告内容部分,实现文字列表效果。

保存 index. html 文件,刷新页面,效果如图 13-11 所示。

图 13-11　banner 和通告布局图

(4)控制样式

同样,在首页 index.html 文件对应的样式表 index.css 中书写 CSS 样式代码,具体如下:

```
1 /* banner */
2 .banner{ margin:13px auto 15px auto; padding:0px; text-align:left; width:1000px; height:285px; color:#FFFFFF; overflow:hidden;}
3 .banner .left{ margin:0px; padding:0px; width:755px; height:285px; background:url(../images/pic.png) no-repeat; float: left; position: relative; font-family: Arial, Helvetica, sans-serif,"黑体"; font-weight:bold;}
4 .content_left{ position:absolute; top:90px; right:45px; text-align:right;}
5 .school_en{ font-size:14px;}
6 .school_ch{ font-size:24px; font-family:"黑体"; background:url(../images/icon5.gif) no-repeat right center; padding-right:10px;}
7 .advertise{ margin-top:20px; font-family:"黑体"; font-size:16px;}
8 ul.style_a{ margin-top:25px; margin-left:120px; list-style:none;overflow: hidden;}
9 ul.style_a li{ float:left; margin-left:10px;}
10 ul.style_a li a{ background:#FFF; border:1px solid #ff7202; width:26px; height:22px; text-align:center; line-height:22px; vertical-align:middle; display:block; color:#ff7202; font-size:18px; text-decoration:none;}
11 ul.style_a li.current a{background:#ff7202; color:#FFF;width:30px; height:26px;line-height:26px; margin-top:-2px; position:relative;}
12 .banner .right{ margin:0px; padding:0px; width:245px; height:285px; background:#1f1e1e; float:right; position:relative;}
13 .content_right{ position:absolute; top:50px; left:30px;}
14 ul.style_icon{ margin-top:10px; list-style:none;}
15 ul.style_icon li{ float:left; margin-right:12px;}
16 ul.style_icon li a img{ border:none;}
17 .cl{ clear:both; margin-top:55px; margin-right:30px; text-indent:2em; font-family:"微软雅黑"; font-size:12px; line-height:24px;}
18 /* banner */
19 /* stages */
20 .stages{ margin:0px auto; padding:0px; border:1px solid #c4c4c4; height:30px; width:998px; line-height:30px; vertical-align:middle; text-align:left; overflow:hidden;}
21 .stages_title{ width:96px; text-align:center; border-right:1px solid #c4c4c4; float:left;}
22 .stages_con{ width:900px; float:left;}
23 .stages_con ul{ margin:0px; padding:0px; list-style:none;}
24 .stages_con ul li{ float:left;}
25 .stages_con ul li a{ background:url(../images/icon6.gif) no-repeat left center; padding:0px 0px 0px 8px; margin:0px 40px 0px 0px; width:3px; height:5px; line-height:30px; vertical-align:middle; color:#212121;}
26 /* stages */
```

在上面的 CSS 代码中,第 3 行和 12 行代码分别用于设置 banner 左右模块的浮动和定位样式。第 4 行和 13 行代码用于设置相应子元素的定位方式。

保存 index. css 样式文件,刷新页面,效果如图 13-12 所示。

图 13-12　banner 和通告效果

13. 2. 3　主体内容区域

(1)分析效果图

分析首页面主体内容效果图可以看出,主体内容模块大体上由上、下两部分构成,上面部分又可以分为左中右三部分,每部分都由单个模块构成。下面部分由左右两部分构成,分别是项目展示和站内搜索。

主体内容区域栏目很多,被分成了很多个小模块。为了使页面布局结构看起来更加清晰,下面对主体内容区域做出详细的图解,如图 13-13 所示。

图 13-13　详细分析图

(2)准备图片素材

主体内容区域所需图片素材包括新闻视察图片、公司简介图片、项目展示图片和站内搜索背景图片等。

(3)搭建结构及控制样式

如图 13-13 所示,首页面主体内容区域包含了很多模块,这里将先按照整体布局搭建一个完整的结构,在 content<div>中依次插入 5 个平行的<div>,从上到下类名依次为 left、center、right、xmshow、search,再依次为各个模块添加结构代码。

提示　使用 position:relative；属性设置相对定位后，若不设置 top、left 等属性，则元素本身不发生变化，相对默认在标准流中的位置不变。这里将 content 盒子固定，让它作为包含在里面元素的祖先元素，为子元素的绝对定位做参考对象。

①按照整体布局搭建完整的结构。添加 HTML 代码到 index. html 文件中，具体代码如下：

```
<div class="content">
    <div class="left"></div>
    <div class="center"></div>
    <div class="right"></div>
    <div class="xmshow"></div>
    <div class="search"></div>
</div>
```

②设置 5 个 div 盒子在整个主体部分中的相对位置，具体的布局样式代码如下所示：

```
.content{ position:relative; width:960px; margin:0 auto; height:500px; background-color:#fff;}
.content .left{width:300px; height:230px; position:absolute; left:5px; top:0px;}
.content .center{ width:350px; height:245px; position:absolute; left:310px; top:0px;}
.content .right{ width:284px; height:250px; line-height:20px; position:absolute; top:0px; right:5px;}
.content .xmshow{ width:660px; height:230px; position:absolute; left:5px; top:250px;}
.content .search{ width:217px; height:158px; position:absolute; right:5px; top:280px;}
```

③为各个模块添加结构代码。基于整体布局的结构代码，为相应的模块添加结构代码，分别如下：

- left 内容：图片新闻模块

图片新闻栏目的标题内容。在 content 的<div>标签中插入 1 个 class 名为 fnt3 的<div>标签，输入标题内容。然后使用<span>标签对“图像”两个字单独括起来，并设置 class 名，以便在后面用 CSS 单独设置这两个字的颜色。图片也作为一个单独的<div>插入。然后为图片添加数字按钮内容。在 imgnews 的<div>中插入相应的<div>标签并输入数字。

综上所述分析，在 index. html 文件中添加代码，具体如下：

```
<div class="left">
            <div class="fnt3"><span class="fnt2">图片</span>新闻</div>
             <div class="imgnews">
             <img src="../images/news.jpg" width="288" height="188" />
                   <div id="tpbtn">
                       <div class="fang">1</div>
                       <div class="fang">2</div>
                       <div class="fang">3</div>
                       <div class="fang">4</div>
                    </div>
             </div>
    </div>
```

保存 index. html 文件，刷新页面。

下面书写对应的 CSS 样式,对 left 区域的内容版式加以控制。在对应的文件中添加 CSS 样式,具体代码如下:

```
13 .fnt3{font-size:14px; font-weight:bold; line-height:30px; padding-left:10px;}
14 .fnt2{color: #CC0033;}
15 .left #imgnews{ background:url(../images/imgbg.gif) no-repeat; height:200px; text-align:center; width:300px; position:relative;}
16 #imgnews img{height:188px; width:288px; position:relative; top:6px;}
17 #imgnews #tpbtn{height:20px; width:90px; position:absolute; right:5px; bottom:5px;}
18 .fang{float:left; height:15px; width:15px; margin-left:5px; background-color:#CC0000; color:#FFFFFF;}
```

上面的 CSS 代码,主要为 left 模块添加样式。其中第 13~14 行代码用于定义标题的属性,第 15~16 行设置图片新闻的背景和图片属性,第 17~18 行设置图像按钮的属性,并使用绝对定位法确定其位置。

- center 内容:集团新闻

通过分析中间效果图可以看出。整个栏目主要分为 3 部分:集团新闻标题、新闻标题和新闻时间。

可以发现“集团新闻”“项目展示”和“公司简介”标题的字体样式一样,因此采用标题<h1>进行统一设置。另外,可将本栏目的新闻列表部分放在<ul>标签对中,其中各新闻标题和日期可放在<li>标签对中。为了单独设置新闻日期,可将各日期用<span>标签对扩起来。

下面添加 HTML 布局代码到相应的 index.html 文件,具体如下:

```
<h1>集团新闻</h1>
 <ul>
   <li><a href="#">大连市委书记一行视察大连保利罗兰项目 <span class="ntime">[2020-12-17]</span> </a></li>
   <li><a href="#">中国保利集团副总经理一行视察大连公司 <span class="ntime">[2020-13-16] </span></a> </li>
   <li><a href="#">保利集团总经理一行视察辽宁公司 <span class="ntime">[2020-13-16] </span></a> </li>
   <li><a href="#">中国保利集团董事长陈某某视察成都公司<span class="ntime"> [2020-10-31] </span></a> </li>
   <li><a href="#">国资委监事会主席一行赴武汉公司视察<span class="ntime">[2020-10-31]</span></a> </li>
   <li><a href="#">海心沙相约某明星保利和乐中国完美落幕<span class="ntime">[2020-10-17] </span> </a> </li>
   <li><a href="#">保利地产荣获“2020 中国房地产行业领导公司品牌”<span class="ntime">[2020-09-14]</span></a> </li>
   <li><a href="#">国资委监事会主席一行赴大连公司视察<span class="ntime">[2020-10-31]</span></a> </li>
```

同样,在 index.css 基础上添加 center 区域的 CSS 样式代码,具体如下:

```
ul,li,h1 {
    margin: 0px;
```

```
3        padding: 0px;
4        list-style:none;}
5    h1 {
6        line-height: 30px;                                    /*设置行高*/
7        border-bottom: 1px solid #FF0000;                     /*设置下边框*/
8        font-family: "宋体";                                  /*设置字体*/
9        font-size: 14px;                                      /*设置文字大小*/
10       padding-left: 20px;                                   /*设置左内边距*/
11       background:url(../images/ico5.gif) no-repeat 3px 7px;  /*设置背景图片*/
12   }
13   .center li{
14       background:url(../images/ico1.gif) no-repeat 0px 5px;  /*设置背景*/
15       line-height: 25px;                                    /*设置行高*/
16       border-bottom: 1px dotted #999999;                    /*设置下边框*/
17       width: 340px;                                         /*设置宽度*/
18       height: 25px;                                         *设置高度*/
19       overflow: hidden;                                     /*隐藏超过列表宽度的部分*/
20       position:relative;                                    /*表明可以做新闻时间的祖先元素*/
21   }
22   .center li a{
23   padding-left:10px;                                        /*设置超链接左内边距*/
24   text-decoration:none;                                     /*去除超链接下划线*/
25   color: #333333;                                           /*设置超链接颜色*/
26   }
27   .center li a:hover{
28   color:#FF0000;                                            /*设置鼠标访问时的超链接颜色*/
29   }
30   .ntime {
31       position: absolute;                                   /*使用绝对定位*/
32       top: 0px;                                             /*距 li 块上边缘 0 像素*/
33       right: 0px;                                           /*距 li 块右边缘 0 像素*/
34       font-family: "Times New Roman", Times, serif;         /*设置字体*/
35       font-size: 10px;                                      /*设置文字大小*/
36       background-color: #FFFFFF;
37       padding-left: 1px;                                    /*设置一点间距*/
```

上面的 CSS 代码,主要用于“集团新闻”模块添加样式。其中,第 1~5 行去掉默认样式。然后重新设置<h1>标签的样式,设置新闻列表的样式。为新闻列表中的超链接设置样式,对新闻时间进行绝对定位等。

- right 内容:公司简介

该栏目的内容比较简单,主要包括标题和图文混排效果两部分内容,分别为标题<h1>:公司简介,在设置好的盒子.right 中插入相关内容即可。

根据以上分析,在 index.html 文件中添加 HTML 布局代码,具体如下:

图片新闻
集团新闻
大连市委书记一行视察大连保利罗兰项目 [2020-12-17]
中国保利集团副总经理一行视察大连公司 [2020-11-16]
保利集团总经理一行视察辽宁公司 [2020-11-16]
中国保利集团董事长陈某某视察成都公司 [2020-10-31]
国资委监事会主席一行赴武汉公司视察 [2020-10-31]
海心沙相约某明星保利和乐中国完美落幕 [2020-10-17]
保利地产荣获"2020中国房地产行业领导公司品牌" [2020-09-14]
国资委监事会主席一行赴大连公司视察 [2020-10-31]
1 2 3 4

图 13-14 center 效果图

```
<div class="right">
        <h1>公司简介</h1>
        <img src="../images/company_02.jpg" width="143" height="198" class="tu" />保利房地产(集团)股份有限公司是中国保利集团控股的大型国有房地产上市公司,也是中国保利集团房地产业务的主要运作平台,国家一级房地产开发资质企业,国有房地产企业综合实力榜首,并连续五年蝉联央企房地产第一名。2006 年 7 月,公司股票在上海......
        </div>
```

根据效果图为 right 部分添加相应的 CSS 样式。在 index.css 样式表文件中添加样式代码,标题<h1>会自动套用 center 中 h1{}选择器设置好的样式,此处只需将图像向右浮动即可,tu 为 HTML 中为图像标签<img>设置的 class 名,具体如下:

```
.tu{float:right;}
```

保存 index.css 样式表文件,刷新 index.html 页面,效果如图 13-15 所示。

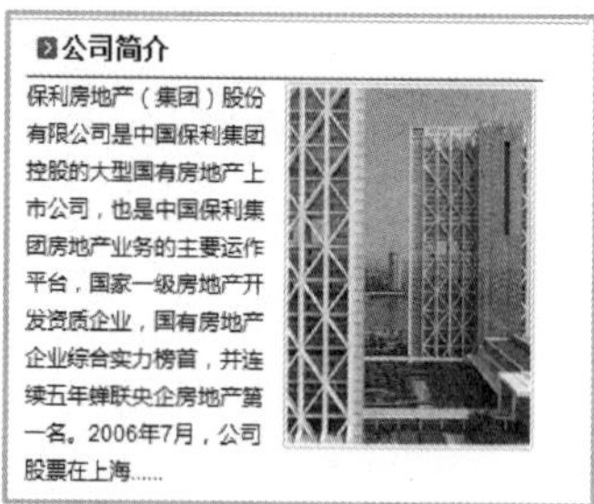
公司简介
保利房地产(集团)股份有限公司是中国保利集团控股的大型国有房地产上市公司,也是中国保利集团房地产业务的主要运作平台,国家一级房地产开发资质企业,国有房地产企业综合实力榜首,并连续五年蝉联央企房地产第一名。2006年7月,公司股票在上海......

图 13-15 right 区域效果

- xmshow:项目展示栏目

截止到这里,首页面主体内容上半部分已经制作完成,接下来开始对下部分进行布局。分别首页效果图,xmshow 栏目内容也比较简单,主要包括标题和图像两部分内容,分别为标题<h1>:项目展示,只需在之前设置好的 xmshow 盒子中插入相关内容即可。

根据以上分析,在 index.html 文件中添加 HTML 布局代码,具体如下:

```
<div class="xmshow">
        <h1>项目展示</h1>
    <img src="../images/1.png" width="170" height="185" />
```

```
        <img src="../images/2.jpg" width="170" height="185" />
        <img src="../images/3.png" width="160" height="185" />
        <img src="../images/4.gif" width="160" height="185" />
</div>
```

接下来为 xmshow 部分添加相应的 CSS 样式。在 index.css 样式表文件中添加样式代码，标题<h1>会自动套用 center 中 h1{}选择器设置好的样式，此处只需将图像设置样式即可，具体如下：

```
.xmshow img{
    height: 190px;              /*设置高度*/
    width: 157px;               /*设置宽度*/
    margin: 5px 0 5px 5px;      /*设置上、右、下、左外边距*/
}
.xmshow{
float:left;}
```

注 意

此处需注意，4 张图像实际所占宽度之和不能超过.xmshow 的宽度设置。

图 13-16　xmshow 区域效果图

- search：项目展示栏目

通过对 search 栏目效果图分析，可以发现“站内搜索”和“图片新闻”标题的字体样式一样，因此设计时采用的 HTML 结构也相同；关键字、文本框、搜索按钮用表单部分完成。

根据以上分析，在 index.html 文件中添加 HTML 布局代码，具体如下：

```
<div class="search">
        <div class="fnt3"><span class="fnt2">站内</span>搜索</div>
      <br>
     <form action="" method="get">
        <span class="fnt2">关键字</span>
        <input name="input" type="text">
      <br>
      <br>
         <input name="imageField" type="image"
          id="imageField" src="../images/top_search_btn.jpg" align="middle">
      </form>
</div>
```

下面对 search 部分设置样式。与标题相关的#fnt2、#fnt3 盒子的样式已在 left 中设置过。另外，通过观察，发现该栏目有背景图像且内容水平居中，因此，此处只需在之前布局中输入的.content .search{}选择器中添加这两个属性即可。具体如下：

```
.content .search{ width:217px; height:158px; position:absolute; right:5px; top:280px; background:url(../images/searchbg.gif) no-repeat; text-align:center;}
```

经过以上步骤，最终形成如图 13-17 所示的主体区域效果图。

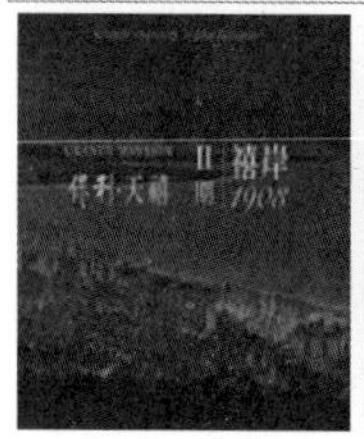

图片新闻
1 2 3 4
集团新闻
大连市委书记一行视察大连保利罗兰项目 [2020-12-17]
中国保利集团副总经理一行视察大连公司 [2020-11-16]
保利集团总经理一行视察辽宁公司 [2020-11-16]
中国保利集团董事长陈某某视察成都公司 [2020-10-31]
国资委监事会主席一行赴武汉公司视察 [2020-10-31]
海心沙相约某明星保利和乐中国完美落幕 [2020-10-17]
保利地产荣获"2020中国房地产行业领导公司品牌" [2020-09-14]
国资委监事会主席一行赴大连公司视察 [2020-10-31]
公司简介
保利房地产（集团）股份有限公司是中国保利集团控股的大型国有房地产上市公司，也是中国保利集团房地产业务的主要运作平台，国家一级房地产开发资质企业，国有房地产企业综合实力榜首，并连续五年蝉联央企房地产第一名。2006年7月，公司股票在上海......
项目展示
站内搜索
关键字
Search

图 13-17　主体区域效果

13.2.4　底部版权区域

(1)分析效果图

观察效果图 13-4 底部版权区域可以看出，版权信息模块大致可以分为 top 按钮和内容两部分。由于其背景通栏显示，所以需要在 top 按钮和内容外加上一层大盒子。

(2)准备图片素材

版权模块所需的图片素材分别有 top 按钮和友情链接图片等。

(3)搭建结构

根据步骤 1 的分析，在 index.html 文件的基础上书写版权信息区域的 HTML 代码，具体如下：

```
<div class="footer">
  <div class="btn">
    <div><a href="#"><img src="../images/top_btn.gif" /></a></div>
    <div><a href="#">Top</a></div>
  </div>
  <div class="footer_con">
    <ul class="pic">
         <li class="pic_con"><span>友情链接</span></li>
      <li><a href="#"><img src="../images/万科.png"/></a></li>
```

```
            <li><a href="#"><img src="../images/亿达.png" /></a></li>
            <li><a href="#"><img src="../images/龙湖.png" /></a></li>
            <li><a href="#"><img src="../images/华润.png" /></a></li>
        </ul>
        <p>国际贸易、房地产开发、轻工领域研发和工程服务、工艺原材料及产品经营服务</p>
        <p>版权所有 2020 - 2024 中国保利集团科技有限公司</p>
        <p>地址:北京东城区朝阳门北大街 1 号新保利大厦 28 层 邮编:100096</p>
        <p>电话:010-82935150/60/70 传真:010-82935100 邮箱: newweb@poly.com.cn</p>
        <p>保利集团 版权所有 京 ICP 备 05018201 号 京公网安备 13010102000416 号</p>
    </div>
</div>
```

在上面的代码中,定义了 class 为 btn 和 footer_con 的两对<div></div>,分别用于定义版权模块的 top 按钮和内容两部分。同时,定义了一对<ul></ul>,用于搭建友情链接图片部分的结构。另外,通过<p></p>标签搭建信息内容部分的结构,以实现每条信息各占一行且居中显示的效果。

(4)控制样式

打开 style.css 样式文件,并添加控制版权信息模块的 CSS 样式,具体代码如下:

```
1  /* footer */
2  .footer{width:100%; background:#303030; clear:both; padding-bottom:25px;}
3  .footer .btn{ margin:0px auto; width:906px; text-align:left; padding-left:94px;}
4  .footer .btn a{ color:#FFF; text-decoration:none; font-family:Arial, Helvetica, sans-serif; font-size:10px; letter-spacing:1px;}
5  .footer_con p{ line-height:22px; color:#909090; font-family:"微软雅黑";}
6  .footer_con .pic{width:870px; height:60px; padding-left:130px;margin:0 auto;}
7  .footer_con .pic li{margin-left:20px;float:left;}
8  .footer_con .pic .pic_con{ color:#FFF; font-size:14px; padding-top:20px;}
9  /* footer */
```

在上面的 CSS 代码中,第 2 行代码用于定义背景通栏显示,所以宽度设置成 100%以自适应屏幕分辨率。第 7 行代码用于为<li>设置浮动,以实现友情链接中的四幅图片有序排列。

值得注意的是,版权信息模块在每个页面(保利集团的首页和子页面)中的显示位置及效果都是相同的,所以需要将版权信息及头部导航模块的样式代码一起写入 style.css 公用样式表文件中以供其他页面调用。

保存 style.css 公用样式表文件,刷新页面,效果如图 13-18 所示。

图 13-18　footer 模块效果

截止到这里,保利房地产项目首页面已经制作完成。通过本页面的制作,相信初学者已经能够对网页制作有了进一步的理解和把握，并能够熟练运用 DIV+CSS 实现网页的布局。

13.3 Dreamweaver 模板

13.3.1 模板的作用

一个大型网站通常包含多个页面，浏览各个页面时，会发现这些页面有很多相同的版块，如网站的 logo、banner、导航栏、版权部分等。如果每个页面都重新布局会非常麻烦，Dreamweaver 工具为此提供了专门的模板功能，将具有相同版面结构的页面制作成模板，以供其他页面引用。

例如，在中国保利房地产项目中，所有页面的头部、导航和版权信息 3 个模板的结构和样式均相同。这样，就可以将这 3 个模块制作成一个模板页面，其他相同布局的网页都可以引用此模板快速创建。另外，如果需要调整这三部分的内容，只需修改模板页面的内容即可。

13.3.2 建立模板的步骤

模板可由可编辑区和不可编辑区域两部分组成。其中，不可编辑区域包含了所有页面中相同的版块，而可编辑区域是为各个页面添加不同的内容设置的。下面将在站点根目录下建立模板文件。

(1)选择资源面板

打开 Dreamweaver 工具，选择“资源面板”，点击“模板图标”，如图 13-19 所示。

(2)建立模板

在空白处右击，选择“新建模板”命令，界面中出现一个未命名的空模板文件，如图 13-20 所示。

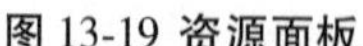
图 13-19 资源面板

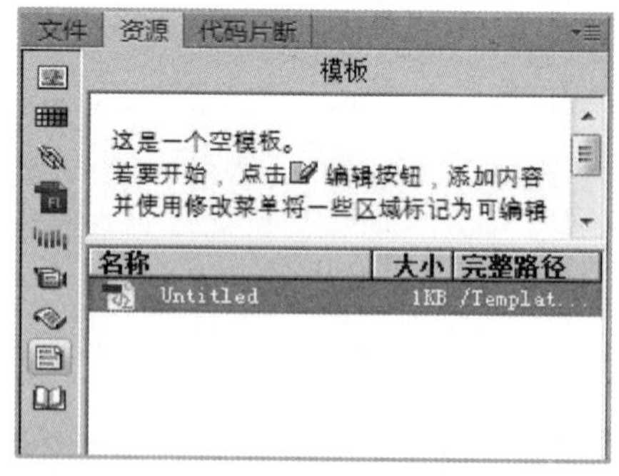

图 13-20 新建模板

将文件命名为 temple，双击打开，将发现其扩展名为.dwt。这个扩展名为.dwt 的文件即为网页模板文件。其实模板文件和 HTML 文件性质是一样的，在模板文件内可以书写任何 HTML 代码。模板文件创建完成后，站点根目录就会自动生成一个保存模板文件的名为 Templates 的文件夹。

(3)创建模板不可编辑区域

在保利房地产项目中,所有页面头部、导航、版权信息 3 个模块内容和样式均相同。所以,在模块页面中可以创建头部、导航、版权信息三部分作为不可编辑区域。由于前面我们已经把这三部分的结构及样式制作完成,这里只需要将所需的 HTML 代码复制到模板页面并且链接对应的 CSS 样式表即可。

注意　创建的模板文件都会存储在默认的文件夹 Templates 中。这样,图片路径会发生变化,所以这里需要更改一些图片的链接路径。

(4)定义模板可编辑区域

不可便捷区域创建完成后,要在模板页面中建立可编辑区域。只有在可编辑区域中才可以编辑网页内容,为其他页面在模板页的基础上添加不同的内容。

选中想要定义为可编辑区域的代码或内容,选择菜单栏中的“插入”→“模板对象”→“可编辑区域命令”。设置可编辑区域的名称,一般将其设置为默认值,然后单击“确定”按钮即可。

可编辑区域创建完成,如下所示:

```
<! --可编辑区域-->
<! -- TemplateBeginEditable name="EditRegion3" -->
<div class="main"></div>
<! -- TemplateEndEditable -->
<! --可编辑区域-->
```

(5)保存并预览模板

模板文件创建完成后,进行保存。打开“资源”面板,预览模板页面效果,如图 13-21 所示。

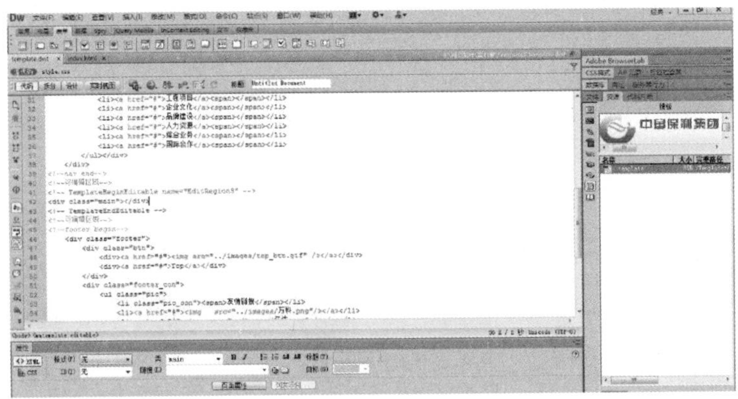

图 13-21　预览模板页面

13.3.3　引用模板

模板的作用在于能够快速、一致地创建多个网页,并可以一次、同时修改多个页面。模板的应用也非常广泛,在大中型网站项目开发中,经常需要运用模板文件来创建及更新网站的内容。下面将详细讲解模板文件的引用,具体步骤如下:

①在站点根目录下，打开新建的空白 HTML 文件 about_us. html。

②切换到“资源”面板，点击模板文件预览图并拖动至 about_us. html 文件内部，即可实现模板文件的引用。引用模板文件后的页面效果如图 13-22 所示。

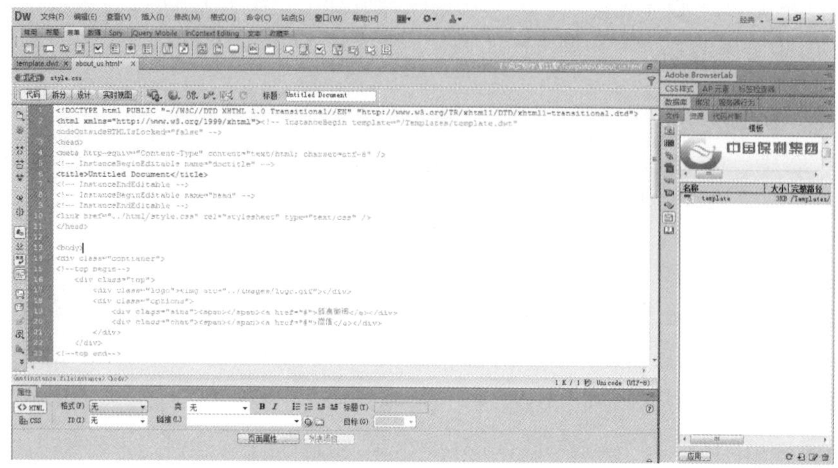

图 13-22　引用模板文件后的页面效果

通过图 13-22 可以看出，引用模板后的网页由灰色和蓝色代码组成，其中，灰色代码是不可编辑区域，只能在模板文件中进行修改。而蓝色的代码则为可编辑区域，可以写入不同的 HTML 代码，以供引用模板文件的各个页面填充各自不同的内容。

网站中的其他页面也可以通过引用模版的方法进行编写，不仅更加方便、快捷，还能够保持网站中各个页面的协调统一。

单元小结

本章首先介绍了网页制作前的准备工作，包括建立及初始化站点、效果图的分析、切片的使用以及如何进行页面布局等，接着分步骤分析了保利集团首页面的制作思路及流程，完成首页面的制作；然后介绍了 Dreamweaver 模板的作用、如何建立及引用模板，并分步骤分析了保利集团介绍页面的制作思路及流程；最后完成集团介绍页面的制作；通过本章的学习，初学者应该熟悉网页制作前的相关准备工作，能够灵活地进行页面布局，对列表、浮动、定位、CSS 样式等技术有更充分、更深入的理解，并能够熟练地运用 Dreamweaver 模板创建网页，熟练掌握好这些知识，可以大大地提高网页制作的效率。

参考文献

[1] 王海波. 响应式网页设计与制作:基于计算思维. 北京:中国铁道出版社,2019.
[2] 朱金华. 网页设计与制作. 北京:机械工业出版社,2018.
[3] 孙红丽. 网页设计与制作基础教程.3 版. 北京:清华大学出版社,2016.
[4] 传智播客高教产品研发部. 网页设计与制作:HTML+CSS. 北京:中国铁道出版社,2014.
[5] 郑娅峰,张永强. 网页设计与开发:HTML、CSS、JavaScript 实例教程.3 版. 北京:清华大学出版社,2016.
[6] 黑马程序员. 网页设计与制作(HTML+CSS+JavaScript)项目教程. 北京:人民邮电出版社,2017.
[7] 何福男,密海英. 网站设计与网页制作立体化项目教程.3 版. 北京:电子工业出版社,2018.
[8] 汤智华. 网页设计与制作项目教程. 北京:人民邮电出版社,2018.
[9] 兄弟连教育. 细说网页制作. 北京:电子工业出版社,2018.
[10] 黑马程序员. 网页制作与网站建设实战教程. 北京:中国铁道出版社,2018.